수정판

이공계 수학

| 심성아 · 윤기헌 · 이철우 · 조명원 · 백영빈 지음 |

KM 경문사

서문

화학, 청정융합에너지공학, 생명공학, 글로벌의과학, 식품공학, 식품영양 등의 실험계열 이공계 학과 학생의 수리능력과 실제 활용을 통한 문제해결능력 함양을 위하여 설계된 교재입니다. 선수과목으로 미적분과 벡터해석 기초의 내용을 상정하고 이 교재의 내용을 서술하였습니다.

'미적분과 벡터해석 기초' 과목에서 배운 벡터, 행렬, 함수와 역함수, 초월함수, 일변수함수의 미적분, 다변수함수의 미적분에 대한 개념과 이론 및 활용을 바탕으로 자연과학 및 공학 계열의 모델링, 실험 설계, 결과 분석에 필요한 심화 수학 내용을 다룹니다. 또한 급수, 미분방정식, 확률/통계 분야의 이론과 실제 응용을 포함합니다.

교재의 특징 :

(1) 내용을 쉽게 서술하며, 자연과학 및 공학의 실제 활용 예제를 풍부하게 제시한다.

(2) WolframAlpha(https://www.wolframalpha.com)의 지식정보 검색 기능을 이용하여 스스로 탐구하고 관심을 확장하도록 안내한다.

(3) 수학의 기호 계산(symbolic computation) 프로그램인

Wolfram Cloud(https://www.wolframcloud.com)

에서 노트북 파일(title.nb)을 생성하고, 여기에서 Wolfram 언어로 코드를 입력하여 수학, 과학, 공학의 다양한 실제 문제의 수치적 계산 결과를 얻어 활용할 수 있도록 한다.

※ WolframAlpha와 Wolfram Cloud는 Chrome 브라우저에서 연결하며, 이메일주소로 간단히 가입하여 무료로 사용할 수 있다.

※ Wolfram Alpha는 계산용 프로그램인 매스매티카의 개발자인 물리학자 스티븐 울프럼이 만든 검색엔진으로 슈퍼컴퓨터를 통한 인공지능을 통해 웹상의 지식을 재구성하여 사용자에게 제공하며 간단한 연산을 직접 수행하고 그 그래픽 결과도 시뮬레이팅한다. 관심있는 학생들은 유료구독하여 step-by-step solution을 볼 수 있음을 안내한다.

※ Wolfram Cloud에서도 상단의 돋보기 아이콘을 눌러 Wolfram Alpha의 검색엔진을 이용할 수 있다. 그리고 Wolfram 언어의 명령어를 모르더라도, 키워드 검색을 통하여 명령어 문법이나

다양한 관련 예제를 쉽게 찾아볼 수 있다.

※ * 표시가 된 절은 참고 또는 심화학습을 위한 내용이다.

2021년 8월

성신여자대학교

심성아, 윤기헌, 이철우, 조명원, 백영빈

차 례

0

측정, 연산, 복소수*

과학은 기본적으로 관찰을 바탕으로 수행되며 이후에 비교 및 분석을 통해 논리적 결과를 도출하게 된다. 과학의 기본이 되는 관찰은 정성적(qualitative) 관찰과 정량적(quantitative) 관찰로 구분된다. 정량적 관찰을 통해 측정(measurement)된 결과는 수(number)와 단위(unit)로 구성되며, 측정이 의미 있게 되기 위해서는 이 두 부분이 반드시 존재해야 한다. 이러한 측정 결과로부터 다양한 문제를 해결하기 위해서 대부분의 경우 기본적인 연산 과정을 통해 필요한 물리량(physical quantity) 또는 함수(function)를 구한다. 따라서 과학적 방법(scientific method)을 통해 의미 있는 결과를 구하기 위해서는 기본적인 연산 방법과 법칙에 대한 훈련과 연산과정에서 정확성을 유지하기 위한 유효숫자(significant figures)의 개념이 필요하다. 또한 허수(imaginary number)와 복소수(complex number) 또는 복소함수(complex function)는 물리적으로 측정 가능한 양을 표현할 때 사용될 수 없지만 양자역학 등의 분야에서 그 결과가 복소수를 포함하고 있기 때문에 이에 대한 이해가 필요하다.

이 단원에서는 수의 개념과 기본적인 연산법칙을 설명하고, 연산과정에서 연속성과 정확성을 유지하기 위한 유효숫자에 대해 살펴본다. 또한 복소수를 소개하고 복소수를 포함하고 있는 복소함수와 그 성질에 대해 알아본다.

0.1 수와 측정*

앞서 설명한 바와 같이 정량적 관찰을 통한 측정이 의미 있게 되기 위해서는 그 결과가 수와 단위로 구성되어야 한다. 측정 단위가 표시되지 않은 수들에 대한 비교는 물리적으로 의미가 없다. 예를 들어 서로 다른 물체의 길이를 비교할 때 관찰자 A가 측정한 길이는 1.70이고 다른 관찰자 B가 측정한 길이가 85라면 단순히 수를 비교하면 당연히 관찰자 B가 측정한 85가 크다고 말할 수 있겠지만 관찰자의 측정 단위가 각각 m와 cm라면 관찰자 A가 측정한 물체의 길이가 더 길다. 따라서 물리량의 측정값을 정확하게 표현하고 측정값을 비교 또는 분석하기 위해 반드시 단위를 명시해야만 한다.

단위

과학에서는 시간, 길이, 질량, 전류, 온도, 물질의 양, 조도 등 다양한 물리량을 다루고 있으며 오래 전부터 측정을 용이하게 하기 위해 표준 단위계를 사용한다. 국제적으로 인정되는 단위계는 1960년에 국제적 합의에 의해 정해진 SI 단위계(Système international d'unités)이며,

이들로부터 다른 모든 단위들이 유도될 수 있다. 2019년 5월 20일에 그 동안 제기된 여러 가지 문제점을 해결하기 위해 기본 물리상수들(Planck constant, h; elementary charge, e; Boltzmann constant, k; Avogadro constant, N_A)을 기준으로 재정의되었다. 표 0.1에 SI 기본 단위(SI base units)를 정리하였고, 이 기본 단위들로부터 파생되는 SI 유도 단위(SI derived units)의 몇 가지 예를 표 0.2에 나타내었다.

표 **0.1.** SI 기본 단위(SI base units)

물리량	단위(기호)	정의 **(2019 redefinition)**
시간(time)	second (s)	초는 ^{133}Cs 원자의 섭동이 없는 바닥상태(unperturbed ground state)의 초미세 전이 진동수(hyperfine transition frequency) $\Delta\nu_{Cs}$를 s^{-1}과 동일한 Hz 단위로 나타낼 때, 9,192,631,770으로 고정함으로써 정의된다.
길이(length)	meter (m)	미터는 진공에서의 빛의 속력 c_0를 $m\,s^{-1}$단위로 나타낼 때 299,792,458로 고정함으로써 정의된다. 여기서 s는 세슘의 초미세 전이 진동수$\Delta\nu_{Cs}$로 정의된다.
질량(mass)	kilogram (kg)	킬로그램은 Planck constant, h의 값을 $kg\,m^2\,s^{-1}$와 동일한 J s 단위로 나타낼 때 $6.626\,070\,15 \times 10^{-34}$으로 고정함으로써 정의된다. 여기서 m과 s는 각각 c_0와 $\Delta\nu_{Cs}$로 정의된다.
전 류 (electric current)	ampere (A)	암페어는 기본전하(elementary charge) e를 A s와 동일한 C단위로 나타낼 때 그 수치를 $1.602\,176\,634 \times 10^{-19}$으로 고정함으로써 정의된다. 여기서 s는 $\Delta\nu_{Cs}$로 정의된다.
온도 (thermodynamic temperature)	kelvin (K)	켈빈은 Boltzmann constant, k를 $kg\,m^2\,s^{-2}\,K^{-1}$와 동일한 $J\,K^{-1}$단위로 나타낼 때 그 수치를 $1.380\,649 \times 10^{-23}$으로 고정함으로써 정의된다. 여기서 kg, m와 s는 h, c_0와 $\Delta\nu_{Cs}$를 통하여 정의된다.
물질의 양 (amount of substance)	mole (mol)	1 몰은 정확히 $6.022\,140\,76 \times 10^{23}$개의 구성요소를 포함한다. 이 숫자는 mol^{-1}단위로 표현된 Avogadro constant, N_A의 고정된 수치로서 아보가드로 수라고 부른다. 어떤 계(system)의 물질량(기호 : n)은 명시된 구성요소의 수를 나타내는 척도이다. 구성요소란 원자(atom), 분자(molecule), 이온(ion), 전자(electron), 그 외의 입자(any other particle) 또는 명시된 입자들의 집합체(specified group of particles)가 될 수 있다.
조도 (luminous intensity)	candela (cd)	칸델라는 주파수가 540×10^{12}Hz인 단색광의 시감효능(luminous efficacy) K_{cd}를 $cd\,sr\,W^{-1}$ 또는 $cd\,sr\,kg^{-1}\,m^{-2}\,s^3$과 동일한 $lm\,W^{-1}$단위로 나타낼 때 그 수치를 683으로 고정함으로써 정의된다. kg, m와 s는 h, c_0와 $\Delta\nu_{Cs}$를 통하여 정의된다.

또한 과학에서는 대상에 따라 매우 작거나 큰 수를 다루기 때문에 과학적 표기법에 따라 10의 거듭제곱 형태로 간결하게 표시하며 이를 단위에 포함하여 나타내기 위하여 일반적으로 각 단위에 표 0.3에 정리한 SI 접두어(SI prefix)를 이용하여 표시한다.

측정 값

과학에서 측정(measurement)과 관련된 숫자는 일반적으로 측정장치를 이용하여 얻는다. 그러나 측정장치는 일정한 수준의 정확도를 가지고 측정할 수 있기 때문에 이러한 과학적 측정값은 100% 정확한 값을 의미하지는 않는다. 측정장치 특성에 따른 불확정도 및 이러한 불확정도의 누적에 대해서는 매우 복잡하기 때문에, 이 단원에서는 기본적으로 일반적인 유효숫자의 개념

표 **0.2.** 몇 가지 SI 유도 단위(SI derived units)의 예

물리량	단위	기호	다른 표현	SI 기본단위 표현
진동수 (frequency)	hertz	Hz		s^{-1}
힘 (force)	newton	N		$kg\,m\,s^{-2}$
압력 (pressure)	pascal	Pa	$N\,m^{-2}$	$kg\,m^{-1}\,s^{-2}$
에너지 (energy)	joule	J	N m	$kg\,m^2\,s^{-2}$
일률 (power)	watt	W		$kg\,m^2\,s^{-3}$
전하 (electric charge)	coulomb	C	.	A s
전위 (electric potential)	volt	V	$W\,A^{-1}$	$kg\,m^2\,s^{-3}\,A^{-1}$
저항 (electric resistance)	ohm	Ω	$V\,A^{-1}$	$kg\,m^2\,s^{-3}\,A^{-2}$
자기장 (magnetic field)	tesla	T		$kg\,s^{-2}\,A^{-1}$

표 **0.3.** SI 접두어(SI prefix)

Factor	기호	접두어	**Factor**	기호	접두어
10^{24}	Y	요타(yotta)	10^{-1}	d	데시(deci)
10^{21}	Z	제타(zetta)	10^{-2}	c	센티(centi)
10^{18}	E	엑사(exa)	10^{-3}	m	밀리(milli)
10^{15}	P	페타(peta)	10^{-6}	μ	마이크로(micro)
10^{12}	T	테라(tera)	10^{-9}	n	나노(nano)
10^{9}	G	기가(giga)	10^{-12}	p	피코(pico)
10^{6}	M	메가(mega)	10^{-15}	f	펨토(femto)
10^{3}	k	킬로(kilo)	10^{-18}	a	아토(atto)
10^{2}	h	헥토(hector)	10^{-21}	z	젭토(zepto)
10^{1}	da	데카(deca)	10^{-24}	y	욕토(yocto)

에 대해 다루도록 한다. 예를 들어 아래와 같이 어떤 물체의 길이를 측정하는 경우 측정값을 나타내기 위해 측정장치의 가장 작은 눈금을 10등분 하여 길이의 마지막 숫자를 추정하여야 한다.

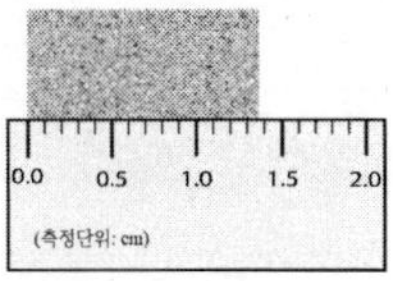

위 그림에서 물체의 길이는 1.37cm라고 추정할 수 있지만, 측정값은 측정하는 사람에 따라 1.36cm 또는 1.38cm로 다를 수 있다. 하지만 이 측정 값들 중 처음 두 숫자(위의 경우 1과 3)는 측정하는 사람과 관계없이 모든 측정에서 동일하며, 물체의 길이는 다음과 같이 나타낼 수 있다.

$$1.30 < \text{물체의 길이}(1.3\square) < 1.40$$

여기서 숫자 1과 3은 확실한 숫자라고 한다. 반면 1.3 다음에 나오는 마지막 숫자(□)는 가장

작은 눈금을 10등분하여 추정한 숫자이므로 같은 측정도구를 사용하더라도 측정하는 사람에 따라 그 값은 다를 수 있기 때문에 이를 불확실한 숫자라고 한다. 모든 측정결과를 보고할 때에는 확실한 모든 자리 숫자와 첫번째 불확실한 숫자까지 기록한다. 이들 숫자를 측정의 유효숫자(significant figure)라 하며 유효숫자의 개수는 정확도를 잃지 않으면서 과학적인 표기 방법으로 기록하는데 필요한 최소한의 자릿수를 의미한다.

동일한 물체의 길이를 측정하는 경우 측정도구의 정밀도에 따라 표기되는 측정 값의 형태는 다를 수 있다. 예를 들어 아래 그림과 같이 동일한 물체를 서로 다른 측정도구를 이용하여 측정하는 경우를 생각해 보자.

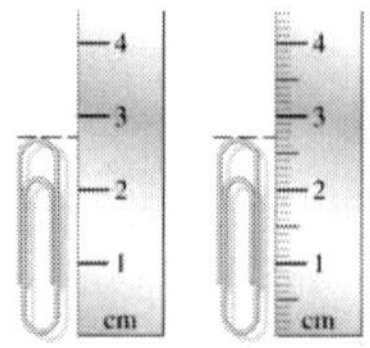

측정 값은 왼쪽의 측정도구를 이용한 경우 2.7cm, 오른쪽은 2.72cm로 나타낼 수 있다. 각 경우 참값의 범위는 다음과 같으며, 각 측정값의 마지막 숫자는 추정에 의한 불확실한 숫자이다.

$$2.0 < \text{클립의 길이(왼쪽의 측정도구 : 2.□)} < 3.0$$

$$2.70 < \text{클립의 길이(오른쪽의 측정도구 : 2.7□)} < 2.80$$

유효숫자(뒤에서 자세히 설명하겠지만)는 측정에서의 불확정성을 자동적으로 나타낸다. 측정값의 마지막 숫자(추정한 숫자)의 불확정성은 다른 언급이 없는 한 일반적으로 1로 가정한다. 따라서 위의 그림에서 왼쪽 측정도구를 이용한 클립의 길이 2.7cm라는 측정값은 2.7 ± 0.1cm를 의미하며, 오른쪽 측정도구를 이용한 클립의 길이는 2.72cm라는 측정값은 2.72 ± 0.01cm를 의미한다.

0.2 연산*

우리는 실험이나 측정을 통해 얻은 결과로부터 연산을 하여 그 최종 결과를 표시한다. 그러나 앞서 설명한 바와 같이 모든 측정값은 일부 불확정성을 포함하고 있기 때문에 여러 단계의 연산을 수행하게 될 경우에는 그 결과의 일관성과 정확성을 유지하기 위한 규칙이 필요하다. 측정값의 불확정성에 따른 연산은 매우 복잡하기 때문에 이 단원에서는 유효숫자와 관련된 일반적인 규칙을 배우는 것을 목표로 한다.

유효숫자

유효숫자(significant figure)의 개수는 정확도를 잃지 않으면서 주어진 값을 과학적인 표기방법으로 기록하는데 필요한 최소한의 자릿수이다. 과학적 표기법은 5.00×10^2과 같이 1과 10 사이의 수와 10의 정수 제곱을 곱하는 방식으로 수를 표기하는 방법이다. 이러한 과학적 표기법은 유효숫자를 나타내기 편리하고 곱셈과 나눗셈 연산에 대단히 편리하다. 위의 5.00×10^2 또는 500.은 3개의 유효숫자를 갖지만, 500이라고 표현하면 유효숫자는 1개이다 (아래 규칙 참고). 또한 앞서 측정과 측정값에서 설명한 바와 같이 마지막에 표기된 숫자는 부정확한 숫자이며, 마지막을 제외한 모든 숫자는 정확한 숫자이다.

유효숫자의 개수를 세는 규칙은 다음과 같다.

1. 0이 아닌 정수: 0이 아닌 정수는 모두 유효숫자에 포함시킨다.
2. 0: 다음과 같은 3가지 종류의 0이 있다.
   - 숫자 중간에 있는 0: 유효숫자에 포함된다.
   - 0이 아닌 숫자 앞에 오는 자릿수만 표시하기 위한 0: 유효숫자에 포함시키지 않는다.
   - 숫자 오른쪽에 있는 0: 숫자에 소수점이 있는 경우에만 유효숫자에 포함된다.
3. 완전수(exact number): 완전수는 아래의 예처럼 정확한 값을 갖는 확실한 수로 무한대의 유효숫자를 가진다고 가정하기 때문에 유효숫자의 개수를 제한하지 않는다.
   - 실험 10번, 사과 3개, 분자 8개와 같이 측정장치가 아닌 세어서 구한 값
   - 정의에 의해 주어진 값 (정의에 의한 환산 인자, 상수 등)

앞서 설명한 것처럼 유효숫자의 개수는 정확도를 잃지 않으면서 과학적인 표기방법으로 기록하는데 필요한 최소한의 자릿수를 의미한다. 0을 포함하지 않는 수의 유효숫자 개수는 측정값에 나타난 모든 수의 개수와 동일하며 마지막 자릿수는 부정확한 수이다. 예를 들어 142.7이라는 숫자는 유효숫자가 4개이며, 마지막 수인 7은 부정확한 수이다. 이 숫자는 과학적 표기법으로 1.427×10^{-2}이라 쓸 수 있다. 이러한 과학적 표기법은 상당히 큰 수나 작은 수를 표현하기도 매우 편리하다. 즉, 전자(electron)의 전하량인 기본 전하량은

$$0.0000000000000000001602176634C$$

보다 $1.602\,176\,634 \times 10^{-19}$C으로 표현하는 것이 더욱 편리하다.

예제 0.1

다음의 유효숫자 개수를 쓰시오.

(1) 12, 002 (2) 12,200.0 (3) 0.003040 (4) 1.340×10^{-2}

답 (1) 5 (2) 6 (3) 4 (4) 4 □

기본적인 연산

본 단원에서는 실험 또는 측정 등을 통해 얻은 여러 가지 자료들로부터 연산의 결과값을 나타낼 유효숫자의 개수를 결정하는 방법에 관하여 다룬다. 여러 단계의 연산을 필요로 하는 경우 각 연산 단계에서 반올림에 의한 오차가 누적되는 것을 피하기 위해 반드시 마지막 답(중간결과가 아닌)에서만 반올림을 해야 한다(이를 위해 엑셀 등 spreadsheet 프로그램을 이용하거나 과학/공학용 계산기의 "ANS" 기능을 사용하면 편리하다.). 사칙연산은 (1) 괄호 안, (2) 곱셈/나눗셈, (3) 덧셈/뺄셈의 순으로 계산한다.

덧셈과 뺄셈: 계산식의 가장 작은 자릿수인 소수점 아래 자릿수를 고려하여 결과값의 유효숫자를 결정한다. 아래의 예를 보면 12.11, 18.0, 1.013에서 정확한 수는 각각 12.1, 18, 1.01이며 계산 결과에서 소수점 첫째 자릿수가 첫번째 부정확한 수이다. 따라서 연산의 결과에서 소수점 첫째 자리 이하의 수는 모두 부정확하기 때문에 결과값은 소수점 첫째 자리까지 나타낸다. 따라서 덧셈과 뺄셈의 연산에서 결과값의 소수점 아래 자릿수는 계산 과정에 포함된 수 중 소수점 아래 유효자리 개수가 가장 작은 것과 같아야 한다.

$$
\begin{array}{r}
12.11 \\
18.0 \\
1.013 \\
\hline
31.123
\end{array}
$$

또한 덧셈과 뺄셈 연산으로 인한 결과값의 유효숫자 개수는 연산에 사용된 수들의 유효숫자 개수보다 많거나 적을 수 있다.

과학적 표기법으로 표현된 수의 덧셈과 뺄셈의 연산은 먼저 모든 수를 같은 지수의 형태로 표현한 다음 연산을 시행한다. 즉, 모든 수를 같은 지수로 표기하고, 소수점 자리를 맞추어 배열한 후 연산한다. 결과 값은 가장 적은 소수점 자릿수를 갖는 수의 소수점 자릿수에 따라 반올림한다.

$$\begin{array}{rlll} & 1.632 & \times & 10^5 \\ + & 4.107 & \times & 10^3 \\ + & 0.984 & \times & 10^6 \\ \hline \end{array} \quad \rightarrow \quad \begin{array}{rlll} & 1.632 & \times & 10^5 \\ + & 0.04107 & \times & 10^5 \\ + & 9.84 & \times & 10^5 \\ \hline & 11.51 & \times & 10^5 \end{array}$$

곱셈과 나눗셈: 곱셈과 나눗셈의 연산 결과값의 유효숫자 개수는 계산과정에 포함된 수들 중 유효숫자의 개수가 가장 적은 것과 같아야 한다.

$$4.56 \times 1.4 = 6.38 \xrightarrow{\text{유효숫자 2자리}} 6.4$$

$$\begin{array}{rlll} & 3.26 & \times & 10^{-5} \\ \times & 1.78 & & \\ \hline & 5.80 & \times & 10^{-5} \end{array} \qquad \begin{array}{rlll} & 4.3179 & \times & 10^{12} \\ \times & 3.6 & \times & 10^{-19} \\ \hline & 1.6 & \times & 10^{-6} \end{array} \qquad \begin{array}{rl} & 34.60 \\ \div & 2.46287 \\ \hline & 14.05 \end{array}$$

지수와 로그: $n = 10^a$ 에서 a는 밑(base)이 10인 n의 로그 또는 대수(logarithm)이고 n은 a의 진수 또는 역대수(antilogarithm)라고 한다. 대수는 지표(characteristic)와 가수(mantissa)로 구성되며, 지표는 정수부분, 가수는 소수부분이다.

$$\log 339 = 2.530\text{에서 지표는 } 2,\ \text{가수는 } 0.530$$

이고

$$\log 3.39 \times 10^{-5} = -4.470 \text{ 에서 지표는 } -4,\ \text{가수는 } 0.470$$

지수와 로그연산에 대한 유효숫자의 개수를 알아보기 위해 다음의 결과를 생각해보자. 예를 들어, 2.457이 10의 지수($10^{2.457}$)라면 그 결과값은 $286.417796990\cdots$ 이다. 만일 지수의 첫번째 부정확한 숫자인 소수점 세 번째 자리의 수를 1만큼 변화시킨 지수 2.456과 2.458의 결과값은 다음과 같다.

$$10^{2.456} = 285.759\cdots$$
$$10^{2.457} = 286.417\cdots$$
$$10^{2.458} = 287.078\cdots$$

지수의 소수점 세 번째 자리를 변화시키며 결과값의 변화를 관찰하면 일의 자리수가 1씩 변화함을 알 수 있다. 따라서 일반적으로 진수(antilogarithm)에서 결과값의 유효숫자의 개수는 지수의 가수 자릿수와 같아야 하며, 대수(logarithm)에서는 결과값의 가수의 자릿수는 로그함수 안의 유효숫자의 개수와 같아야 한다. 예를 들면

$$\log(5.403 \times 10^{-8}) = -7.2674$$
$$10^{6.142} = 1.39 \times 10^6$$

이다. 다음은 지수와 로그함수의 유효숫자에 대한 몇 가지 예이다.

$$\begin{array}{ll} \log 0.001234 = -2.9087 & 10^{1.234} = 17.1 \\ \log 1.234 = 0.0913 & 10^{-1.234} = 0.0583 \\ \log 1234 = 3.0913 & 10^{3.14} = 1.4 \times 10^3 \end{array}$$

반올림

연산의 마지막 결과에서 유효숫자의 수를 맞추기 위해 유효숫자 마지막 자릿수 이후의 수를 고려하여 반올림한다. 제거될 부분의 수가 5미만이면 마지막 자리의 유효숫자는 변하지 않으며 5를 초과하는 경우는 올림을 한다. 만일 제거될 부분의 수가 정확히 5인 경우는 확률적으로 오차의 전파를 줄이기 위해 반은 올림을 하고 반은 그대로 둔다. 따라서 유효숫자의 마지막 자리가 홀수이면 짝수로 올림을 하고 짝수이면 그대로 둔다. 예를들어 유효숫자의 개수가 3개인 경우 반올림의 결과는 다음과 같다.

$$\begin{array}{lcl} 43.45 & \rightarrow & 43.4 \\ 43.55 & \rightarrow & 43.6 \\ 43.5501 & \rightarrow & 43.6 \\ 43.5499 & \rightarrow & 43.5 \\ 1.325 \times 10^{-5} & \rightarrow & 1.32 \times 10^{-5} \\ 1.335 \times 10^{-5} & \rightarrow & 1.34 \times 10^{-5} \end{array}$$

예제 0.2

다음 연산을 유효숫자에 맞춰 계산하시오.

(1) $5.74 \times 38.27/0.001250$

(2) $(1.76 \times 10^4) \times (0.12 \times 10^{-6})$

(3) $1.000 + 10.2$

(4) $18.76 - 7$

풀이 :

(1) 5.74는 유효숫자가 3개, 38.27은 4개, 0.001250은 4개이므로 곱셈과 나눗셈에서 가장 작은 값 3개로 맞추면 1.76×10^5 가 된다.

(2) 유효숫자가 3개, 2개이므로 곱셈 후 유효숫자를 2개로 맞추면 2.1×10^{-3}가 된다.

(3) 1.000은 소수점 이후 유효숫자가 3개, 10.2는 소수점 이후 유효숫자가 1개이므로 덧셈 연산후 소수점 유효숫자 1개로 맞추면 11.2 가 된다.

(4) 18.76은 소수점 이후 유효숫자 2개, 7은 0개이므로 뺄셈 후 11.76 값에서 소수점 첫째자리에서 반올림하여 12가 된다. ♦

단위환산과 환산인자

과학에서는 국제 단위계인 SI 단위 외에 각 분야별로 전통적으로 사용하던 다른 단위들도 혼용하여 사용할 때가 있다. 따라서 단위들의 상호 변환을 통해 측정된 물리량을 원하는 단위로 환산할 필요가 있다. 어떤 단위로 측정된 양을 다른 단위로 변환시키는 일반적인 방법은 환산인자(conversion factor)를 이용하는 방법이다. 환산인자는 서로 다른 단위로 표시되지만 분자와 분모가 동일한 양으로 표시된 분수로, 변환시키려는 양을 분모에 변환되는 양을 분자에 나타낸다. 분자와 분모는 동일한 양이기 때문에 환산인자의 값은 물리적으로 1을 의미한다. 이 방법을 이용하면 물리량에 영향을 주지 않으면서 동일한 물리량을 수치적으로 다른 단위로 표현할 수 있다. 단, 환산인자를 이용하는 경우 정의에 의해 결정된 값은 완전수로 가정한다. 예를 들어 0.9876atm을 bar의 단위로 환산을 하는 경우 1atm은 1.01325bar로 정의되기 때문에 환산인자 $\frac{1.01325\ \text{bar}}{1\ \text{atm}}$를 이용하여 변환한다.

$$0.9876\ \text{atm} \times \left(\frac{1.01325\ \text{bar}}{1\ \text{atm}}\right) = 1.000\ \text{bar}$$

표 **0.4.** 환산인자

물리량	단위	기호	SI Equivalent
길이	angstrom	Å	† 10^{-10}m
	inch	in	†0.0254 m
	feet	ft	0.3048 m
부피	liter	L	† 10^{-3}m^3
	milliliter	mL	† 10^{-6}m^3
질량	pound mass	lb_m	†0.45359237 kg
	metric ton		†1000 kg
힘	pound force	lb_f	4.448 N
	dyne	dyn	† 10^{-5}N
압력	bar	bar	†10^5 Pa
	atmosphere	atm	†101325 Pa; †1.01325 bar
	torr (= 1 mmHg)	Torr	133.322 Pa
	pound/in^2	psi	6894.76 Pa
에너지	erg	erg	† 10^{-7}J
	electron volt	eV	$1.602\,176\,655 \times 10^{-19}$J
	thermochemical calorie	cal	†4.184 J
	Calorie	Cal	†10^3 cal = 4.184 kJ
	British thermal unit	Btu	1055.06 J
일률	horsepower	HP	745.700 W
온도	Celsius	°C	†$K - 273.15$
	Fahrenheit	°F	†$1.8 \times (K - 273.15) + 32$

† 정의에 의해 정확한 수를 의미함.

이러한 환산인자를 이용한 단위 변환은 복잡한 연산을 수월하게 만들어 준다. 아래의 연산은 환산인자를 이용하여 1645 cm^{-1}에 해당하는 전자기파의 에너지를 eV 단위로 표시하는 경우의 예를 보여준다.

$$E = \frac{hc}{\lambda} = hc\tilde{\nu} = (6.626 \times 10^{-34}\,\mathrm{J\,s}) \times (2.998 \times 10^{8}\,\mathrm{m\,s^{-1}}) \times (1645\,\mathrm{cm^{-1}})$$

$$= (6.626 \times 10^{-34}\,\mathrm{J\,s}) \times \left(\frac{1\,\mathrm{eV}}{1.602 \times 10^{-19}\,\mathrm{J}}\right) \times (2.998 \times 10^{8}\,\mathrm{m\,s^{-1}}) \times (1645\,\mathrm{cm^{-1}}) \times \left(\frac{100\,\mathrm{cm}}{1\,\mathrm{m}}\right)$$

$$= 0.2040\,\mathrm{eV}$$

예제 0.3

다음 값을 SI 단위로 변환하시오.

(1) 5.4 erg　　(2) 20.00 psi　　(3) 100.0 °F　　(4) 3.4 dyn

풀이:

(1) $5.4\,\mathrm{erg} \times \frac{10^{-7}\,\mathrm{J}}{1\,\mathrm{erg}} = 5.4 \times 10^{-7}\,\mathrm{J} = 5.4 \times 10^{-1}\,\mu\mathrm{J}$

(2) $20.00\,\mathrm{psi} \times \frac{6894.76\,\mathrm{Pa}}{1\,\mathrm{psi}} = 137895.20\,\mathrm{Pa} = 137.9\,\mathrm{kPa}$

(3) $\frac{100.0-32}{1.8} + 273.15 = 310.92\,\mathrm{K}$

(4) $3.4\,\mathrm{dyn} \times \frac{10^{-5}\,\mathrm{N}}{1\,\mathrm{dyn}} = 3.4 \times 10^{-5}\,\mathrm{N} = 3.4 \times 10^{-2}\,\mathrm{mN}$ ◆

예제 0.4

1.00 N을 다음 단위로 환산하시오.

(1) kg · m / s^2　　(2) g · cm /s^2　　(3) lb$_\mathrm{m}$ · ft / s^2

풀이:

(1) $1.00\,\mathrm{N} = 1.00\,\mathrm{kg \cdot m}/s^2$

(2) $1.00\,\mathrm{N} = 1.00\,\mathrm{kg \cdot m}/s^2 \times (1000\,\mathrm{g}/1\,\mathrm{kg}) \times (100\,\mathrm{cm}/1\,\mathrm{m}) = 1.00 \times 10^5\,\mathrm{g \cdot cm}/s^2$

(3) $1.00\,\mathrm{N} = 1.00\,\mathrm{kg \cdot m}/s^2 = (1.00\,\mathrm{kg \cdot m}/s^2) \times (1\,\mathrm{lb_m}/0.45359237\,\mathrm{kg}) \times (1\,\mathrm{ft}/0.3048\mathrm{m})$
$= 7.23\,\mathrm{lb_m \cdot ft}/s^2$ ◆

예제 0.5

1 cal는 물 1 g의 온도를 1°C 올릴 때 필요한 열량, 1 Btu(British thermal unit)는 물 1 lb$_\mathrm{m}$를

1°F 올리는데 필요한 열량이며, 1 Chu (Celsius heat unit)는 물 1 lb_m를 1°C 올릴 때 필요한 열량이다. 1.00 Btu와 1.00 Chu를 에너지 단위인 J과 $lb_f \cdot ft$ 로 각각 환산하시오.

풀이:

$$\begin{aligned} 1.00\,\text{Btu} &= ((453.59237\,\text{lb}_\text{m}/\text{g})/(1.8°\text{C}/1°\text{F}))\,\text{cal} = 251.99576\,\text{cal} \\ &= (251.99576\,\text{cal}) \times (4.184\,\text{J}/1\,\text{cal}) = 1054.3502\,\text{J} \\ &= (1054.3502\,\text{J})/(0.3048 \times 4.448\,\text{J}/\text{lb}_\text{f}\cdot\text{ft})) = 777.688\,\text{lb}_\text{f}\cdot\text{ft} \end{aligned}$$

이고 유효숫자 계산을 하면 $1.00\,\text{Btu} = 1050\,\text{J} = 778\,\text{lb}_\text{f}\cdot\text{ft}$이다.

$$\begin{aligned} 1.00\,\text{Chu} &= (453.59237\,\text{lb}_\text{m}/\text{g})/(1°\text{C}) = 453.59237\,\text{cal} = 1,897.83047608\,\text{J} \\ &= 1,399.84\,\text{lb}_\text{f}\cdot\text{ft} \end{aligned}$$

의 유효숫자 계산을 하면 $1.00\,\text{Chu} = 1900\,\text{J} = 1400\,\text{lb}_\text{f}\cdot\text{ft}$이다. 1 Chu = 1.8 Btu 이다. ♦

예제 0.6

다음을 계산하시오.

(1) 반지름이 2.15 cm이고 높이가 7.00 cm인 원통형의 부피는?

(2) 1 mol의 샘플 gas의 압력(P), 몰부피(V_m)와 온도(T)를 측정하니, $P = 2.560$ atm, $V_m = 8.8$ L/mol, $T = 275.15$ K였다. 이 gas의 기체상수($R = PV_m/T$)는?

풀이:

(1) 원통형의 부피는 원주율 × $(2.15\,\text{cm})^2 \times 7.00\,\text{cm} = 101.6541\,\text{cm}^3$가 나오며 원주율의 유효숫자는 무한대이므로 곱셈/나눗셈 법칙에 따라 유효숫자를 3개로 맞추면 $102\,\text{cm}^3$이다.

(2) 이상기체법칙에 따라,

$$R = PV_m/T = 2.560\,\text{atm} \times 8.8\,(\text{L}/\text{mol})/275.15\,\text{K} = 0.0818753\,\text{L}\cdot\text{atm}/(\text{mol}\cdot\text{K})$$

이며, 최소 유효숫자가 2이므로 $R = 0.082\,\text{L}\cdot\text{atm}/(\text{mol}\cdot\text{K}) = 8.2 \times 10^{-2}\,\text{L}\cdot\text{atm}/(\text{mol}\cdot\text{K})$이다. 연산 과정 중에 유효숫자를 맞춰가며 문제를 풀게 되면 불확정도가 높아지므로 유효숫자는 연산 마지막 단계에서 맞춰주도록 한다. 예를 들어, 이 문제에서 $PV_m = 2.560 \times 8.8 = 22.528$인데 연산 중 유효숫자를 맞춰서 23으로 계산하게 되면 최종 R 값이 $23/273.15 = 0.0835908 = 0.084$가 나와 상이한 값을 나타낼 수 있다. ♦

0.3 복소수 및 복소함수

복소수(complex number) 및 복소함수(complex function)는 양자역학, 유체역학, 전기화학, 전자기학 등 다양한 분야에서 사용된다. 해당 분야에서 도출된 결과에 대한 물리적 의미를 설명하고, 문제를 해결하기 위해 복소수와 복소함수의 개념 및 이에 대한 이해가 필요하다.

복소수

실근(real root)을 갖지 않는 방정식이 존재한다는 것은 오래 전부터 널리 알려져 있던 사실이다. 실근을 갖지 않는 방정식의 근을 구하기 위해 카르다노(G. Cardano)에 의해 허수의 개념이 도입되었고 가우스(C. Gauss)에 의해 복소수의 개념이 체계화되었다. 예를 들어, 방정식 $x^2+1=0$의 해는 실수인 해를 갖지 않으며, 이와 같은 음수의 제곱근을 나타내기 위해 허수가 고안되었다. 단위허수(imaginary unit)인 i는 아래와 같이 -1의 제곱근으로 정의되며, $i^2=-1$이다.

$$i=\sqrt{-1}$$

복소평면

$$\mathbb{C}=\{a+ib \mid a,b\in\mathbb{R}\}$$

의 원소 $z=a+ib$를 복소수라 하고, a를 복소수 z의 실수부(real part), b를 복소수 z의 허수부(imaginary part)라 하고 다음과 같이 표기한다.

$$\text{Re}(z)=a,\ \ \text{Im}(z)=b$$

복소수의 연산

복소수 집합 $\mathbb{C}$에 다음과 같은 덧셈과 곱셈을 정의한다.

정의 0.1

$z_1=a_1+ib_1, z_2=a_2+ib_2\in\mathbb{C}$인 임의의 두 복소수 z_1, z_2에 대하여

(1) $z_1+z_2=(a_1+a_2)+i(b_1+b_2)$

(2) $z_1\cdot z_2=(a_1a_2-b_1b_2)+i(a_1b_2+a_2b_1)$

과 같이 복소수의 덧셈과 곱셈을 정의한다.

참고 0.1

복소수 집합 $\mathbb{C}$에 정의된 두 연산 $+$와 $\cdot$은 다음 성질을 만족한다.

(1) 임의의 $z_1, z_2, z_3 \in \mathbb{C}$에 대하여

$$(z_1 + z_2) + z_3 = z_1 + (z_2 + z_3), \quad (z_1 \cdot z_2) \cdot z_3 = z_1 \cdot (z_2 \cdot z_3)$$

를 만족한다. (결합법칙)

(2) 임의의 $z \in \mathbb{C}$에 대히여 $z + (0 + i0) = z = (0 + i0) + z$을 만족하고(덧셈에 대한 항등원), $z \cdot (1 + i0) = z = (1 + i0) \cdot z$이다(곱셈에 대한 항등원).

(3) 임의의 $z \in \mathbb{C}$에 대하여 $z + z_1 = 0 = z_1 + z$을 만족하는 z_1이 존재(덧셈에 대한 역원)하고, $z \in \mathbb{C} - \{0\}$이면 $z \cdot z_2 = 1 = z_2 \cdot z$을 만족하는 z_2가 존재(곱셈에 대한 역원)한다.

(4) 임의의 $z_1, z_2 \in \mathbb{C}$에 대해 $z_1 + z_2 = z_2 + z_1$, $z_1 \cdot z_2 = z_2 \cdot z_1$이 성립한다. (덧셈과 곱셈에 대한 교환법칙)

(5) 임의의 $z_1, z_2, z_3 \in \mathbb{C}$에 대해 $z_1 \cdot (z_2 + z_3) = z_1 \cdot z_2 + z_1 \cdot z_3$가 성립한다. (분배법칙)

이러한 성질을 만족하는 대수적 구조를 체(field)라 한다.

정의 0.2(켤레복소수)

주어진 복소수 $z = a + ib$에 대하여 $z^* = a - ib$로 주어지는 복소수를 z의 켤레복소수라 한다. 그리고 $z \cdot z^* = a^2 + b^2$이므로 $|z| = \sqrt{z \cdot z^*} = \sqrt{a^2 + b^2}$을 복소수 z의 크기라 한다.

만일 $z \neq 0$이면

$$\frac{1}{z} = \frac{z^*}{z \cdot z^*} = \frac{a - ib}{a^2 + b^2} = \frac{z^*}{|z|^2}$$

이고, 이를 이용하면 두 복소수의 나눗셈은

$$\begin{aligned} \frac{z}{w} &= \frac{a + ib}{c + id} = (a + ib) \cdot \frac{1}{c + id} = (a + ib) \cdot (\frac{c}{c^2 + d^2} - i\frac{d}{c^2 + d^2}) \\ &= \frac{ac + bd}{c^2 + d^2} - i\frac{ad - bc}{c^2 + d^2} = \frac{z \cdot w^*}{|w|^2} \end{aligned}$$

가 됨을 쉽게 알 수 있다.

복소수의 극형식

주어진 복소수 $z = a + ib$에 대하여 이 복소수의 크기

$$r = |z| = \sqrt{z \cdot z^*}$$

와 복소평면 $\mathbb{C}$에서 원점과 z을 연결하는 반직선이 실수축의 양의 방향과 이루는 각을 반시계 방향으로 잰 각

$$\theta = \arg(z), \quad \cos\theta = \frac{a}{\sqrt{a^2+b^2}}, \quad \sin\theta = \frac{b}{\sqrt{a^2+b^2}}$$

로 이 복소수를 나타낼 수 있다. θ를 이 복소수의 편각(argument), 또는 위상(phase)이라 하고, $(|z|, \arg(z))$로 주어진 복소수를 표현하는 방법을 복소수의 극형식이라 한다. 따라서

$$z = |z|(\cos(\arg(z)) + i\sin(\arg(z)))$$

가 성립한다.

$$e^{i\theta} = \cos\theta + i\sin\theta$$

로 정의하면

$$z = a + ib = |z|e^{i\arg(z)}$$

가 된다. 이제 복소수의 곱셈을 극형식을 이용해 표현해 보자. $z_1 = r_1e^{i\theta_1}$, $z_2 = r_2e^{i\theta_2}$라 두면

$$\begin{aligned} z_1 \cdot z_2 &= (r_1e^{i\theta_1}) \cdot (r_2e^{i\theta_2}) = r_1r_2(\cos\theta_1 + i\sin\theta_1) \cdot (\cos\theta_2 + i\sin\theta_2) \\ &= r_1r_2\left((\cos\theta_1\cos\theta_2 - \sin\theta_1\sin\theta_2) + i(\cos\theta_1\sin\theta_2 + \sin\theta_1\cos\theta_2)\right) \\ &= r_1r_2(\cos(\theta_1+\theta_2) + i\sin(\theta_1+\theta_2)) = r_1r_2e^{i(\theta_1+\theta_2)} \end{aligned}$$

가 됨을 확인할 수 있다. 따라서

$$|z_1 \cdot z_2| = |z_1| \cdot |z_2|, \quad \arg(z_1 \cdot z_2) \equiv \arg(z_1) + \arg(z_2) \pmod{2\pi}$$

가 된다. 또한 $z = a + ib$에 대하여 $z^* = a - ib$는 실수축에 대한 대칭으로 얻어지므로

$$|z^*| = |z|, \quad \arg(z) + \arg(z^*) \equiv 0 \pmod{2\pi}$$

가 성립한다.

예제 0.7

복소수 $z = 1 + i\sqrt{3}$과 z^*의 크기와 편각을 구하시오.

풀이: $|z| = \sqrt{1^2 + (\sqrt{3})^2} = 2$이고 편각 θ는

$$\cos\theta = \frac{1}{2}, \quad \sin\theta = \frac{\sqrt{3}}{2}$$

을 만족하므로 $\theta = \frac{\pi}{3} + 2n\pi$ 형태이다. 따라서 $z = 2e^{i(\frac{\pi}{3}+2n\pi)}$ 와 같이 극형식으로 표현된다.
$z^* = 1 - i\sqrt{3}$ 이므로 $|z^*| = 2$, $\arg(z^*) = -\frac{\pi}{3} + 2n\pi$ 이다. ♦

예제 0.8

$z^3 = 1$과 $z^4 = 1$의 해를 모두 구하시오.

풀이: 실수해를 구하려면 인수분해를 통해

$$x^3 - 1 = (x-1)(x^2 + x + 1) = 0$$

이고 판별식에 의해 $x^2 + x + 1 = 0$은 실수해를 갖지 못하므로 이 방정식의 실수해는 $x = 1$ 뿐이다.
$z^3 = 1$을 만족하는 복소수 $z = re^{i\theta}$ 는

$$z^3 = r^3 e^{i3\theta} = 1$$

을 만족해야 하므로 $r^3 = 1$이고 $3\theta = 2n\pi$ 이어야 한다. r은 실수이므로 $r = 1$이고 $\theta = \frac{2n\pi}{3}$ (n은 정수) 형태이다. 따라서 $z^3 = 1$을 만족하는 복소수는

$$1, \quad e^{i\frac{2\pi}{3}} = \cos\frac{2\pi}{3} + i\sin\frac{2\pi}{3} = -\frac{1}{2} + i\frac{\sqrt{3}}{2}, \quad e^{i\frac{4\pi}{3}} = -\frac{1}{2} - i\frac{\sqrt{3}}{2}$$

으로 세 개이다.
같은 방법으로 $z^4 = 1$의 해는 $1 = e^{i0}$, $i = e^{i\frac{\pi}{2}}$, $-1 = e^{i\pi}$, $-i = e^{i\frac{3\pi}{2}}$ 로 네 개이다. ♦

참고 0.2

실수계수 다항식 $f(x) = a_0 + a_1 x + \cdots + a_n x^n$ 에 대해 복소수 z_0가 $f(z_0) = 0$을 만족하면 $f(z_0^*) = 0$도 성립한다. 그 이유는 임의의 실수에 대해 $a^* = a$이고 임의의 복소수에 대해 $(z^n)^* = (z^*)^n$ 이므로

$$0 = 0^* = (a_0 + a_1 z_0 + \cdots + a_n z_0^n)^* = a_0 + a_1 z_0^* + \cdots a_n (z_0^*)^n = f(z_0^*)$$

이 성립하기 때문이다.
임의의 복소수 계수를 갖는 n차 다항식은 n개의 복소수 해를 갖는다. (대수학의 기본정리)

1

수열 (sequence) 과 급수 (series)

수열은 식물의 잎차례나 해바라기씨의 배열, 생물의 번식 등 다양한 자연현상에서 관찰할 수 있다. 그리고 이러한 수열의 합으로 주어지는 급수는 자연과학과 공학의 학습에서 기본이 되는 아주 중요한 주제이다. 이번 장에서는 앞부분에서 수열의 정의와 수열의 극한을 학습하고 뒷부분에서는 급수와 급수의 수렴판정법, 그리고 급수의 응용으로 테일러전개와 함수급수에 대해 다룬다.

1.1 수열

수열은 간단하게 이야기하면 수 또는 어떤 대상의 순서있는 나열이다. 따라서 수열은

$$a_1,\ a_2,\ a_3,\ a_4,\ \cdots,\ a_n,\ \cdots$$

와 같이 나타낼 수 있다. 만일 주어진 수열이 유한번에서 끝나면 유한수열(finite sequence), 그렇지 않으면 무한수열(infinite sequence)이라 한다. 무한수열을 수학적으로 표현하면 자연수집합($\mathbb{N}$)에서 어떤 대상의 집합(예를 들면 실수집합 $\mathbb{R}$)으로 가는 함수로 이해할 수 있다.

정의 1.1

무한수열(infinite sequence) $\{a_n\}_{n=1}^{\infty}$ 은 수의 순서를 갖는 나열

$$a_1,\ a_2,\ a_3,\ \cdots,\ a_n,\ \cdots$$

을 의미한다. 이 수열의 일반항 a_n을 n에 대한 함수로 나타내면 $a_n = f(n)$로 표현할 수 있으므로 $f : \mathbb{N} \to \mathbb{R}$로 정의되는 함수를 수열이라고 부르기도 한다.

예제 1.1

수열

$$\frac{3}{4},\ \frac{9}{7},\ \frac{27}{10},\ \frac{81}{13},\ \frac{243}{16},\ \cdots$$

의 일반항 a_n을 n에 대한 식으로 나타내면 $a_n = \dfrac{3^n}{3n+1}$이 된다.

예제 1.2

첫 달에는 새로 태어난 토끼 한 쌍만 존재하고, 두 달이 지난 토끼는 번식이 가능하고, 번식이 가능한 토끼 한 쌍은 매달 한 쌍의 토끼를 낳을 때, n번째 달의 토끼의 쌍의 수를 a_n이라 하면

$$a_1 = 1,\ a_2 = 1,\ a_3 = 2,\ a_4 = 3,\ \cdots,\ a_n = a_{n-1} + a_{n-2},\ \cdots$$

형태로 주어지는 수열이 된다. 이와 같은 수열을 피보나치수열이라고 부른다. 그리고

$$a_1 = 1,\ a_2 = 1,\ a_n = a_{n-1} + a_{n-2} \quad (n \geq 3)$$

와 같이 일반항을 그보다 앞선 항들의 함수로 표현하는 것을 수열의 점화식이라 한다.

예제 1.3

점화식

$$a_1 = \frac{1}{2},\ a_n = a_{n-1} + \left(\frac{1}{2}\right)^n \quad (n \geq 2)$$

의 처음 몇 개의 항을 구하면 $a_1 = \frac{1}{2}$, $a_2 = \frac{3}{4}$, $a_3 = \frac{7}{8}$, $a_4 = \frac{15}{16}$이므로 이 수열의 일반항은 $a_n = \dfrac{2^n - 1}{2^n}$이 됨을 유추할 수 있다.

실습예제 **1.1**. 수열 $\left\{\dfrac{n}{n+1}\right\}_{n=1}^{\infty}$은

$$\frac{1}{2},\ \frac{2}{3},\ \frac{3}{4},\ \cdots,\ \frac{n}{n+1},\ \cdots$$

로 주어지는 수열이고, 수열 $\{a_n\}$의 그래프는 좌표평면에서 점들의 집합

$$\{(n, a_n) \mid n \in \mathbb{N}\}$$

으로 생각한다. Wolfram Cloud에서는 다음과 같이 구할 수 있다.

```
In[6]:= DiscretePlot[{n/(n + 1), 1}, {n, 1, 50, 1}, PlotRange -> {0.5, 1.1}]
```

Out[6]=

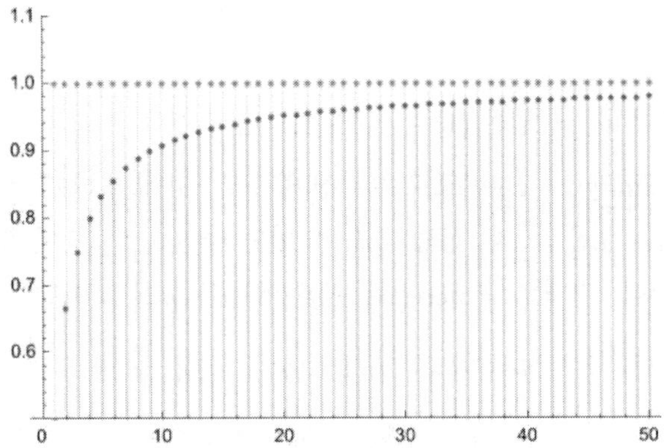

수열의 수렴과 발산

정의 1.2

수열 $\{a_n\}_{n=1}^{\infty}$ 이 n 이 커짐에 따라 유한인 수 L 에 한없이 가까워질 때, 수열 $\{a_n\}$ 이 L 로 수렴한다(converge to the limit L)고 말하고, $\lim_{n\to\infty} a_n = L$, 또는 $a_n \to L$ 로 나타낸다. 이에 대한 정의는 다음 명제로 나타낼 수 있다.

임의의 양수 $\epsilon > 0$ 에 대하여 어떤 자연수 N 이 존재하여
$n > N$ 이면 $|a_n - L| < \epsilon$ 이 성립한다.

주어진 수열이 유한값으로 수렴하지 않을 때, 이 수열이 발산한다(diverge)고 말한다.

정리 1.2

$\lim_{n\to\infty} a_n = L_1, \ \lim_{n\to\infty} b_n = L_2$ 이고 $c \in \mathbb{R}$ 가 임의의 상수일 때

(1) $\lim_{n\to\infty} (a_n \pm b_n) = L_1 \pm L_2$

(2) $\lim_{n\to\infty} (c\, a_n) = c\, L_1$

(3) $\lim_{n\to\infty} (a_n b_n) = L_1 L_2$

가 성립한다. 만일 모든 n 에 대해 $b_n \neq 0$ 이고 $\lim_{n\to\infty} b_n = L_2 \neq 0$ 이면

(4) $\lim_{n\to\infty}\frac{a_n}{b_n}=\frac{L_1}{L_2}$

이 성립한다.

증명 수열의 수렴 여부를 증명하는 방법을 (1)과 (3)의 증명을 통해 살펴보자.

(1)의 증명: $\lim_{n\to\infty}a_n=L_1$, $\lim_{n\to\infty}b_n=L_2$이므로 주어진 양수 $\epsilon>0$에 대하여 어떤 자연수 N_1이 존재하여 $n>N_1$이면 $|a_n-L_1|<\frac{\epsilon}{2}$이 성립하고, 또 어떤 자연수 N_2가 존재하여 $n>N_2$이면 $|b_n-L_2|<\frac{\epsilon}{2}$이 성립한다. 이때 $N=\max\{N_1,N_2\}$라 두면, $n>N$이면

$$\begin{aligned}|(a_n\pm b_n)-(L_1\pm L_2)|&=|(a_n-L_1)\pm(b_n-L_2)|\\&\le|a_n-L_1|+|b_n-L_2|<\frac{\epsilon}{2}+\frac{\epsilon}{2}=\epsilon\end{aligned}$$

이 성립한다. 따라서 $\lim_{n\to\infty}(a_n\pm b_n)=L_1\pm L_2$이다. (3)의 증명: 먼저, 수렴하는 수열인 $\{b_n\}$은 유계임을 보이도록 하자. $\lim_{n\to\infty}b_n=L_2$이므로, 정의에 따라 양수 $\epsilon=1$에 대하여 어떤 자연수 N이 존재하여 $n>N$이면 $|b_n-L_2|<1$이 성립한다. 따라서 $n>N$이면 $L_2-1<b_n<L_2+1$이 성립한다. 이제 $M=1+\max\{|b_1|,|b_2|,\cdots,|b_N|,|L_2+1|,|L_2-1|\}$이라 두면, 모든 자연수 n에 대하여 $|b_n|<M$이 성립하여, 수열 $\{b_n\}$은 유계이다.

이제 $\lim_{n\to\infty}(a_nb_n)=L_1L_2$임을 증명하자. 주어진 양수 ϵ에 대하여 어떤 자연수 N_1이 존재하여 $n>N_1$이면 $|a_n-L_1|<\frac{\epsilon}{2M}$이 성립하고, 또한 어떤 자연수 N_2가 존재하여 $n>N_2$이면 $|b_n-L_2|<\frac{\epsilon}{2\max\{|L_1|,1\}}$이 성립한다. 따라서 $n>\max\{N_1,N_2\}$이면

$$\begin{aligned}|a_nb_n-L_1L_2|&=|a_nb_n-L_1b_n+L_1b_n-L_1L_2|\\&\le|a_n-L_1||b_n|+|L_1||b_n-L_2|\\&<\frac{\epsilon}{2}+\frac{\epsilon}{2}=\epsilon\end{aligned}$$

가 성립한다. □

예제 1.4

수열 $\{\frac{1}{n}\}$은 0으로 수렴하고, 수열 $\{\frac{n-1}{n}\}$은 $\frac{n-1}{n}=1-\frac{1}{n}$이므로 1로 수렴한다. 그러나 수열 $\{(-1)^n\}$은 n이 짝수이면 1, n이 홀수이면 -1이므로 수렴하지 않는다.

정리 1.3(함수로 정의된 수열의 극한)

임의의 자연수 $n \in \mathbb{N}$에 대하여 $a_n = f(n)$을 만족하는 함수 $f : \mathbb{R} \to \mathbb{R}$에 대하여 $\lim_{x\to\infty} f(x) = L$을 만족하는 실수 L이 존재하면 $\lim_{n\to\infty} a_n = L$이다.

증명 함수의 극한 $\lim_{x\to\infty} f(x) = L$의 의미는 임의의 주어진 양수 ϵ에 대하여 어떤 자연수 N이 존재하여 $x > N$이면 $|f(x) - L| < \epsilon$이 성립한다는 것이다. 자연수 n에 대하여 $f(n) = a_n$이므로 $n > N$이면 $|f(n) - L| = |a_n - L| < \epsilon$이 성립하고, 따라서 $\lim_{n\to\infty} a_n = L$이다. □

실습예제 **1.4**. Wolfram Cloud에서 수열의 극한 $\lim_{n\to\infty} a_n$을 구하려면 다음과 같이 하면 된다.

```
In[7]:= Limit[(1 + n) ^ (1/n), n → Infinity]

Out[7]= 1
```

예제 1.5

다음에 주어진 수열의 수렴, 발산 여부를 판정하시오.

(1) $\lim_{n\to\infty} (-1)^{n+1} \dfrac{1+2n}{2+3n}$ (2) $\lim_{n\to\infty} \dfrac{n^2}{2^n}$ (3) $\lim_{n\to\infty} \left(1+\dfrac{2}{n}\right)^n$

(4) $\lim_{n\to\infty} \sqrt[n]{n}$ (5) $\lim_{n\to\infty} \cos\left(\dfrac{n+1}{n^2}\right)$

풀이 :

(1) $\lim_{n\to\infty} \dfrac{1+2n}{2+3n} = \lim_{n\to\infty} \dfrac{\frac{1}{n}+2}{\frac{2}{n}+3} = \dfrac{2}{3}$이므로 $a_n = (-1)^{n+1}\dfrac{1+2n}{2+3n}$이라 두면 $\lim_{n\to\infty} a_{2n} = -\dfrac{2}{3}$, $\lim_{n\to\infty} a_{2n+1} = \dfrac{2}{3}$이 되어서 극한은 존재하지 않는다.

(2) $f(x) = \dfrac{x^2}{2^x}$라 두면 로피탈 정리를 사용하면

$$\lim_{x\to\infty} f(x) = \lim_{x\to\infty} \frac{x^2}{2^x} = \lim_{x\to\infty} \frac{2x}{\ln(2)2^x} = \lim_{x\to\infty} \frac{2}{(\ln(2))^2 2^x} = 0$$

이므로 $\lim_{n\to\infty} \dfrac{n^2}{2^n} = 0$이다.

(3) $f(x) = \left(1+\dfrac{2}{x}\right)^x$ 라 두고 양변에 자연로그를 취하면

$$\ln f(x) = x\ln\left(1+\frac{2}{x}\right)$$

가 된다. 우변의 극한을 취하면

$$\lim_{x\to\infty} x\ln\left(1+\frac{2}{x}\right) \overset{t=\frac{1}{x}}{=} \lim_{t\to 0}\frac{\ln(1+2t)}{t} \overset{\text{로피탈}}{=} \lim_{t\to 0}\frac{2}{1+2t} = 2$$

이므로 $\lim_{x\to\infty}\ln f(x) = 2$ 이고 $y = \ln x$ 는 순증가함수이므로 $\ln(\lim_{x\to\infty} f(x)) = 2$ 이다.

따라서 $\lim_{x\to\infty} f(x) = e^2$ 이므로 $\lim_{n\to\infty}\left(1+\dfrac{2}{n}\right)^n = e^2$ 이다.

(4) $f(x) = x^{\frac{1}{x}}$ 라 두고 양변에 자연로그를 취한 후 극한을 구하면

$$\ln\left(\lim_{x\to\infty} f(x)\right) = \lim_{x\to\infty}\ln f(x) = \lim_{x\to\infty}\frac{\ln x}{x} = 0$$

이므로 $\lim_{x\to\infty} f(x) = 1$ 이다. 따라서 $\lim_{n\to\infty} n^{\frac{1}{n}} = \lim_{n\to\infty}\sqrt[n]{n} = 1$ 이다.

(5) $\lim_{n\to\infty}\cos\left(\dfrac{n+1}{n^2}\right) = \cos\left(\lim_{n\to\infty}\dfrac{n+1}{n^2}\right) = \cos 0 = 1$ ♦

정리 1.5(Squeezing theorem for sequences)

적당한 양수 N에 대하여 세 수열 $\{a_n\}$, $\{b_n\}$, $\{c_n\}$이 $n \geq N$인 모든 자연수 n에 대하여 $a_n \leq b_n \leq c_n$을 만족하고,

$$\lim_{n\to\infty} a_n = L = \lim_{n\to\infty} c_n$$

이면 $\lim_{n\to\infty} b_n = L$이다.

증명 $\lim_{n\to\infty} a_n = L$이고 $\lim_{n\to\infty} c_n = L$이므로, 주어진 양수 $\epsilon > 0$에 대하여 어떤 자연수 N_1이 존재하여 $n > N_1$이면 $|a_n - L| < \epsilon$이 성립하고, 또한 어떤 자연수 N_2가 존재하여 $n > N_2$이면 $|c_n - L| < \epsilon$이 성립한다. 따라서 $N = \max\{N_1, N_2\}$에 대하여 $n > N$이면

$$-\epsilon < -|a_n - L| \leq a_n - L \leq b_n - L \leq c_n - L \leq |c_n - L| < \epsilon$$

이 성립하고, 이로부터 $n > N$이면 $|b_n - L| < \epsilon$이 된다. 그러므로 $\lim_{n\to\infty} b_n = L$이다. □

따름정리 1.1

$\lim_{n\to\infty}|a_n| = 0$ 이면 $\lim_{n\to\infty} a_n = 0$ 이다.

증명 $-|a_n| \le a_n \le |a_n|$ 이고 $\lim_{n\to\infty}(-|a_n|) = 0 = \lim_{n\to\infty}|a_n|$ 이므로 위의 정리로부터 $\lim_{n\to\infty} a_n = 0$ 이 된다. □

예제 1.6

다음에 주어진 수열의 수렴, 발산 여부를 판정하고 수렴하면 극한을 구하시오.

(1) $\left\{\dfrac{n!}{n^n}\right\}$ (2) $\left\{\dfrac{\cos(n^2)}{n^3}\right\}$ (3) $\left\{\left(-\dfrac{1}{3}\right)^n\right\}$

풀이:

(1) $n \ge 2$ 이면 $n! = 1 \cdot 2 \cdot 3 \cdots n \le n^{n-1}$ 이므로 $0 \le \dfrac{n!}{n^n} \le \dfrac{n^{n-1}}{n^n} = \dfrac{1}{n}$ 이고 $\lim_{n\to\infty}\dfrac{1}{n} = 0$ 이므로 $\lim_{n\to\infty}\dfrac{n!}{n^n} = 0$ 이다.

(2) $-\dfrac{1}{n^3} \le \dfrac{\cos(n^2)}{n^3} \le \dfrac{1}{n^3}$ 이고 $\lim_{n\to\infty}\dfrac{1}{n^3} = 0$ 이므로 $\lim_{n\to\infty}\dfrac{\cos(n^2)}{n^3} = 0$ 이다.

(3) $-\dfrac{1}{3^n} \le \left(-\dfrac{1}{3}\right)^n \le \dfrac{1}{3^n}$ 이고 $\lim_{n\to\infty}\dfrac{1}{3^n} = 0$ 이므로 $\lim_{n\to\infty}\left(-\dfrac{1}{3}\right)^n = 0$ 이다. ♦

단조수열 (monotone sequences)

정의 1.3

수열 $\{a_n\}$ 이 모든 자연수 n 에 대하여

(1) $a_n < a_{n+1}$ 이면 순증가(strictly increasing)

(2) $a_n \le a_{n+1}$ 이면 증가(increasing)

(3) $a_n > a_{n+1}$ 이면 순감소(strictly decreasing)

(4) $a_n \ge a_{n+1}$ 이면 감소(decreasing)

라 한다. 만일 위의 현상이 적당한 자연수 N보다 큰 모든 자연수 n에 대하여 성립하면 궁극적 (순)증가/감소(eventually (strictly) increasing/decreasing)라 한다.

예제 1.7

1. $\left\{\dfrac{n}{n+1}\right\}$의 일반항 $a_n = \dfrac{n}{n+1}$에 대해 $\dfrac{a_{n+1}}{a_n} = \dfrac{(n+1)^2}{n(n+2)} > 1$이므로 이 수열은 순증가수열이다.

2. $\left\{\dfrac{10^n}{n!}\right\}$은 처음 몇 개의 항은 증가하는 것으로 보이지만 일반항을 $a_n = \dfrac{10^n}{n!}$이라 두면 $n \geq 10$이면 $\dfrac{a_{n+1}}{a_n} = \dfrac{10}{n+1} < 1$이므로 궁극적으로 순감소수열이다.

```
In[13]:= DiscretePlot[(10^n)/(n!), {n, 1, 20, 1}]
```

Out[13]=

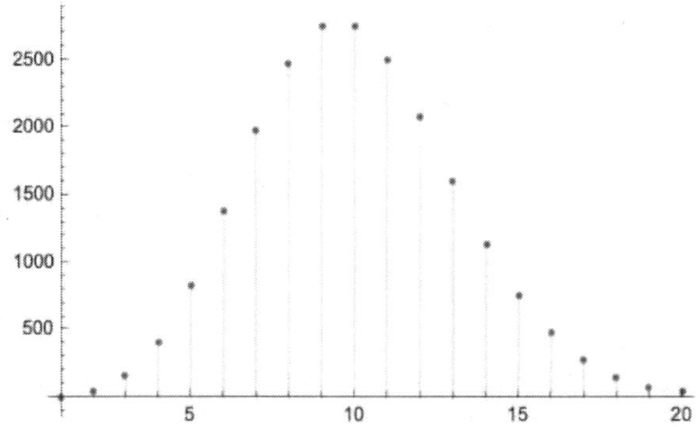

참고 1.1(실수의 완비성)

공집합이 아닌 실수의 부분집합 S가 위로 유계(bounded above)이면 최소상한(least upper bound / supremum)이 존재하고, S가 아래로 유계이면 최대하한(greatest lower bound / infimum)이 존재한다. 이와 같은 성질을 실수의 완비공리라 한다.

정리 1.6

(1) 위로 유계인 궁극적 증가수열은 수렴한다.

(2) 아래로 유계인 궁극적 감소수열은 수렴한다.

증명 유계인 증가수열에 관한 증명만 보이자.(나머지 증명도 유사함)

증가수열 $\{a_n\}$이 위로 유계이면 완비공리에 의하여 최소상한 L을 가진다. 따라서 임의의 $\epsilon > 0$ 에 대하여 $L - \epsilon < a_N$을 만족하는 자연수 N이 존재한다. 주어진 수열이 증가수열이므로 $n > N$인 자연수 n에 대하여 $L - \epsilon < a_N \le a_n \le L$을 만족한다. 따라서 $n \ge N$이면 $|a_n - L| < \epsilon$이 성립하므로 $\lim\limits_{n\to\infty} a_n = L$이다. □

예제 1.8

수열 (1) $\left\{\dfrac{10^n}{n!}\right\}_{n=1}^{\infty}$, (2) $\left\{\dfrac{n^n}{n!}\right\}_{n=1}^{\infty}$ 의 극한을 구하시오.

풀이:

(1) $\left\{\dfrac{10^n}{n!}\right\}_{n=1}^{\infty}$ 는 아래로 유계인 궁극적 감소수열이므로 $a_n = \dfrac{10^n}{n!}$라 두면 위의 정리 1.6에 의하여 $\lim\limits_{n\to\infty} a_n = L$인 실수 L이 존재한다. $a_{n+1} = \dfrac{10}{n+1}a_n$이고 $\lim\limits_{n\to\infty}\dfrac{10}{n+1} = 0$이므로 $\lim\limits_{n\to\infty} a_{n+1} = \left(\lim\limits_{n\to\infty}\dfrac{10}{n+1}\right)\left(\lim\limits_{n\to\infty} a_n\right) = 0 \cdot L = 0$이다.

(2) $\left\{\dfrac{n^n}{n!}\right\}_{n=1}^{\infty}$ 는 $a_n = \dfrac{n^n}{n!}$라 두면 $\dfrac{a_{n+1}}{a_n} = \left(\dfrac{n+1}{n}\right)^n > 1$이므로 순증가수열이고

$$\lim_{n\to\infty}\frac{a_{n+1}}{a_n} = \lim_{n\to\infty}\left(\frac{n+1}{n}\right)^n = e > 2$$

이므로 어떤 자연수 N이 존재하여 $n > N$이면 $\dfrac{a_{n+1}}{a_n} \ge 2$가 성립한다. 따라서 $n > N$인 자연수 n에 대해 $a_n \ge 2^{n-N}a_N$이 성립하고 $a_N > 0$이므로 $\lim\limits_{n\to\infty} a_n = \infty$로 발산한다. ♦

예제 1.9(점화식으로 정의된 수열(recursively defined sequence))

$a_1 = 1,\ a_{n+1} = \dfrac{1}{2}\left(a_n + \dfrac{2}{a_n}\right)$으로 정의된 수열의 극한을 구하여라.

풀이: $a_1 = 1$이고 임의의 자연수 n에 대해 $a_{n+1} = \dfrac{1}{2}\left(a_n + \dfrac{2}{a_n}\right) = \dfrac{a_n^2 + 2}{2a_n} \ge \sqrt{2}$이므로 이 수열은 아래로 유계인 수열이다. 이제 이 수열이 궁극적으로 감소수열임을 보이자. $n \ge 2$이면 $a_n^2 \ge 2$이므로

$$\frac{a_{n+1}}{a_n} = \frac{a_n^2 + 2}{2a_n^2} \le 1$$

이 성립한다. 따라서 아래로 유계이고 궁극적으로 감소인 수열이므로 수렴한다. $\lim_{n\to\infty} a_n = L$ 이라 하면 $L = \frac{1}{2}\left(L + \frac{2}{L}\right)$ 로부터 $L = \pm\sqrt{2}$ 이고 $a_n \geq \sqrt{2}$ 이므로 $L = \sqrt{2}$ 이다. 따라서 $\lim_{n\to\infty} a_n = \sqrt{2}$ 이다. ♦

실습예제 **1.7**. Wolfram Cloud를 이용해 점화식을 푸는 방법은 다음과 같다. 예를 들면 점화식 $a_0 = 1$, $a_{n+1} = 2a_n$, $(n \geq 1)$은 다음과 같이 풀 수 있다.

```
In[14]:= RSolve[{a[n + 1] - 2 * a[n] == 0, a[0] == 1}, a[n], n]
Out[14]= {{a[n] → 2^n}}
```

거미줄 도형

거미줄 도형을 이용하면 점화식으로 주어진 수열의 수렴, 발산 여부를 유추할 수 있다. 위의 예제 1.9에 주어진 점화식의 거미줄 도형을 얻는 방법을 알아보자. $f(x) = \frac{1}{2}\left(x + \frac{2}{x}\right)$ 라 두면 $a_{n+1} = f(a_n)$ 이 됨을 알 수 있다. 좌표평면에 $y = f(x)$ 의 그래프와 $y = x$ 의 그래프를 그리자. 그리고 다음 순서로 주어진 평면 위의 점

$$(a_1, f(a_1)), (a_2, a_2), (a_2, f(a_2)), (a_3, a_3), (a_3, f(a_3)), \cdots, (a_n, a_n), (a_n, f(a_n)), \cdots$$

을 순서대로 선분으로 연결한 도형을 생각하자. 이 도형을 주어진 점화식의 거미줄 도형이라 한다. 이 거미줄 도형의 패턴을 살펴보면 점화식으로 주어진 수열이 수렴하는지 또는 발산하는지의 여부를 유추할 수 있다.

예제 1.10

점화식 $a_1 = a$, $a_{n+1} = a_n^2$, $(n \geq 2)$, 에 대한 거미줄 도형은 $a = 0.5$, $a = 1.5$ 인 경우 다음과 같이 주어진다.

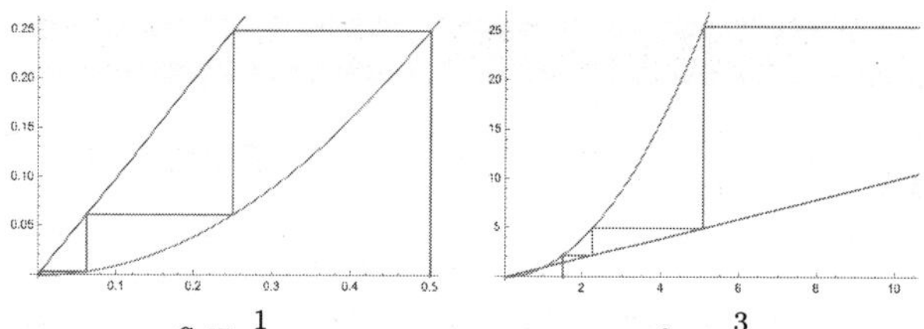

$a = \frac{1}{2}$ $\qquad$ $a = \frac{3}{2}$

이 점화식의 일반항을 구하면 $a_n = a^{2^{n-1}}$ 이고 이로부터

$$\lim_{n\to\infty} a_n = \begin{cases} 0, & -1 < a < 1 \\ 1, & a = 1, -1 \\ +\infty, & |a| > 1 \end{cases}$$

가 된다.

실습예제 **1.8**. 점화식 $a_1 = 3$, $a_{n+1} = -\dfrac{a_n}{2} + 1$, $(n \geq 2)$ 인 점화식의 거미줄 도형은 Wolfram Cloud를 이용해 다음과 같이 그릴 수 있다.

```
In[15]:= f[x_] := -0.5 * x + 1;
         a = 3;
         temp = {{a, 0}};
         For[i = 0, i < 8, i ++,
           temp = Join[temp, {{Nest[f, a, i], Nest[f, a, i + 1]},
              {Nest[f, a, i + 1], Nest[f, a, i + 1]}}]];
         p1 = ListLinePlot[temp];
         p2 = Plot[{x, f[x]}, {x, -3, 4}];
         Show[p1, p2]
```

Out[21]=

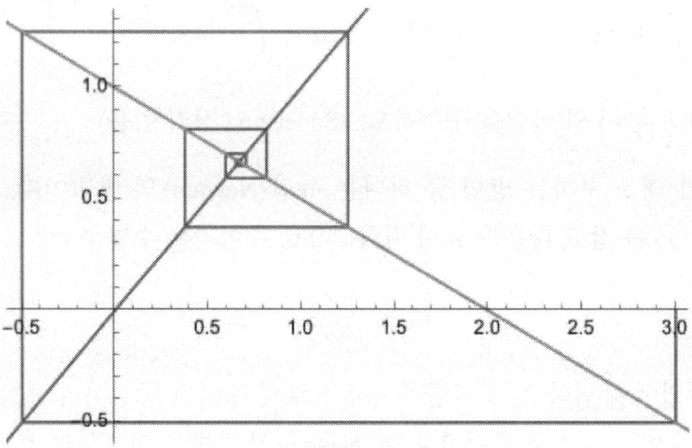

이로부터 극한은 $\dfrac{2}{3}$가 될 것으로 유추할 수 있다.

연습문제 1.1

1. 다음에 주어진 수열의 극한을 구하시오.

(1) $\{n\sin\frac{\pi}{n}\}_{n=1}^{\infty}$ (2) $\{\frac{n}{2^n}\}_{n=1}^{\infty}$

(3) $\{(1-\frac{2}{n})^n\}_{n=1}^{\infty}$ (4) $a_n = (\frac{1+n}{2n})^n$

(5) $a_n = \dfrac{1}{n}\displaystyle\sum_{k=1}^{n}\dfrac{1}{1+(k/n)}$ (6) $a_n = n^{-1/n}$

2. 다음에 주어진 수열이 순증가수열, 순감소수열, 궁극적 순증가수열, 궁극적 순감소수열 중 어디에 해당하는지 판정하시오.

(1) $a_n = \frac{10^n}{(2n)!}$ (2) $a_n = ne^{-2n}$

(3) $a_n = n^5e^{-n}$ (4) $a_{n+1} = \sqrt{2+a_n},\ a_1 = \sqrt{2}$

3. 점화식으로 주어진 수열의 수렴 발산 여부를 판정하고 수렴하면 극한을 구하시오.

(1) $2a_{n+1} = a_n\ (n \geq 2),\ a_1 = 1$ (2) $a_{n+1} = \sqrt{6+a_n}\ (n \geq 2),\ a_1 = \sqrt{6}$

(3) $a_1 = \sqrt{2},\ a_2 = \sqrt{2+\sqrt{2}},\ a_3 = \sqrt{2+\sqrt{2+\sqrt{2}}}, \cdots$

(4) $a_0 = 1,\ a_1 = 1,\ a_{n+2} = a_{n+1} + a_n\ (n \geq 0)$

4. $\ln n! = \ln 1 + \ln 2 + \cdots + \ln n$ 이고, 정적분의 정의를 이용하면 다음이 성립한다.

$$\int_1^n \ln x dx < \ln 1 + \ln 2 + \cdots \ln n < \int_1^{n+1} \ln x dx$$

이를 이용하여 수열 $\left\{\frac{\sqrt[n]{n!}}{n}\right\}$의 극한을 구하시오. (Squeezing 정리 이용)

5. $f(x) = 0$의 수치적 해를 구하는 방법 중 하나는 뉴턴(Newton)의 방법이다. 뉴턴의 방법은 초기 근삿값 x_0를 잡고 다음과 같이 점화식으로 주어지는 수열

$$x_{n+1} = x_n - \frac{f(x_n)}{f'(x_n)}$$

을 정의한 후, 이 수열이 수렴하면 그 극한을 구함으로써 주어진 방정식의 해를 구하는 것이다. $f(x) = x^2 - 2,\ x_0 = 1$로 주어졌을 때, Newton의 방법을 이용하여 $f(x) = 0$을 만족하는 해의 근삿값을 구하시오.

1.2 급수(series)

수열이 수 또는 어떤 대상의 순서있는 나열이라면 급수는 이와 같은 수열의 항들의 합이다. 이번 절에서는 급수와 수열과의 관계를 살펴보고 다양한 급수의 수렴 및 발산에 대해 학습한다. 그리고 급수의 수렴 여부를 판정하는 여러 가지 판정법에 대해 학습한다.

정의 1.4

주어진 수열 $\{a_n\}_{n=1}^{\infty}$에 대하여

(1) $\displaystyle\sum_{n=1}^{\infty} a_n = a_1 + a_2 + a_3 + \cdots + a_n + \cdots$ 를 무한급수(infinite series)라 한다.

(2) $\displaystyle S_n = \sum_{k=1}^{n} a_k$ 를 n항까지의 부분합(n-th partial sum)이라 한다.

(3) 수열 $\{S_n\}$이 어떤 실수 S로 수렴할 때, 급수 $\displaystyle\sum_{n=1}^{\infty} a_n$이 S로 수렴한다고 말하고, 수열 $\{S_n\}$이 발산할 때, 급수가 발산한다고 한다.

여러 가지 급수

여러 가지 급수의 예를 살펴보고, 이들의 수렴 발산 여부를 어떻게 알 수 있는지에 대해 학습하자.

예제 1.11(기하급수(geometric series))

실수 a와 r에 대해

$$a + ar + ar^2 + ar^3 + \cdots = \sum_{n=0}^{\infty} ar^n$$

으로 정의되는 급수를 기하급수(geometric series)라 한다. 기하급수의 n항까지의 부분합을 $\displaystyle S_n = \sum_{k=0}^{n-1} ar^k$이라 하면

$$S_n - rS_n = a - ar^n$$

이 되고, 따라서

$$S_n = \frac{a(1-r^n)}{1-r}, \qquad (r \neq 1)$$

이다. 이로부터 $a \neq 0$인 경우

$$\sum_{k=0}^{\infty} ar^k = \begin{cases} \dfrac{a}{1-r}, & |r| < 1 \\ \text{발산}, & |r| \geq 1 \end{cases}$$

이다.

예제 1.12(망원급수(telescoping series))

$\sum_{n=1}^{\infty}\frac{1}{n(n+1)}$ 로 주어진 급수를 생각하자. 그러면 일반항은

$$a_n = \frac{1}{n(n+1)} = \frac{1}{n} - \frac{1}{n+1}$$

이므로, n항까지의 부분합은

$$S_n = \sum_{k=1}^{n} a_k = \sum_{k=1}^{n}\left(\frac{1}{k} - \frac{1}{k+1}\right) = 1 - \frac{1}{n+1}$$

이 된다. 따라서 $\sum_{n=1}^{\infty}\frac{1}{n(n+1)} = \lim_{n\to\infty}\left(1 - \frac{1}{n+1}\right) = 1$ 이다.

이와 같이 각 부분합에서 중간의 항들이 상쇄되고 처음 몇 항과 마지막 몇 항만 남는 형태의 급수를 망원급수라 한다.

예제 1.13(조화급수(harmonic series))

$\sum_{n=1}^{\infty}\frac{1}{n}$ 으로 정의되는 급수를 조화급수라 한다. 조화급수를 살펴보면

$$\begin{aligned}\sum_{n=1}^{\infty}\frac{1}{n} &= 1 + \frac{1}{2} + \frac{1}{3} + \frac{1}{4} + \frac{1}{5} + \frac{1}{6} + \frac{1}{7} + \frac{1}{8} + \cdots \\ &\geq 1 + \frac{1}{2} + \left(\frac{1}{4} + \frac{1}{4}\right) + \left(\frac{1}{8} + \frac{1}{8} + \frac{1}{8} + \frac{1}{8}\right) + \cdots = 1 + \frac{1}{2} + \frac{1}{2} + \frac{1}{2} + \cdots\end{aligned}$$

을 만족하므로 2^n항까지의 부분합은

$$S_{2^n} = \sum_{k=1}^{2^n}\frac{1}{k} \geq 1 + \frac{n}{2}$$

를 만족하고, 우변은 n이 무한대로 갈 때 무한대로 발산하므로 이 급수는 발산한다.

예제 1.14

다음에 주어진 급수의 수렴 발산 여부를 판정하고 수렴하면 그 값을 구하시오.

(1) $\sum_{n=1}^{\infty}(-1)^{n+1}$

(2) $\sum_{n=0}^{\infty}\frac{5}{4^n}$

(3) $\sum_{n=1}^{\infty}3^{2n}5^{1-n}$

(4) $\sum_{n=1}^{\infty}\frac{2}{n^2+2n}$

풀이 :

(1) 부분합을 계산하면

$$S_n = \begin{cases} 1, & n\text{이 홀수} \\ 0, & n\text{이 짝수} \end{cases}$$

이므로 S_n이 발산한다. 따라서 주어진 급수는 발산한다.

(2) 초항이 5, 공비가 $\frac{1}{4}$인 기하급수이므로 $\dfrac{5}{1-\frac{1}{4}} = \frac{20}{3}$으로 수렴한다.

(3) 초항이 9, 공비가 $\frac{9}{5}$인 기하급수이므로 발산한다.

(4) $\displaystyle\sum_{n=1}^{\infty}\frac{2}{n^2+2n} = \sum_{n=1}^{\infty}\left(\frac{1}{n}-\frac{1}{n+2}\right)$인 망원급수이므로 $S_n = 1+\dfrac{1}{2}-\dfrac{1}{n+1}-\dfrac{1}{n+2}$이고 이의 극한은 $\dfrac{3}{2}$이다. ◆

실습예제 **1.9**. Wolfram Cloud를 이용해 무한급수 $\displaystyle\sum_{n=1}^{\infty} a_n$의 수렴 발산 여부와 극한을 구할 수 있다. 예로 $a_n = \frac{2}{n^2+2n}$인 경우는 다음과 같다.

```
In[22]:= SumConvergence[2 / (n ^ 2 + 2 n), n]
Out[22]= True

In[23]:= Sum[2 / (n ^ 2 + 2 n), {n, 1, Infinity}]
Out[23]= 3/2
```

급수의 수렴 발산 판정법

이제 보다 일반적으로 주어진 급수가 수렴하는지의 여부를 어떻게 알 수 있는지에 대해 체계적으로 학습하자.

정리 1.10(일반항 판정법)

급수 $\displaystyle\sum_{n=1}^{\infty} a_n$가 수렴하면 $\displaystyle\lim_{n\to\infty} a_n = 0$이다.

증명 급수 $\sum_{n=1}^{\infty} a_n$ 가 수렴하므로 n항까지의 부분합으로 이루어진 수열 $\{S_n\}_{n=1}^{\infty}$ 은 수렴한다. $a_n = S_n - S_{n-1}$ 이므로

$$\lim_{n\to\infty} a_n = \lim_{n\to\infty} (S_n - S_{n-1}) = 0$$

이다. □

정리 1.11

수렴하는 두 급수 $\sum_{n=1}^{\infty} a_n$ 과 $\sum_{n=1}^{\infty} b_n$ 에 대해 다음이 성립한다.

(1) $\sum_{n=1}^{\infty} (a_n \pm b_n)$ 은 $\sum_{n=1}^{\infty} a_n \pm \sum_{n=1}^{\infty} b_n$ 으로 수렴한다.

(2) 임의의 실수 c 에 대해 $\sum_{n=1}^{\infty} ca_n$ 은 $c\sum_{n=1}^{\infty} a_n$ 으로 수렴한다.

증명 (1)에 대한 증명을 해보자. 주어진 급수 $\sum_{n=1}^{\infty} (a_n \pm b_n)$ 의 n항까지의 부분합

$$S_n = \sum_{k=1}^{n} (a_k \pm b_k) = \sum_{k=1}^{n} a_k \pm \sum_{k=1}^{k} b_k$$

이고 두 급수 $\sum_{n=0}^{\infty} a_n$ 과 $\sum_{n=0}^{\infty} b_n$ 가 수렴하므로

$$\lim_{n\to\infty} (\sum_{k=1}^{n} a_k \pm \sum_{k=1}^{n} b_k) = \lim_{n\to\infty} \sum_{k=1}^{n} a_k \pm \lim_{n\to\infty} \sum_{k=1}^{n} b_k = \sum_{n=1}^{\infty} a_n \pm \sum_{n=1}^{\infty} b_n$$

이다. 따라서

$$\sum_{n=1}^{\infty} (a_n \pm b_n) = \sum_{n=1}^{\infty} a_n \pm \sum_{n=1}^{\infty} b_n$$

이 성립한다. (2)에 대한 증명도 같은 방법으로 하면 된다. □

예제 1.15

다음에 주어진 급수의 수렴, 발산 여부를 판정하시오.

(1) $\sum_{n=1}^{\infty} \frac{n}{n+1}$ (2) $\sum_{n=100}^{\infty} \frac{1}{n}$

(3) $\sum_{n=1}^{\infty} \left(\frac{3}{4^n} - \frac{2}{5^{n-1}} \right)$ (4) $\sum_{n=1}^{\infty} \left(e^{\frac{1}{n}} - e^{\frac{1}{n+1}} \right)$

풀이: (1) $\lim_{n\to\infty} \frac{n}{n+1} = 1 \neq 0$ 이므로 일반항판정법에 의하여 발산한다.

(2) $\sum_{n=1}^{\infty} \frac{1}{n}$ 은 발산하는 급수이므로 $\sum_{n=100}^{\infty} \frac{1}{n}$ 도 발산한다.

(3) $\sum_{n=1}^{\infty} \frac{3}{4^n} = 1, \sum_{n=1}^{\infty} \frac{2}{5^{n-1}} = \frac{5}{2}$ 이므로 정리 1.11(1)에 의하여 $\sum_{n=1}^{\infty} \left(\frac{3}{4^n} - \frac{2}{5^{n-1}} \right) = 1 - \frac{5}{2}$ $= -\frac{3}{2}$ 이다.

(4) 부분합은 $S_n = e - e^{\frac{1}{n+1}}$ 이므로 $\sum_{n=1}^{\infty} (e^{\frac{1}{n}} - e^{\frac{1}{n+1}}) = \lim_{n\to\infty} S_n = e - 1$ 로 수렴한다. ♦

모든 항이 양수인 급수를 양항급수(positive series)라 한다. 이제 양항급수의 수렴 발산 여부와 이에 대응하는 함수의 적분값의 존재성과의 관계를 살펴보자.

정리 1.12(적분판정법(The integral test))

주어진 양항급수 $\sum_{n=1}^{\infty} a_n$ 에 대하여 $n \geq N$ 이면 $f(n) = a_n$ 을 만족하는 자연수 N 과 연속인 순감소함수 $f : [N, \infty) \to \mathbb{R}$ 이 존재하면 $\sum_{n=1}^{\infty} a_n$ 와 $\int_N^{\infty} f(x)\,dx$ 는 동시에 수렴하거나 동시에 발산한다.

증명 f가 연속인 순감소함수이므로 분할 $P: N < N+1 < N+2 < \cdots$ 에 대한 구간 $[N, \infty)$ 에서의 정적분과 상합, 하합을 비교하면 $x \in (n, n+1)$ 인 임의의 x에 대해

$$a_{n+1} = f(n+1) < f(x) < f(n) = a_n$$

이 성립하므로 $N < k$ 인 임의의 자연수 k에 대해

$$\sum_{n=N}^{k} f(n+1) < \int_N^{k+1} f(x)\,dx < \sum_{n=N}^{k} f(n)$$

이다. 만일 $\int_N^{\infty} f(x)\,dx$ 가 수렴하면 부분합으로 이루어진 수열 $\{S_n\}$은 양항급수의 부분합이므로 증가수열이고 위로 유계이므로 수렴한다. 따라서 $\sum_{n=1}^{\infty} a_n$ 도 수렴한다. 만일 $\sum_{n=1}^{\infty} a_n$ 이

수렴하면 $b_k = \int_N^{k+1} f(x)\,dx$는 위로 유계인 증가하는 수열이므로 수렴한다. 만일 $\int_N^\infty f(x)\,dx$가 발산하면 $\displaystyle\int_N^{k+1} f(x)\,dx < \sum_{n=N}^{k} a_n$ 으로부터 부분합으로 이루어진 수열이 발산하고, 따라서 $\displaystyle\sum_{n=1}^{\infty} a_n$ 이 발산한다. 만일 $\displaystyle\sum_{n=1}^{\infty} a_n$ 이 발산하면 양항급수이므로 이 값은 무한대로 가고 $\int_N^\infty f(x)\,dx$도 발산한다. □

예제 1.16

적분판정법을 이용해 조화급수 $\displaystyle\sum_{n=1}^{\infty} \frac{1}{n}$의 수렴, 발산 여부를 판정해보자.

풀이: $f(x) = \frac{1}{x}$라 두면 $f(x)$는 $x > 0$에서 연속인 감소함수이고 임의의 자연수 n에 대해 $f(n) = \frac{1}{n}$ 임은 자명하다. 그리고

$$\int_1^\infty \frac{1}{x}\,dx = \lim_{R\to\infty} \int_1^R \frac{1}{x}\,dx = \lim_{R\to\infty} [\ln x]_1^R = \lim_{R\to\infty} (\ln R - \ln 1) = +\infty$$

이므로 주어진 조화급수는 적분판정법에 의해 발산한다. ♦

따름정리 1.2(p-급수판정법)

$$\sum_{n=1}^{\infty} \frac{1}{n^p} = \begin{cases} \text{수렴}, & p > 1 \\ \text{발산}, & p \le 1 \end{cases}$$

증명 양수 $p > 0$에 대하여 $f(x) = \frac{1}{x^p}$는 $x > 0$에서 연속인 감소함수이다. 그리고 $p \neq 1$인 경우,

$$\begin{aligned}\int_1^\infty \frac{1}{x^p}\,dx &= \lim_{R\to\infty} \int_1^R \frac{1}{x^p}\,dx = \lim_{R\to\infty} \left[\frac{x^{-p+1}}{-p+1}\right]_1^R = \lim_{R\to\infty} \left(\frac{R^{-p+1}}{-p+1} - \frac{1}{-p+1}\right) \\ &= \begin{cases} \frac{1}{p-1}, & -p+1 < 0 \\ +\infty, & -p+1 > 0 \end{cases}\end{aligned}$$

이다. 따라서 적분판정법에 의해 $p > 1$이면 수렴하고 $0 < p < 1$이면 주어진 급수는 발산한다. $p = 1$인 경우는 위의 예제에서 다룬 것과 같이 주어진 급수는 발산한다. □

예제 1.17

다음에 주어진 급수의 수렴 발산 여부를 판정하시오.

(1) $\sum_{n=1}^{\infty} \frac{1}{\sqrt{2n-1}}$ (2) $\sum_{n=1}^{\infty} \frac{1}{n^{3/2}}$

풀이:

(1) $f(x) = \frac{1}{\sqrt{2x-1}}$ 이라 두면 $f(x)$는 $x > \frac{1}{2}$ 에서 연속인 감소함수이고 $\int_1^{\infty} \frac{1}{\sqrt{2x-1}} dx = +\infty$ 이므로 적분판정법에 의하여 주어진 급수는 발산한다.

(2) $p = \frac{3}{2} > 1$ 이므로 p-급수 판정법에 의하여 수렴한다. ♦

정리 1.13(비교판정법(comparison test))

주어진 두 급수 $\sum_{n=1}^{\infty} a_n$ 과 $\sum_{n=1}^{\infty} b_n$ 에 대하여 $n \ge N$ 이면 $0 \le a_n \le b_n$ 을 만족하는 자연수 N 이 존재한다고 하자. 그러면

(1) $\sum_{n=1}^{\infty} b_n$ 이 수렴하면 $\sum_{n=1}^{\infty} a_n$ 도 수렴한다.

(2) $\sum_{n=1}^{\infty} a_n$ 이 발산하면 $\sum_{n=1}^{\infty} b_n$ 도 발산한다.

주어진 두 양항급수의 일반항의 비의 극한 $\rho = \lim_{n\to\infty} \frac{a_n}{b_n}$ 이 $0 < \rho < \infty$ 로 수렴하면 두 급수는 모두 수렴하거나 모두 발산한다. 만일 $\rho = 0$ 이면 $\sum_{n=1}^{\infty} b_n$ 이 수렴하면 $\sum_{n=1}^{\infty} a_n$ 도 수렴한다. 만일 $\rho = \infty$ 이면 $\sum_{n=1}^{\infty} b_n$ 이 발산하면 $\sum_{n=1}^{\infty} a_n$ 도 발산한다. (극한비교판정법)

증명 이 장에서는 $N = 1$ 인 경우의 비교판정법의 증명만 다룬다. 극한비교판정법의 증명은 수열의 극한의 정의를 이용하면 어렵지 않게 보일 수 있으나 이곳에서는 생략한다.

양항급수 $\sum_{n=1}^{\infty} a_n$ 의 부분합을 S_n 이라 두면 S_n 은 증가하는 수열이다. 그리고 $\sum_{n=1}^{\infty} b_n$ 이 수렴하므로 S_n 은 위로 유계이다. 따라서 $\sum_{n=1}^{\infty} a_n$ 은 수렴한다.

$\sum_{n=1}^{\infty} a_n$ 이 양의 무한대로 발산하면 임의의 주어진 자연수 M 에 대해 $M \le \sum_{n=1}^{N} a_n$ 을 만족하는

자연수 N이 존재한다. $\sum_{n=1}^{N} a_n \le \sum_{n=1}^{N} b_n$이므로 $M \le \sum_{n=1}^{N} b_n$이다. 따라서 $\sum_{n=1}^{\infty} b_n$도 양의 무한대로 발산한다. □

예제 1.18

다음에 주어진 급수의 수렴, 발산 여부를 판정하시오.

(1) $\sum_{n=1}^{\infty} \frac{1}{5n^2 - n}$ (2) $\sum_{n=2}^{\infty} \frac{n+1}{n^2 - n}$

(3) $\sum_{n=1}^{\infty} \frac{1}{2n^2 + n}$ (4) $\sum_{n=1}^{\infty} \frac{3n^3 - 2n^2 + 4}{n^7 - n^3 + 2}$

(5) $\sum_{n=1}^{\infty} \frac{1}{\sqrt{n} + \sqrt{n+1}}$ (6) $\sum_{n=1}^{\infty} \frac{\ln n}{n^2}$

풀이:

(1) 임의의 자연수 n에 대하여 $5n^2 - n > n^2$가 성립하므로 $0 \le \frac{1}{5n^2 - n} < \frac{1}{n^2}$이다. p-급수 판정법에 의하여 $\sum_{n=1}^{\infty} \frac{1}{n^2}$은 수렴하므로 비교판정법에 의하여 $\sum_{n=1}^{\infty} \frac{1}{5n^2 - n}$도 수렴한다.

(2) $\lim_{n\to\infty} \frac{1/n}{(n+1)/(n^2-n)} = 1$이므로 극한비교판정법을 사용하면 $\sum_{n=2}^{\infty} \frac{n+1}{n^2 - n}$와 $\sum_{n=2}^{\infty} \frac{1}{n}$의 수렴, 발산 여부는 같은데 적분판정법에 의하여 $\sum_{n=2}^{\infty} \frac{1}{n}$은 발산하므로 $\sum_{n=2}^{\infty} \frac{n+1}{n^2 - n}$도 발산한다.

(3) 임의의 자연수 n에 대하여 $0 \le \frac{1}{2n^2 + n} < \frac{1}{n^2}$이고 $\sum_{n=1}^{\infty} \frac{1}{n^2}$은 p-급수 판정법에 의해 수렴하므로 비교판정법에 의해 $\sum_{n=1}^{\infty} \frac{1}{2n^2 + n}$는 수렴한다.

(4) $\lim_{n\to\infty} \frac{1/n^4}{(3n^3 - 2n^2 + 4)/(n^7 - n^3 + 2)} = \frac{1}{3}$이고 $\sum_{n=1}^{\infty} \frac{1}{n^4}$은 p-급수판정법에 의해 수렴하므로 $\sum_{n=1}^{\infty} \frac{3n^3 - 2n^2 + 4}{n^7 - n^3 + 2}$도 수렴한다.

(5) $\lim_{n\to\infty} \frac{1/\sqrt{n}}{1/(\sqrt{n} + \sqrt{n+1})} = 2$이고 $\sum_{n=1}^{\infty} \frac{1}{\sqrt{n}}$은 발산하므로 주어진 급수는 발산한다.

(6) $\lim_{n\to\infty}\frac{(\ln n)/n^2}{1/n^{3/2}} = \lim_{n\to\infty}\frac{\ln n}{\sqrt{n}} = 0$이고 $\sum_{n=1}^{\infty}\frac{1}{n^{3/2}}$는 수렴하므로 $\sum_{n=1}^{\infty}\frac{\ln n}{n^2}$도 수렴한다. ♦

정리 1.14(비율판정법(ratio test))

양항급수 $\sum_{n=1}^{\infty}a_n$과 뒤의 항의 앞에 항에 대한 비율의 극한 $\rho = \lim_{n\to\infty}\frac{a_{n+1}}{a_n}$에 대하여

(1) $0 \le \rho < 1$이면 주어진 급수는 수렴한다.

(2) $\rho > 1$이면 주어진 급수는 발산한다.

(3) $\rho = 1$이면 이 사실로는 주어진 급수의 수렴, 발산 여부를 판정할 수 없다.

증명 (1)의 경우에 대해 증명해보자. $\rho = \lim_{n\to\infty}\frac{a_{n+1}}{a_n} < 1$이면 $0 \le \rho < K < 1$인 실수 K가 존재하고 $\epsilon = K - \rho > 0$라 두면 극한의 정의로부터 $N \le n$이면 $\left|\frac{a_{n+1}}{a_n} - \rho\right| < \epsilon$을 만족하는 자연수 N이 존재한다. 따라서 $n \ge N$이면 $\frac{a_{n+1}}{a_n} < \epsilon + \rho = K$가 성립하고 이는 $n \ge N$이면 $a_{n+1} < Ka_n$가 됨을 의미한다. 이로부터 임의의 $n > N$에 대해 $a_n < K^{n-N}a_N$이 성립하고 $\sum_{n=N}^{\infty}K^{n-N}a_N$은 공비가 $0 < K < 1$인 기하급수이므로 수렴한다. 따라서 비교판정법에 의하여 $\sum_{n=1}^{\infty}a_n$은 수렴한다.

이제 (2)의 경우에 대하여 살펴보자. $\rho = \lim_{n\to\infty}\frac{a_{n+1}}{a_n} > 1$이면 $1 < M < \rho$를 만족하는 실수 M이 존재하고 $\epsilon = \rho - M > 0$이라두면 $n \ge N$이면 $\left|\frac{a_{n+1}}{a_n} - \rho\right| < \epsilon$을 만족하는 자연수 N이 존재한다. 따라서 $n \ge N$이면 $M < \frac{a_{n+1}}{a_n}$이 성립하고 이로부터 $a_n > M^{n-N}a_N$이 된다. $M > 1$이므로 기하급수 $\sum_{n=N}^{\infty}a_N M^{n-N}$은 발산하고 비교판정법에 의해 $\sum_{n=1}^{\infty}a_n$도 발산한다.

(3)의 경우는 예를 들어 살펴보자. 임의의 양수 $p > 0$에 대해 $\rho = \lim_{n\to\infty}\frac{1/(n+1)^p}{1/n^p} = 1$이지만 p-급수판정법에 따르면 $\sum_{n=1}^{\infty}\frac{1}{n^p}$는 $0 < p \le 1$이면 발산하고 $p > 1$이면 수렴한다. □

예제 1.19

다음에 주어진 급수의 수렴 발산 여부를 판정하시오.

(1) $\displaystyle\sum_{n=1}^{\infty}\frac{n}{2^n}$ (2) $\displaystyle\sum_{n=3}^{\infty}\frac{(2n)!}{4^n}$

(3) $\displaystyle\sum_{n=1}^{\infty}\frac{1}{2n-1}$ (4) $\displaystyle\sum_{n=1}^{\infty}\frac{n!}{n^n}$

풀이:

(1) $\displaystyle\lim_{n\to\infty}\frac{(n+1)/2^{n+1}}{n/2^n}=\frac{1}{2}<1$이므로 비율판정법에 의해 수렴한다.

(2) $\displaystyle\lim_{n\to\infty}\frac{(2(n+1))!/4^{n+1}}{(2n)!/4^n}=\infty$이므로 비율판정법에 의해 발산한다.

(3) $\displaystyle\lim_{n\to\infty}\frac{1/(2n+1)}{1/(2n-1)}=1$이므로 비율판정법으로는 수렴, 발산 여부를 판정할 수 없으나, (극한) 비교판정법을 사용하면 발산함을 보일 수 있다.

(4) $\displaystyle\lim_{n\to\infty}\frac{(n+1)!/(n+1)^{n+1}}{n!/n^n}=\lim_{n\to\infty}\left(\frac{n}{n+1}\right)^n=\frac{1}{e}<1$이므로 비율판정법에 의해 수렴한다. ♦

정리 1.15(멱근판정법 (The root test))

양항급수 $\displaystyle\sum_{n=1}^{\infty}a_n$과 n번째 일반항의 n제곱근의 극한 $\rho=\displaystyle\lim_{n\to\infty}\sqrt[n]{a_n}$에 대하여

(1) $0\le\rho<1$이면 주어진 급수는 수렴한다.

(2) $\rho>1$이면 주어진 급수는 발산한다.

(3) $\rho=1$이면 이 사실로는 주어진 급수의 수렴, 발산 여부를 판정할 수 없다.

멱근판정법의 증명은 본질적으로 비율판정법의 증명과 동일하므로 생략한다.

예제 1.20

다음에 주어진 급수의 수렴, 발산 여부를 판정하시오.

(1) $\sum_{n=1}^{\infty}(1-e^{-n})^n$ (2) $\sum_{n=1}^{\infty}\left(\frac{3n+2}{2n-1}\right)^n$

(3) $\sum_{n=1}^{\infty}\left(\frac{n}{n+1}\right)^{n^2}$ (4) $\sum_{n=1}^{\infty}\frac{(\ln n)^n}{n^n}$

풀이 :

(1) $\lim_{n\to\infty}\sqrt[n]{(1-e^{-n})^n}=1$이므로 멱근판정법으로는 판정할 수 없으나

$$\lim_{n\to\infty}(1-e^{-n})^n=1\neq 0$$

이므로 일반항 판정법에 의하여 발산한다.

(2) $\lim_{n\to\infty}\sqrt[n]{\left(\frac{3n+2}{2n-1}\right)^n}=\lim_{n\to\infty}\frac{3n+2}{2n-1}=\frac{3}{2}>1$이므로 멱근판정법에 의하여 발산한다.

(3) $\lim_{n\to\infty}\sqrt[n]{\left(\frac{n}{n+1}\right)^{n^2}}=\lim_{n\to\infty}\left(\frac{n}{n+1}\right)^n=\frac{1}{e}<1$이므로 멱근판정법에 의하여 수렴한다.

(4) $\lim_{n\to\infty}\sqrt[n]{\frac{(\ln n)^n}{n^n}}=\lim_{n\to\infty}\frac{\ln n}{n}=0$이므로 멱근판정법에 의하여 수렴한다. ◆

정의 1.5

$\{a_n\}_{n=1}^{\infty}$가 양항수열일 때, $\sum_{n=1}^{\infty}(-1)^n a_n$ 또는 $\sum_{n=1}^{\infty}(-1)^{n+1}a_n$ 형태로 주어지는 급수를 교대급수(alternating series)라 한다.

정리 1.16(교대급수판정법)

양항수열 $\{a_n\}_{n=1}^{\infty}$가 감소수열이고 $\lim_{n\to\infty}a_n=0$이면, 교대급수 $\sum_{n=1}^{\infty}(-1)^{n+1}a_n$는 수렴한다.

증명 주어진 수열 $\{a_n\}$이 양항감소수열이므로, 모든 자연수 n에 대하여

$$S_{2n}=S_{2n-1}-a_{2n}<S_{2n-1},\qquad S_{2n+1}=S_{2n}+a_{2n+1}>S_{2n},$$

$$S_{2n+1}=S_{2n-1}-a_{2n}+a_{2n+1}\leq S_{2n-1},\qquad S_{2n+2}=S_{2n}+a_{2n+1}-a_{2n+2}\geq S_{2n}$$

이 성립하고, 이로부터

$$S_2 \leq S_4 \leq S_6 \leq \cdots \leq S_5 \leq S_3 \leq S_1$$

이 성립함을 알 수 있다. 그리고 $S_2 \leq S_{2n-1}$ 이므로 $\{S_{2n-1}\}_{n=1}^{\infty}$ 는 아래로 유계인 감소수열이고, 따라서 극한 $\lim_{n\to\infty} S_{2n-1} = M$ 이 존재한다. 마찬가지로 $\{S_{2n}\}_{n=1}^{\infty}$ 는 $S_{2n} \leq S_1$ 이므로 위로 유계인 증가수열이고, 따라서 극한 $\lim_{n\to\infty} S_{2n} = L$ 이 존재한다. 여기에서

$$M = \lim_{n\to\infty} S_{2n+1} = \lim_{n\to\infty} (S_{2n} + a_{2n+1}) = \lim_{n\to\infty} S_{2n} + \lim_{n\to\infty} a_{2n+1} = L + 0 = L$$

이다. 또한 임의의 자연수 $n \geq 2$ 에 대하여 $k = [n/2]$ 로 두면 $S_{2k} \leq S_n \leq S_{2k-1}$ 이 성립하므로 Squeezing 정리에 의하여 수열 $\{S_n\}$ 도 $M = L$ 로 수렴한다. 따라서 교대급수 $\sum_{n=1}^{\infty}(-1)^{n+1}a_n$ 이 수렴함을 알 수 있다. □

정의 1.6

주어진 급수 $\sum_{n=1}^{\infty} a_n$ 에 대하여

(1) $\sum_{n=1}^{\infty} |a_n|$ 이 수렴하면 $\sum_{n=1}^{\infty} a_n$ 이 절대수렴(converges absolutely)한다고 말한다

(2) $\sum_{n=1}^{\infty} |a_n|$ 이 발산하고 $\sum_{n=1}^{\infty} a_n$ 이 수렴하면 $\sum_{n=1}^{\infty} a_n$ 이 조건수렴(converge conditionally)한다고 말한다.

정리 1.17

급수 $\sum_{n=1}^{\infty} a_n$ 이 절대수렴하면 수렴한다.

증명 $0 \leq |a_n| + a_n \leq 2|a_n|$ 와 비교판정법으로부터 $\sum_{n=1}^{\infty}(|a_n| + a_n)$ 는 수렴하고 따라서

$$\sum_{n=1}^{\infty} a_n = \sum_{n=1}^{\infty}((|a_n| + a_n) - |a_n|) = \sum_{n=1}^{\infty}(|a_n| + a_n) - \sum_{n=1}^{\infty}|a_n|$$

이므로 $\sum_{n=1}^{\infty} a_n$ 도 수렴한다. □

정리 1.18(절대수렴을 위한 비율판정법)

$\sum_{n=1}^{\infty} a_n$ 가 $a_n \neq 0$ 인 급수일 때 $\rho = \lim_{n\to\infty} \frac{|a_{n+1}|}{|a_n|}$ 라 하면

(1) $0 \leq \rho < 1$ 이면 주어진 급수는 절대수렴한다.

(2) $\rho > 1$ 이거나 $\rho = \infty$ 이면 주어진 급수는 발산한다.

(3) $\rho = 1$ 이면 이 사실로는 주어진 급수의 수렴, 발산 여부를 판정할 수 없다.

예제 1.21

다음에 주어진 급수의 절대수렴, 조건수렴, 발산 여부를 판정하시오.

(1) $\sum_{n=1}^{\infty} (-1)^{n+1} \frac{1}{n}$

(2) $\sum_{n=1}^{\infty} (-1)^{n+1} \frac{1}{2^n}$

(3) $\sum_{n=1}^{\infty} \frac{\sin n}{n^2}$

(4) $\sum_{n=1}^{\infty} (-1)^{n+1} \left(\frac{n+1}{n}\right)^n$

(5) $\sum_{n=1}^{\infty} (-1)^n \frac{\ln n}{n}$

풀이 :

(1) $\sum_{n=1}^{\infty} \left|(-1)^{n+1} \frac{1}{n}\right|$ 은 적분판정법에 의해 발산하지만, $\sum_{n=1}^{\infty} (-1)^{n+1} \frac{1}{n}$ 는 $\left\{\frac{1}{n}\right\}$ 이 0으로 수렴하는 감소수열이므로 교대급수판정법에 의해 수렴한다. 따라서 조건수렴한다.

(2) $\sum_{n=1}^{\infty} \left|(-1)^{n+1} \frac{1}{2^n}\right|$ 은 공비가 $\frac{1}{2}$ 인 기하급수이므로 수렴한다. 따라서 절대수렴한다.

(3) $\sum_{n=1}^{\infty} \left|\frac{\sin n}{n^2}\right|$ 은 임의의 자연수 n 에 대하여 $0 \leq \left|\frac{\sin n}{n^2}\right| \leq \frac{1}{n^2}$ 이고 $\sum_{n=1}^{\infty} \frac{1}{n^2}$ 은 p-급수판정법에 의하여 수렴하므로 비교판정법에 의해 수렴한다. 따라서 절대수렴한다.

(4) $\lim_{n\to\infty} \left|(-1)^{n+1} \left(\frac{n+1}{n}\right)^n\right| = e \neq 0$ 이므로 일반항판정법에 의해 발산한다.

(5) $n \geq e$이면 $\dfrac{\ln n}{n} > \dfrac{1}{n}$이고 $\displaystyle\sum_{n=1}^{\infty} \frac{1}{n}$은 발산하므로 주어진 급수는 절대수렴하지 않는다. 그러나 $f(x) = \dfrac{\ln x}{x}$라 두면 $x > e$이면 $f'(x) = \dfrac{1-\ln x}{x^2} < 0$이므로 수열 $\left\{\dfrac{\ln n}{n}\right\}$은 $n > e$이면 0으로 수렴하는 감소수열이다. 따라서 교대급수판정법에 의하여 수렴한다. 그러므로 조건수렴한다. ♦

연습문제 1.2

1. 다음에 주어진 급수의 수렴 발산 여부를 판정하고 수렴하면 극한을 구하시오.

   (1) $\displaystyle\sum_{n=2}^{\infty} \frac{1}{n^2-1}$ (2) $\displaystyle\sum_{n=1}^{\infty} 5^{3n}3^{1-n}$

   (3) $\displaystyle\sum_{n=1}^{\infty} \frac{\sqrt{n+1}-\sqrt{n}}{\sqrt{n^2+n}}$ (4) $\displaystyle\sum_{n=1}^{\infty} \frac{\sqrt{n}}{\sqrt{n}+5}$

2. 다음에 주어진 급수의 수렴 발산 여부를 판정하시오.

   (1) $\displaystyle\sum_{n=2}^{\infty} \left(\frac{1}{n^2-1} + \frac{3}{5^{n-1}}\right)$ (2) $\displaystyle\sum_{n=1}^{\infty} \frac{\ln n}{n}$

   (3) $\displaystyle\sum_{n=1}^{\infty} n^2 e^{-n^3}$ (4) $\displaystyle\sum_{n=2}^{\infty} \left(\frac{1}{n(\ln n)^2} - \frac{1}{n^2}\right)$

3. 적분판정법을 이용하여 급수 $\displaystyle\sum_{n=3}^{\infty} \frac{1}{n(\ln n)(\ln(\ln n))^p}$ 이 수렴하는 p의 범위를 구하시오.

4. 다음에 주어진 급수의 수렴 발산 여부를 판정하시오.

   (1) $\displaystyle\sum_{n=2}^{\infty} \frac{n+1}{n^2-n}$ (2) $\displaystyle\sum_{n=1}^{\infty} \frac{1}{(2n+3)^4}$

   (3) $\displaystyle\sum_{n=1}^{\infty} n\left(\frac{1}{3}\right)^n$ (4) $\displaystyle\sum_{n=1}^{\infty} \frac{n^2+1}{n^3+2}$

   (5) $\displaystyle\sum_{n=1}^{\infty} \frac{3^n+n^2}{n!+2}$ (6) $\displaystyle\sum_{n=1}^{\infty} \left(\frac{n}{n+1}\right)^{n^2}$

5. $f(x) = \sqrt{x} - \ln x$는 $x > 0$이면 $f(x) > 0$이 성립함을 보이고 이를 이용하여 다음 급수의 수렴 발산 여부를 판정하시오.

   (1) $\displaystyle\sum_{n=1}^{\infty} \frac{\ln n}{n^2}$ (2) $\displaystyle\sum_{n=2}^{\infty} \frac{1}{(\ln n)^2}$

6. 다음에 주어진 급수의 절대수렴, 조건수렴, 발산 여부를 판정하시오.

(1) $\displaystyle\sum_{n=1}^{\infty}(-1)^n \frac{n^n}{n!}$ (2) $\displaystyle\sum_{n=3}^{\infty} \frac{(-1)^n \ln n}{n}$

(3) $\displaystyle\sum_{n=1}^{\infty} \frac{\cos n}{n^2}$ (4) $\displaystyle\sum_{n=1}^{\infty}(-1)^n \frac{n^2}{3^n}$

1.3 멱급수(power series)와 수렴반경(radius of convergence)

이번 절에서는 미지수 x에 대하여 $\displaystyle\sum_{n=0}^{\infty} a_n x^n$ 형태로 주어지는 멱급수(power series)에 대하여 학습한다. 멱급수는 함수의 근삿값 계산 등 자연과학의 여러 분야에서 매우 유용하게 사용되고 있다.

정의 1.7(멱급수(power series))

수열 $\{c_n\}$에 대하여

$$\sum_{n=0}^{\infty} c_n x^n = c_0 + c_1 x + c_2 x^2 + c_3 x^3 + \cdots$$

로 표현되는 급수를 $x = 0$을 중심으로 하는 멱급수라 한다. 그리고

$$\sum_{n=0}^{\infty} c_n (x-a)^n = c_0 + c_1(x-a) + c_2(x-a)^2 + c_3(x-a)^3 + \cdots$$

를 $x = a$를 중심으로 하는 멱급수라고 한다.

예제 1.22

$$\sum_{n=0}^{\infty} x^n = 1 + x + x^2 + x^3 + \cdots$$

은 멱급수의 예이다. 이 멱급수는 $|x| < 1$이면 $\frac{1}{1-x}$로 수렴하고 $|x| \geq 1$이면 발산한다.

예제 1.23

멱급수 $\sum_{n=0}^{\infty} \frac{x^n}{n}$ 이 수렴하는 x의 범위를 구해보자. 절대수렴을 위한 비율판정법을 사용하면

$$\rho = \lim_{n\to\infty} \frac{\left|\frac{x^{n+1}}{n+1}\right|}{\left|\frac{x^n}{n}\right|} = \lim_{n\to\infty} \left|\frac{n}{n+1}x\right| = |x|$$

로부터 $|x| < 1$이면 수렴하고, $|x| > 1$이면 발산한다. $x = 1$인 경우 조화급수이므로 발산하고, $x = -1$인 경우 교대급수판정법을 이용하면 수렴함을 알 수 있다. 따라서 $-1 \le x < 1$일 때 이 급수는 수렴한다. 이와 같이 멱급수가 수렴하는 x의 범위를 멱급수의 수렴구간(interval of convergence), 이 수렴구간의 반지름을 수렴반경(radius of convergence)이라 한다.

정리 1.19(멱급수(power series)의 수렴반경)

임의의 멱급수 $\sum_{n=0}^{\infty} c_n(x-a)^n$ 은 다음 중 단 하나를 만족한다.

(1) 어떤 실수 R이 존재하여 $|x-a| < R$일 때 주어진 급수가 수렴하고, $|x-a| > R$일 때 주어진 급수가 발산한다. (수렴반경 R)

(2) $x = a$에서만 주어진 급수가 수렴한다. (수렴반경 $R = 0$)

(3) 모든 x에서 주어진 급수가 수렴한다. (수렴반경 $R = \infty$)

증명 각 x에 대하여 급수의 절대수렴을 위한 비율판정법을 사용하자.

$$\rho = \lim_{n\to\infty} \frac{|c_{n+1}(x-a)^{n+1}|}{|c_n(x-a)^n|} = \lim_{n\to\infty} \left|\frac{c_{n+1}}{c_n}(x-a)\right|$$

로부터

(1) $0 < \lim_{n\to\infty} \frac{c_{n+1}}{c_n} < \infty$이면 $|x-a| < \frac{1}{\lim_{n\to\infty} \frac{c_{n+1}}{c_n}}$인 것과 $\rho < 1$인 것은 동치이다. 따라서 $R = \frac{1}{\lim_{n\to\infty} \frac{c_{n+1}}{c_n}}$이라 하면 $|x-a| < R$일 때 주어진 급수가 수렴하고, $|x-a| > R$일 때 주어진 급수가 발산한다.

(2) $\lim_{n\to\infty} \frac{c_{n+1}}{c_n} = \infty$이면 $x \ne a$인 임의의 x에 대해 $\rho = \infty$이므로 주어진 급수가 발산한다.

따라서 $x = a$에서만 주어진 급수가 수렴하고, 이때 멱급수의 수렴반경은 0이다.

(3) $\lim_{n\to\infty} \frac{c_{n+1}}{c_n} = 0$이면 임의의 x에 대해 $\rho = 0$이므로 주어진 급수가 수렴한다. 따라서 멱급수의 수렴반경은 ∞이다. □

> **예제 1.24**
>
> 다음에 주어진 멱급수의 수렴반경과 수렴구간을 구하시오.
>
> (1) $\sum_{n=0}^{\infty} \frac{(x-2)^n}{(n+1)3^n}$ (2) $\sum_{n=0}^{\infty} \frac{(-3)^n x^n}{\sqrt{n+1}}$
>
> (3) $\sum_{n=0}^{\infty} \frac{x^n}{n!}$ (4) $\sum_{n=0}^{\infty} \frac{(-1)^n x^{2n}}{2^{2n}(n!)^2}$

풀이:

(1) $\lim_{n\to\infty} \left| \frac{1/(n+2)3^{n+1}}{1/(n+1)3^n} \right| = \frac{1}{3}$으로부터 수렴반경 $R = 3$이다. 그리고 $x - 2 = 3$이면 주어진 급수가 발산하고, $x - 2 = -3$이면 교대급수판정법에 의하여 수렴한다. 따라서 수렴구간은 $-1 \le x < 5$이다.

(2) $\lim_{n\to\infty} \left| \frac{(-3)^{n+1}/\sqrt{n+2}}{(-3)^n/\sqrt{n+1}} \right| = 3$으로부터 수렴반경 $R = \frac{1}{3}$이다. $x = \frac{1}{3}$이면 교대급수판정법에 의하여 주어진 급수가 수렴하고, $x = -\frac{1}{3}$이면 비교판정법에 의하여 주어진 급수가 발산하므로, 멱급수의 수렴구간은 $-\frac{1}{3} < x \le \frac{1}{3}$이다.

(3) $\lim_{n\to\infty} \left| \frac{1/(n+1)!}{1/n!} \right| = 0$으로부터 수렴반경은 ∞이고, 이 멱급수는 모든 실수에서 수렴한다.

(4) 임의의 고정된 실수 x에 대해

$$\rho = \lim_{n\to\infty} \left| \frac{(-1)^{n+1} x^{2n+2}/2^{2n+2}((n+1)!)^2}{(-1)^n x^{2n}/2^{2n}(n!)^2} \right| = \lim_{n\to\infty} \left| \frac{-x^2}{4(n+1)^2} \right| = 0 < 1$$

로부터 이 멱급수는 모든 실수에 대해 수렴하고, 수렴반경은 ∞이다. ♦

실습예제 **1.20**. Wolfram Cloud에서 멱급수 $\sum_{n=0}^{\infty} x^n$ 의 수렴범위는 다음과 같이 구할 수 있다.

```
In[24]:= SumConvergence[x^n, n]
Out[24]= Abs[x] < 1

In[25]:= Sum[x^n, {n, 0, Infinity}, GenerateConditions → True]
Out[25]= 1/(1 - x)  if  Abs[x] < 1
```

정리 1.21

실수의 구간 I에서 $f(x)$로 수렴하는 멱급수 $\sum_{n=0}^{\infty} a_n x^n$과 구간 J에서 $g(x)$로 수렴하는 멱급수 $\sum_{n=0}^{\infty} b_n x^n$에 대하여 다음이 성립한다.

(1) $\sum_{n=0}^{\infty}(a_n x^n + b_n x^n)$은 구간 $I \cap J$에서 $f(x)+g(x)$로 수렴한다.

(2) $\sum_{n=0}^{\infty}\left(\sum_{k=0}^{n} a_k b_{n-k}\right) x^n$은 구간 $I \cap J$에서 $f(x) \cdot g(x)$로 수렴한다.

(1)의 증명은 수렴하는 두 급수의 합은 수렴한다는 앞에서 증명한 정리 1.11로부터 얻어지고, (2)의 증명은 이 책의 범위를 벗어나므로 생략한다.

예제 1.25

이제 함수의 멱급수 표현을 살펴보자.

(1) 유리함수 $\frac{1}{1-x}$의 멱급수 표현 $\frac{1}{1-x} = \sum_{n=0}^{\infty} x^n$은 구간 $-1 < x < 1$에서 성립한다.

(2)

$$\begin{aligned}\frac{1}{(x-1)(x-3)} &= \frac{1}{2}\left(\frac{1}{1-x} - \frac{1}{3-x}\right) \\ &= \sum_{n=0}^{\infty} \frac{1}{2} x^n - \sum_{n=1}^{\infty} \frac{1}{6} \cdot \frac{x^n}{3^n} = \sum_{n=0}^{\infty}\left(\frac{1}{2} - \frac{1}{6 \cdot 3^n}\right) x^n\end{aligned}$$

은 구간 $-1 < x < 1$에서 성립한다.

(3) 함수 $\dfrac{1}{1-x^2}$ 의 멱급수 표현을 살펴보자. 이 함수를 기하급수를 이용해 표현하면 구간 $-1 < x < 1$에서 $\sum_{n=0}^{\infty} x^{2n}$ 이 된다. 이제 다른 방법으로서 위의 정리를 이용하여 전개해 보면 구간 $-1 < x < 1$에서

$$\frac{1}{1-x}\cdot\frac{1}{1+x} = \left(\sum_{n=0}^{\infty} x^n\right)\cdot\left(\sum_{n=0}^{\infty}(-x)^n\right)$$
$$= \sum_{n=0}^{\infty}\left(\sum_{k=0}^{n}(-1)^k\right)x^n = \sum_{n=0}^{\infty} x^{2n}$$

이 됨을 볼 수 있다.

정리 1.22(멱급수의 미분과 적분)

$f(x) = \sum_{n=0}^{\infty} c_n(x-a)^n$ 의 수렴반경이 R이면

(1) $f(x)$는 $|x-a| < R$에서 미분가능

(2) $f'(x) = \sum_{n=0}^{\infty} \dfrac{d}{dx}[c_n(x-a)^n], \quad |x-a| < R$

(3) $\int f(x)dx = C + \sum_{n=0}^{\infty} c_n \int (x-a)^n\, dx, \quad |x-a| < R$

가 성립한다.

예제 1.26

$\dfrac{1}{(1-x)^2}$ 의 멱급수 표현은 다음과 같이 두 가지 방법으로 생각할 수 있다.

(1) $\dfrac{1}{1-x}\cdot\dfrac{1}{1-x} = \sum_{n=0}^{\infty}\left(\sum_{k=0}^{n} 1\right)x^n = \sum_{n=0}^{\infty}(n+1)x^n$

(2) $f(x) = \dfrac{1}{1-x} = \sum_{n=0}^{\infty} x^n$ 이라면 $f'(x) = \dfrac{1}{(1-x)^2}$ 이고, 구간 $-1 < x < 1$에서

$$f'(x) = \sum_{n=1}^{\infty} nx^{n-1} = \sum_{n=0}^{\infty}(n+1)x^n$$

이므로 $\dfrac{1}{(1-x)^2} = \sum_{n=0}^{\infty}(n+1)x^2$ 이다.

이로부터

$$\sum_{n=0}^{\infty}\frac{n+1}{3^n} = \frac{1}{(1-1/3)^2} = \frac{9}{4}$$

가 됨을 알 수 있다.

예제 1.27

$f(x) = \arctan x$ 와 $g(x) = \ln(1+x)$ 를 멱급수로 나타내시오.

풀이: $f'(x) = \dfrac{1}{1+x^2}$ 이고 이 함수는 구간 $-1 < x < 1$ 에서

$$f'(x) = \sum_{n=0}^{\infty}(-1)^n x^{2n}$$

이므로, 양변을 적분하면

$$f(x) = C + \sum_{n=0}^{\infty}\frac{(-1)^n}{2n+1}x^{2n+1}$$

형태이고, $x = 0$ 일 때 $\arctan(0) = 0$ 이므로 $C = 0$ 이다. 따라서

$$\arctan x = \sum_{n=0}^{\infty}\frac{(-1)^n}{2n+1}x^{2n+1}, \quad -1 < x \le 1$$

이다. ($x = 1$ 인 경우는 교대급수 판정법에 의해 수렴)

같은 방법으로 $g(x) = \ln(1+x)$ 의 멱급수 표현을 생각해 보자.

$$g'(x) = \frac{1}{1+x} = \sum_{n=0}^{\infty}(-1)^n x^n, \quad -1 < x < 1$$

이고 $g(0) = 0$ 이므로 양변을 적분하면

$$\ln(1+x) = \sum_{n=0}^{\infty}\frac{(-1)^n}{n+1}x^{n+1} = \sum_{n=1}^{\infty}\frac{(-1)^{n+1}}{n}x^n, \quad -1 < x \le 1$$

이 된다. ♦

정리 1.23

실수의 원점을 포함하는 구간 I에서 수렴하는 두 개의 멱급수 $\sum_{n=0}^{\infty} c_n x^n$과 $\sum_{n=0}^{\infty} d_n x^n$이 모든 $x \in I$에 대하여

$$\sum_{n=0}^{\infty} c_n x^n = \sum_{n=0}^{\infty} d_n x^n$$

을 만족하면, 모든 정수 $n \geq 0$에 대하여 $c_n = d_n$이다.

증명 구간 I에서 두 급수가 수렴하므로, 모든 $x \in I$에 대해 $h(x) = \sum_{n=0}^{\infty} c_n x^n - \sum_{n=0}^{\infty} d_n x^n = \sum_{n=0}^{\infty} (c_n - d_n) x^n = 0$이다. 따라서 임의의 정수 $k \geq 0$에 대해

$$\frac{d^k}{dx} h(x) = k!(c_k - d_k) + \sum_{n=k+1}^{\infty} {}_nP_k (c_n - d_n) x^{n-k}$$

로부터 $\frac{d^k}{dx} h(0) = k!(c_k - d_k) = 0$이다. 그러므로 임의의 정수 $k \geq 0$에 대해 $c_k = d_k$가 성립한다. □

실습예제 **1.24**. Wolfram Cloud에서 주어진 함수 $f(x)$의 $x = a$에서의 n차 멱급수 표현은

Seires[f(x), {x, a, n}]

으로 구해진다. 여기서 n은 구하고 싶은 다항식의 차수이다. 다음 절에서 학습할 테일러(Taylor) 급수나 n차 근사다항식도 같은 방법으로 구하면 된다.

```
In[27]:= Series[Sin[x], {x, 0, 5}]
```

Out[27]= $x - \frac{x^3}{6} + \frac{x^5}{120} + O[x]^6$

연습문제 1.3

1. 다음에 주어진 멱급수의 수렴반경과 수렴구간을 구하시오.

(1) $\sum_{n=0}^{\infty} (-1)^n (x+3)^n$ (2) $\sum_{n=0}^{\infty} \frac{n!}{2^n} x^n$

(3) $\sum_{n=0}^{\infty} (-1)^n \frac{(x-4)^n}{(n+1)^2}$ (4) $\sum_{n=1}^{\infty} \frac{(\ln n)(x-3)^n}{n}$

2. $\dfrac{1}{1-x} = \sum_{n=0}^{\infty} x^n$ 의 수렴구간이 $-1 < x < 1$ 임을 이용하여 다음에 주어진 함수의 멱급수 표현과 이의 수렴구간을 구하시오.

(1) $f(x) = \dfrac{1}{1-x^2}$　　(2) $f(x) = \dfrac{1}{1-2x}$

(3) $f(x) = \dfrac{x^2}{1-4x^2}$　　(4) $f(x) = \dfrac{1}{(x+1)(x+2)}$

3. 다음에 주어진 멱급수를 유리함수로 표현하시오

(1) $\sum_{n=1}^{\infty} \dfrac{1}{x^n}$　　(2) $x + x^2 - x^3 + x^4 + x^5 - x^6 + \cdots$

(3) $1 + 2x + 3x^2 + 4x^3 + \cdots + (n+1)x^n + \cdots$

4. 기존에 학습한 함수의 멱급수 표현 및 이의 미분 또는 적분을 사용하여 다음에 주어진 함수의 $x = a$ 를 중심으로 하는 멱급수 표현과 이 멱급수의 수렴구간을 구하시오.

(1) $f(x) = \dfrac{2x}{1+x^2}$, $a = 0$　　(2) $f(x) = \dfrac{2x}{(1+x^2)^2}$, $a = 0$

5. 멱급수의 미분 및 적분을 이용하여 다음의 값을 구하시오.

(1) $\sum_{n=1}^{\infty} \dfrac{n}{2^n}$　　(2) $\sum_{n=2}^{\infty} \dfrac{n(n-1)}{2^n}$

(3) $\sum_{n=0}^{\infty} \dfrac{(-1)^n}{n+1}$　　(4) $\sum_{n=0}^{\infty} \dfrac{(-1)^n}{(2n+1)3^n}$

1.4 테일러 급수(Taylor series)

주어진 점 $x = a$ 와 이 점을 포함하는 구간에서 무한번 미분가능한 주어진 함수 $f(x)$ 에 대해

$$f^{(n)}(a) = p^{(n)}(a), \quad n \geq 0$$

을 만족하는 멱급수 $p(x) = \sum_{n=0}^{\infty} c_n (x-a)^n$ 를 생각하자. 그러면 $p^{(n)}(a) = n! c_n$ 이므로 $c_n = \dfrac{f^{(n)}(a)}{n!}$ 이고 $p(n) = \sum_{n=0}^{\infty} \dfrac{f^{(n)}(a)}{n!}(x-a)^n$ 이 된다. 이 멱급수를 함수 $f(x)$ 의 $x = a$ 를 중심으로 하는 테일러 급수라 하고, 특히 $a = 0$ 인 경우에는 매클로린 급수라 한다.

정의 1.8

함수 $f(x)$가 $x = a$를 포함한 구간 I에서 무한번 미분가능할 때, 멱급수

$$\sum_{n=0}^{\infty} \frac{f^{(n)}(a)}{n!}(x-a)^n = f(a) + f'(a)(x-a) + \frac{f''(a)}{2!}(x-a)^2 + \frac{f^{(3)}(a)}{3!}(x-a)^3 + \cdots$$

를 함수 $f(x)$의 $x = a$를 중심으로 하는 테일러 급수(Taylor series)라 하고, 특히 $a = 0$일 경우에는 매클로린 급수(Maclaurin series)라 한다.

예제 1.28

$f(x) = e^x$의 매클로린 급수를 구해보자.

풀이: $f(0) = 1$이고 임의의 자연수 n에 대하여 $f^{(n)}(x) = e^x$이므로 $f(x)$의 매클로린 급수는

$$1 + x + \frac{1}{2!}x^2 + \frac{1}{3!}x^3 + \cdots = \sum_{n=0}^{\infty} \frac{1}{n!}x^n$$

이다. 이 급수는 먼저 $x = 0$일 때는 당연히 수렴하고, $x \neq 0$일 때는 비율판정법을 적용하면

$$\lim_{n\to\infty} \left| \frac{\frac{1}{(n+1)!}x^{n+1}}{\frac{1}{n!}x^n} \right| = 0$$

이므로 급수가 수렴한다. 따라서 임의의 $-\infty < x < \infty$에서 이 급수는 수렴한다. ♦

예제 1.29

$f(x) = \ln x$의 $x = 1$을 중심으로 하는 테일러 급수를 구해보자.

풀이: $f(1) = 0$이고, 임의의 자연수 n에 대하여

$$f^{(n)}(x) = (-1)^{n-1}(n-1)!x^{-n}, \quad f^{(n)}(1) = (-1)^{n-1}(n-1)!$$

이므로

$$\sum_{n=0}^{\infty} \frac{f^{(n)}(1)}{n!}(x-1)^n = \sum_{n=1}^{\infty} \frac{(-1)^{n-1}}{n}(x-1)^n$$

이고, 이 급수는 $0 < x \leq 2$에서 수렴한다. ♦

예제 1.30

$f(x) = \sin x$ 와 $g(x) = \cos x$ 의 매클로린 급수를 각각 구해보자.

풀이: 임의의 자연수 k에 대해

$$f^{(4k)}(x) = \sin x, \quad f^{(4k+1)}(x) = \cos x, \quad f^{(4k+2)}(x) = -\sin x, \quad f^{(4k+3)}(x) = -\cos x$$

이므로, $\sin x$ 의 매클로린 급수는

$$0 + \frac{1}{1!}x + \frac{0}{2!}x^2 + \frac{-1}{3!}x^3 + \frac{0}{4!}x^4 + \frac{1}{5!}x^5 + \frac{0}{6!}x^6 + \frac{-1}{7!}x^7 + \frac{0}{8!}x^8 + \cdots = \sum_{n=0}^{\infty} \frac{(-1)^n}{(2n+1)!}x^{2n+1}$$

으로 표현된다. 이 멱급수의 수렴반경은 $R = \infty$이므로 모든 $-\infty < x < \infty$에서 수렴한다.

같은 방법으로 $g(x) = \cos x$의 매클로린 급수를 구하면

$$g^{(4k)}(x) = \cos x, \quad g^{(4k+1)}(x) = -\sin x, \quad g^{(4k+2)}(x) = -\cos x, \quad f^{(4k+3)}(x) = \sin x$$

으로부터, $\cos x$ 의 매클로린 급수는

$$1 + \frac{0}{1!}x + \frac{-1}{2!}x^2 + \frac{0}{3!}x^3 + \frac{1}{4!}x^4 + \frac{0}{5!}x^5 + \frac{-1}{6!}x^6 + \frac{0}{7!}x^7 + \frac{1}{8!}x^8 + \cdots = \sum_{n=0}^{\infty} \frac{(-1)^n}{(2n)!}x^{2n}$$

으로 표현되고, 이 급수의 수렴반경은 $R = \infty$, 수렴구간은 $-\infty < x < \infty$이다. ◆

예제 1.31

$f(x) = \sinh x = \dfrac{e^x - e^{-x}}{2}$ 와 $g(x) = \cosh x = \dfrac{e^x + e^{-x}}{2}$ 의 매클로린 급수를 구해보자.

풀이:

$$f^{(2n)}(x) = \sinh x, \quad f^{(2n+1)}(x) = \frac{e^x + e^{-x}}{2} = \cosh x$$

이므로, $f(x) = \sinh x$ 의 매클로린 급수는

$$0 + \frac{1}{1!}x + \frac{0}{2!}x^2 + \frac{1}{3!}x^3 + \frac{0}{4!}x^4 + \cdots = \sum_{n=0}^{\infty} \frac{1}{(2n+1)!}x^{2n+1}$$

이 됨을 알 수 있고, 이 급수는 $-\infty < x < \infty$에서 수렴한다.

같은 방법으로 $g(x) = \cosh x$ 의 매클로린 급수는

$$\sum_{n=0}^{\infty} \frac{1}{(2n)!}x^{2n}, \quad -\infty < x < \infty$$

가 됨을 쉽게 알 수 있다.

참고로 다른 방법을 소개하면, 앞에서 학습한 e^x의 매클로린 급수와 수렴하는 두 급수의 합과 차에 대한 성질을 활용하여 $f(x) = \sinh x = \frac{e^x - e^{-x}}{2}$의 매클로린 급수를

$$\frac{1}{2}\left(\sum_{n=0}^{\infty} \frac{x^n}{n!} - \sum_{n=0}^{\infty} \frac{(-1)^n x^n}{n!}\right) = \sum_{n=0}^{\infty} \frac{1-(-1)^n}{2 \cdot n!} x^n = \sum_{n=0}^{\infty} \frac{1}{(2n+1)!} x^{2n+1}$$

와 같이 구할 수도 있다. ♦

연습문제 1.4

1. 다음에 주어진 함수의 $x = a$을 중심으로 하는 테일러 급수를 구하시오.

   (1) $f(x) = 1 + x + x^2,\ a = 1$ (2) $f(x) = \cos 2x,\ a = \pi$

   (3) $f(x) = \ln x,\ a = 1$ (4) $f(x) = e^{2x},\ a = \frac{1}{2}$

2. 앞에서 학습한 매클로린 급수를 이용하여 다음에 주어진 함수의 매클로린 급수를 구하시오.

   (1) $f(x) = e^{-x/2}$ (2) $f(x) = \sin(x^4)$

   (3) $f(x) = x^2 \ln(1 + x^2)$ (4) $f(x) = \sin^2 x$ (삼각함수의 배각공식)

3. 자연수 n에 대하여 $(1+x)^n = \sum_{k=0}^{n} \binom{n}{k} x^k$를 이항정리라 한다. 이와 같은 이항정리를 일반화하여 임의의 주어진 실수 $r \in \mathbb{R}$에 대하여

$$(1+x)^r = \sum_{k=0}^{\infty} \binom{r}{k} x^k, \quad \binom{r}{k} = \frac{r(r-1)(r-2)\cdots(r-k+1)}{k!}$$

   가 성립하는 것을 일반화된 이항정리라 한다. 다음 질문에 답하시오.

   (1) $f(x) = \sqrt{1+x}$의 매클로린 급수를 구하고, 이는 일반화된 이항정리를 통하여 얻은 급수와 같음을 보이시오.

   (2) $f(x) = \sqrt[4]{1+x}$의 멱급수 표현을 일반화된 이항정리를 이용하여 구하고, 이 멱급수가 $|x| < 1$일 때 수렴함을 보이시오.

4. 테일러 급수를 이용하여 다음의 극한을 구하시오.

   (1) $\lim_{x \to 0} \frac{x - \ln(1+x)}{x^2}$ (2) $\lim_{x \to 0} \frac{\sin x - x + \frac{x^3}{6}}{x^5}$

1.5 테일러(Taylor) 정리와 응용

이제 주어진 함수를 유한차수의 다항식으로 근사하여 이 함수의 특정한 점에서의 함숫값의 근삿값을 계산하는 방법을 알아보자. 테일러(Taylor) 정리의 중요성은 어떤 점 $x = a$의 근방에서 충분히 여러 차례 미분 가능한 연속함수 $f(x)$에 대해 점 a와 충분히 가까운 점 x_0에서의 함숫값 $f(x_0)$의 근삿값을 함숫값 $f(a), f'(a), f''(a), \cdots$ 를 이용하여 원하는 정밀도로 계산하는 방법을 제시해 주는데 있다. 예를 들면, 고등학교 교재에 부록으로 주어진 삼각함수표, 로그표, 정규분포표 등에 제시된 값을 계산을 통해 원하는 정밀도로 구할 수 있게 된다. 그리고 π, e와 같은 무리수로 주어진 상수의 값

$$\pi = 3.14159265358979323846264338327950288419716939937 51\cdots$$

$$e = 2.71828182845904523536028747135266249775724709370 00\cdots$$

을 우리가 원하는 정밀도로 구하는 방법을 알려준다.

정의 1.9

함수 $f(x)$가 $x = a$를 포함하는 구간 I에서 $(n+1)$번 미분가능하다고 하자.

(1) $a = 0$일 때 $f(x)$의 매클로린 n차 근사다항식(n-th Maclaurin polynomial)은

$$f_n(x) = f(0) + f'(0)x + \frac{f''(0)}{2!}x^2 + \cdots + \frac{f^{(n)}(0)}{n!}x^n$$

으로 정의된다.

(2) $x = a$에서의 $f(x)$의 n차 테일러 근사다항식은

$$f_n(x) = f(a) + f'(a)(x-a) + \frac{f''(a)}{2!}(x-a)^2 + \cdots + \frac{f^{(n)}(a)}{n!}(x-a)^n$$

으로 정의된다.

(3) $f(x)$의 $x = a$에서의 n차 테일러 근사다항식 $f_n(x)$에 대하여

$$R_n(x) = f(x) - f_n(x)$$

를 $x = a$에서 $f(x)$의 n차 나머지항(n-th remainder, 잉여항)이라 한다.

실습예제 **1.25**. $f(x) = \sin x$의 $x = 0$에서의 n차 근사다항식$(n = 1, 3, 5, 7, 9)$의 그래프를 그리면 다음과 같다.

```
In[28]:= p1 = Plot[Evaluate[Table[Normal[Series[Sin[x], {x, 0, n}]], {n, 1, 10, 2}]],
    {x, -2Pi, 2Pi}, PlotLegends → "Expressions"];
  p2 = Plot[{Sin[x]}, {x, -2Pi, 2Pi}, PlotLabels → Placed[Automatic, Right]];
  Show[p1, p2]
```

Out[30]=

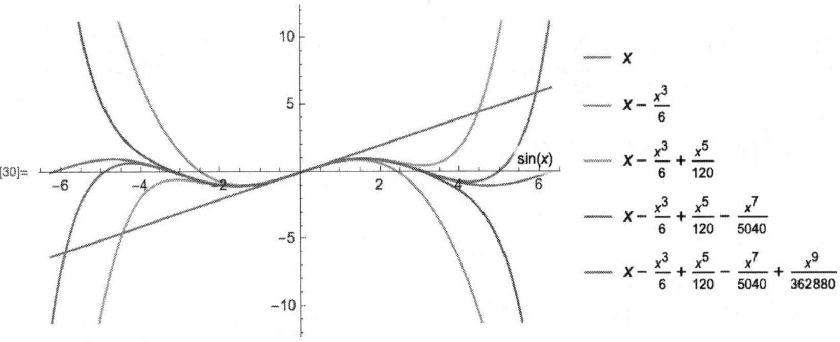

이로부터 근사다항식의 차수가 높아질수록 점차 원 함수의 그래프에 가까이 감을 관찰할 수 있다.

정리 1.26(테일러 정리)

$f(x)$가 $x = a$를 포함하는 구간 I에서 $(n+1)$번 미분가능할 때, f와 f의 n차 테일러 근사다항식 f_n의 차이를 나타내는, 즉

$$f(x) = f_n(x) + R_n(x)$$

를 만족하는 나머지항 R_n은 임의의 $x \in I$에 대해

$$R_n(x) = \frac{f^{(n+1)}(c)}{(n+1)!}(x-a)^{n+1}$$

를 만족한다. 여기에서 c는 a와 x 사이에 존재하는 어떤 실수를 나타낸다.

만일 I 위의 모든 점 $x \in I$에 대해 $|f^{(n+1)}(x)| \le M$을 만족하면

$$|R_n(x)| \le \frac{M}{(n+1)!}|x-a|^{n+1}, \quad \forall x \in I$$

이 성립한다.

증명 구간 I 위의 점 x를 고정하자. 임의의 $t \in I$에 대해

$$g(t) = f(x) - f(t) - \sum_{k=1}^{n} \frac{f^{(k)}(t)}{k!}(x-t)^k - R_n(x)\frac{(x-t)^{n+1}}{(x-a)^{n+1}}$$

이라 두자. 그러면 $g(a) = f(x) - (f_n(x) + R_n(x)) = 0$이고 $g(x) = f(x) - f(x) = 0$이므로 롤(Rolle)의 정리에 의하여 $g'(c) = 0$이 되는 c가 a와 x 사이에 존재한다. $g(t)$를 t에 대해

미분하면

$$
\begin{aligned}
g'(t) &= -f'(t) - \sum_{k=1}^{n}\left(\frac{f^{(k+1)}(t)}{k!}(x-t)^k - \frac{f^{(k)}(t)}{(k-1)!}(x-t)^{k-1}\right) + (n+1)R_n(x)\frac{(x-t)^n}{(x-a)^{n+1}} \\
&= -\sum_{k=0}^{n}\frac{f^{(k+1)}(t)}{k!}(x-t)^k + \sum_{k=1}^{n}\frac{f^{(k)}(t)}{(k-1)!}(x-t)^{k-1} + (n+1)R_n(x)\frac{(x-t)^n}{(x-a)^{n+1}} \\
&= -\frac{f^{(n+1)}(t)}{n!}(x-t)^n + (n+1)R_n(x)\frac{(x-t)^n}{(x-a)^{n+1}}
\end{aligned}
$$

이고 따라서

$$g'(c) = -\frac{f^{(n+1)}(c)}{n!}(x-c)^n + (n+1)R_n(x)\frac{(x-c)^n}{(x-a)^{n+1}} = 0$$

이다. 이로부터

$$R_n(x) = \frac{f^{(n+1)}(c)}{(n+1)!}(x-a)^{n+1}$$

를 만족하는 실수 c가 a와 x 사이에 존재한다.

만일 I 위의 모든 점 $x \in I$에 대해 $|f^{(n+1)}(x)| \leq M$을 만족하면

$$|R_n(x)| = \left|\frac{f^{(n+1)}(c)}{(n+1)!}(x-a)^{n+1}\right| \leq \frac{M}{(n+1)!}|x-a|^{n+1}, \qquad \forall x \in I$$

이 성립한다. □

예제 1.32

테일러 정리를 이용하여 sin(1)의 근삿값을 오차가 10^{-2} 보다 작게 되도록 구해보자.

풀이: $f(x) = \sin x$의 n차 근사다항식은

$$f_n(x) = \sum_{k=0}^{n}\frac{f^{(k)}(0)}{k!}x^k$$

이고 n차 나머지항은

$$R_n(x) = \frac{f^{(n+1)}(c)}{(n+1)!}x^n$$

을 만족하는 c가 0과 x 사이에 존재한다. $f(x) = \sin x$이므로 임의의 실수 x와 임의의 자연수 n에 대하여 $|f^{(n+1)}(x)| \leq 1$이고 이로부터

$$|R_n(x)| \leq \frac{1}{(n+1)!}x^n \tag{1.1}$$

가 성립하여,

$$|R_n(1)| \le \frac{1}{(n+1)!}1^{n+1} \le 10^{-2}$$

가 되는 n을 찾으면 $n \ge 4$면 된다. 따라서 4차 근사다항식

$$f_4(x) = x - \frac{1}{3!}x^3$$

에 $x = 1$을 대입한 값 $f_4(1) = 1 - \frac{1}{6} = \frac{5}{6}$는 $\sin(1)$의 참값과의 차이가 10^{-2} 보다 작다. ♦

정리 1.27(테일러 급수와 함수의 값이 일치할 조건)

$f(x)$가 $x = a$ 근방에서 무한번 미분가능할 때, x에서

$$f(x) = \sum_{k=0}^{\infty} \frac{f^{(k)}(a)}{k!}(x-a)^k$$

을 만족하는 것과

$$\lim_{n\to\infty} R_n(x) = 0$$

인 것은 동치이다.

$f(x) = \sin x$일 때, 위의 예제 1.32 증명의 식 (1.1)로부터 모든 실수 a와 x에 대하여 $\lim_{n\to\infty} R_n(x) = 0$이 성립함을 수열의 수렴성을 이용하여 확인할 수 있다. 따라서

$$\sin x = \sum_{k=0}^{\infty} \frac{f^{(k)}(a)}{k!}(x-a)^k$$

이 성립한다. 특히, $a = 0$인 경우, 앞의 예제 1.30에서 구했던 $\sin x$의 매크로린 급수는 모든 실수 x에서 $\sin x$와 같은 값을 가진다. 즉,

$$\sin x = \sum_{n=0}^{\infty} \frac{(-1)^n}{(2n+1)!}x^{2n+1} \tag{1.2}$$

$f(x) = \cos x$의 경우도 마찬가지로 다음이 성립한다.

$$\cos x = \sum_{n=0}^{\infty} \frac{(-1)^n}{(2n)!}x^{2n} \tag{1.3}$$

지수함수 $f(x) = e^x$에 대해서도 비슷한 방식으로 테일러 정리와 앞의 예제 1.28의 매크로린 급수를 이용하여 모든 실수 x에서 다음이 성립함을 보일 수 있다.

$$e^x = \sum_{n=0}^{\infty} \frac{1}{n!}x^n \tag{1.4}$$

실습예제 **1.28**. Wolfram Cloud를 이용해 함수 $f(x)$ 의 $x = a$ 에서의 Taylor n차 근사다항식을 이용한 $f(x_0)$ 의 근삿값은 다음과 같이 구해진다.

$$\text{Normal[Series[f(x), \{x, a, n\}]]/.x} \rightarrow \text{x}_0$$

그리고 n차 오차항의 크기는 다음과 같이 구할 수 있다.

FindMaximum[{Abs[D[f(x), {x, n+1}]], a ≤ x ≤ x_0}, {x, a}] * (Abs[x_0 -a](n+1))/((n+1)!)

위의 예제의 $f(x) = \sin x$ 의 4차 근사다항식을 이용한 근삿값 $f_4(1)$과 오차의 크기는 Wolfram Cloud를 이용해 다음과 같이 구해진다.

```
In[16]:= Normal[Series[Sin[x], {x, 0, 4}]] /. x → 1
         5
Out[16]= -
         6

In[17]:= FindMaximum[{Abs[D[Sin[x], {x, 5}]], 0 ≤ x ≤ 1}, {x, 0}]
         %[[1]] * (Abs[1 - 0] ^5) / (5!)
Out[17]= {1., {x → 0.000905911}}

Out[18]= 0.00833333
```

예제 1.33

$\arctan x$ 의 매클로린 전개를 이용하여 π 의 근삿값을 오차가 10^{-5} 보다 작게 되도록 계산해보자. 앞의 예제 1.27에서 급수의 미분과 적분을 이용하여

$$\arctan x = \sum_{k=0}^{\infty} \frac{(-1)^k}{2k+1} x^{2k+1}, \quad -1 < x \le 1$$

이 성립함을 살펴 보았다. 여기에서 $f(x) = 4 \arctan x$ 로 두고, $n = 1, 2, 3, \cdots$ 에 대하여 $2n - 1$차, $2n$차 근사다항식 $f_{2n-1}(x)$, $f_{2n}(x)$를 구해보면

$$f_{2n-1}(x) = f_{2n}(x) = 4 \sum_{k=0}^{n-1} \frac{(-1)^k}{2k+1} x^{2k+1}$$

이고, $2n - 1$차, $2n$차 나머지항은

$$|R_{2n-1}(x)| = |R_{2n}(x)| = |f(x) - f_{2n-1}(x)| = 4 \left| \sum_{k=n}^{\infty} \frac{(-1)^k}{2k+1} x^{2k+1} \right| \le \frac{4}{2n+1} |x|^{2n+1}$$

임을 알 수 있다(교대급수임을 활용). 따라서 $2n = 4 \times 10^5$ 이면 $|R_{2n}(1)| \le \frac{4}{2n+1} < 10^{-5}$ 가 성립한다. 실제로 근삿값 $f_{4\times 10^5}(1)$을 계산하면 $3.14159515\cdots$ 이고, 이는 참값 $4 \arctan(1) = \pi = 3.14159265\cdots$ 와 10^{-5} 미만의 오차를 보여준다.

예제 1.34

$\sqrt[3]{11}$의 근삿값을 $f(x)=\sqrt[3]{x}$의 $x=8$에서의 2차 근사다항식을 이용하여 구하고, 테일러 정리를 이용하여 오차를 구해보자.

풀이:

$$f(8)=2,\ f'(x)=\frac{1}{3}x^{-2/3},\ f'(8)=\frac{1}{12},\ f''(x)=\frac{-2}{9}x^{-5/3},\ f''(8)=-\frac{1}{144}$$

로부터 2차 근사다항식은

$$f_2(x)=2+\frac{1}{12}(x-8)+\frac{-1}{2!\cdot 144}(x-8)^2$$

이고, $\sqrt[3]{11}=f(11)\approx f_2(11)=2.21875$가 된다. 이 근삿값의 오차를 테일러 정리를 이용하여 구해보자. $f'''(x)=\frac{10}{27}x^{-8/3}$이므로 $x\in[8,11]$인 임의의 x에 대해 $|f'''(x)|\le\frac{10}{27\cdot 2^8}$이고 이로부터

$$|R_2(11)|\le\frac{\frac{10}{27\cdot 2^8}}{3!}(11-8)^3=\frac{5}{768}\approx 0.0065104$$

이다. ♦

예제 1.35

$f(x)=e^x\sin x$의 $x=0$ 근방에서의 3차 근사다항식을 구해보자.

풀이: 앞의 식(1.2)와 (1.4)로 부터 $\sin x=x-\frac{x^3}{3!}+\cdots$, $e^x=1+x+\frac{x^2}{2!}+\frac{x^3}{3!}+\cdots$ 이므로

$$e^x\sin x=\left(1+x+\frac{x^2}{2!}+\frac{x^3}{3!}+\cdots\right)\cdot\left(x-\frac{x^3}{3!}+\cdots\right)=x+x^2+\left(\frac{1}{2}-\frac{1}{6}\right)x^3+\cdots$$

가 성립한다. 따라서 $f(x)$의 $x=0$ 근방에서의 3차 근사다항식은

$$f_3(x)=x+x^2+\frac{1}{3}x^3$$

이다. 근사다항식의 정의를 이용하여 직접 계산하여도 같은 결과를 얻는다. ♦

연습문제 1.5

1. $f(x)=\sqrt[3]{x}$의 $x=8$ 근방에서의 2차 근사다항식을 구하고, $7\le x\le 9$인 경우 오차항 $R_2(x)$의 크기를 어림셈하시오.

2. 테일러 정리를 이용하여 $\int_0^1 e^{-x^2}dx$의 근삿값을 오차가 0.01보다 작게 되도록 구하시오.

3. 다음에 주어진 함수 $f(x)$의 $x = a$에서의 3차 근사다항식을 구하시오.

(1) $f(x) = e^x,\ \ a = 2$ (2) $f(x) = \cos x,\ \ a = \frac{\pi}{2}$

4. 다음에 주어진 함수 $f(x)$의 $x = a$에서의 n차 근사다항식을 구하고, 주어진 구간에서 오차의 크기를 어림셈하시오.

(1) $f(x) = \sqrt{1+x},\ \ a = 0,\ \ n = 1,\ \ 0 \le x \le 0.1$

(2) $f(x) = \ln(1+2x),\ \ a = 1,\ \ n = 3,\ \ 0.5 \le x \le 1.5$

(3) $f(x) = x\sin x,\ \ a = 0,\ \ n = 4,\ \ -1 \le x \le 1$

5. 길이가 L인 진자를 수직방향으로부터 잰 최대 각도 $\theta_{\max}$만큼 당겼다 놓았을 때, 좌우로 진동하는 주기 T는 다음과 같이 주어진다.

$$T = 4\sqrt{\frac{L}{g}}\int_0^{\pi/2}\frac{d\theta}{\sqrt{1-k^2\sin^2\theta}},\quad g\text{는 중력가속도},\quad k = \sin\left(\frac{\theta_{\max}}{2}\right).$$

함수 $\frac{1}{\sqrt{1+x}} = (1+x)^{-1/2}$에 대하여 앞의 연습문제 1.4의 3번에서 살펴보았던 일반화된 이항정리를 적용한 1차 근사다항식을 이용하여 $\theta_{\max}$가 충분히 작은 경우, 주기 T의 1차 근삿값은 $2\pi\sqrt{\frac{L}{g}}$이고, 그 오차는 $2\pi\sqrt{\frac{L}{g}}\frac{k^2}{1-k^2}$ 이하임을 보이시오.

6. 평균이 μ, 표준편차가 σ인 정규분포함수 $y = \frac{1}{\sigma\sqrt{2\pi}}e^{-\frac{(x-\mu)^2}{2\sigma^2}}$의 $a \le x \le b$인 영역의 확률은 $z = \frac{x-\mu}{\sigma}$로 치환하면

$$\frac{1}{\sqrt{2\pi}}\int_{(a-\mu)/\sigma}^{(b-\mu)/\sigma} e^{-z^2/2}\,dz$$

로 계산된다. $\mu = 100$, $\sigma = 50$인 정규분포함수에 대하여 $100 \le x \le 200$인 영역의 확률을 함수 $e^{-x^2/2}$의 10차 근사다항식을 이용하여 구하고, 이때 오차의 한계를 구하시오.

1.6 다변수 함수의 멱급수 전개와 테일러 정리

이제 테일러 정리를 2변수 함수 $f : U \to \mathbb{R}$인 경우로 확장하자.

점 $P(a,b)$를 포함하는 영역 $U \subset \mathbb{R}^2$에서 무한번 미분가능한 이변수함수 $f(x,y)$에 대하여 점 $P(a,b)$를 중심으로 하는 테일러 급수

$$p(x,y) = \sum_{i,j=0}^{\infty} a_{ij}(x-a)^i(y-b)^j$$

는 임의의 음이 아닌 정수의 쌍 (i,j)에 대해 $D_1^iD_2^jf(a,b) = D_1^iD_2^jp(a,b)$를 만족하는 다항식을 의미한다. 여기서 $D_1 = \frac{\partial}{\partial x}$, $D_2 = \frac{\partial}{\partial y}$이고, 주어진 다변수함수가 n번 미분가능하면 n

번까지는 미분하는 순서를 바꾸어 계산하여도 상관없다는 사실을 이용하도록 한다. 따라서

$$D_1^i D_2^j f(a,b) = i!j!\, a_{ij}$$

이고, 이로부터

$$\begin{aligned} p(x,y) &= \sum_{n=0}^{\infty} \sum_{k=0}^{n} \frac{D_1^k D_2^{n-k} f(a,b)}{k!(n-k)!} (x-a)^k (y-b)^{n-k} \\ &= \sum_{n=0}^{\infty} \frac{1}{n!} \sum_{k=0}^{n} \frac{n! D_1^k D_2^{n-k} f(a,b)}{k!(n-k)!} (x-a)^k (y-b)^{n-k} \\ &= \sum_{n=0}^{\infty} \frac{1}{n!} \sum_{k=0}^{n} \binom{n}{k} D_1^k D_2^{n-k} f(a,b)\, (x-a)^k (y-b)^{n-k} \end{aligned}$$

를 얻는다. 이를 다변수함수의 방향미분과 일변수함수의 테일러 급수를 이용해 설명해보자.

점 $P(a,b) \in U$와 그 근방의 점 $(x,y) \in U$에 대하여 벡터 $\mathbf{v} = (x-a,\ y-b)$를 생각하고, P와 $P+\mathbf{v}$를 연결하는 선분이 U에 완전히 포함된다고 가정하자. 즉, 직선 $\ell(t) = P + t\mathbf{v}$에 대해 $\ell([0,1]) \subset U$이다. 그러면 $g = f \circ \ell : [0,1] \to \mathbb{R}$인 일변수 함수이고, 만일 f가 점 P에서 $(n+1)$번 미분가능하다면 g도 0에서 $(n+1)$번 미분가능하다. 따라서 일변수함수의 테일러 전개를 적용하면

$$g(t) = g_n(t) + R_n(t) = \sum_{k=0}^{n} \frac{g^{(k)}(0)}{k!} t^k + R_n(t)$$

로 나타낼 수 있고, 테일러 정리를 이용하면 나머지항 $R_n(t)$의 크기의 상한을 알 수 있다. f의 점 P에서의 $\mathbf{v}$방향 미분을

$$D_{\mathbf{v}} f(P) = \lim_{t \to 0} \frac{f(P + t\mathbf{v}) - f(P)}{t} = \nabla f(p) \cdot \mathbf{v}$$

로 정의하고, $g = f \circ \ell$에 대하여 연쇄법칙을 반복해서 사용하면

$$g'(0) = D_{\mathbf{v}} f(P),\ \ g''(0) = \frac{d^2}{dt^2} g(t)|_{t=0} = D_{\mathbf{v}}^2 f(0),\ \ \cdots,\ \ g^{(k)}(0) = D_{\mathbf{v}}^k f(P),\ \ \cdots$$

등이 성립하므로,

$$g_n(1) = \sum_{k=0}^{n} \frac{g^{(k)}(0)}{k!} = \sum_{k=0}^{n} \frac{D_{\mathbf{v}}^k f(P)}{k!} = p_n(x,y)$$

이 되고, 이를 이변수함수 f의 점 P 근방에서의 n차 근사다항식이라 한다. 여기에서 $\mathbf{v} = (x-a,\ y-b)$이므로, f의 $P(a,b)$ 근방에서의 1차 근사다항식은

$$p_1(x,y) = f(P) + D_1 f(P)(x-a) + D_2 f(P)(y-b)$$

이다. 또, $P(0,0)$에서의 2차 근사다항식은

$$p_2(x,y) = f(P) + D_1 f(P)\, x + D_2 f(P)\, y + \frac{1}{2}\left(D_1^2 f(P)\, x^2 + 2D_1 D_2 f(P)\, xy + D_2^2 f(P)\, y^2\right)$$

이다. 2차 근사다항식은 이변수 함수의 그래프 개형과 밀접한 관련이 있다.

예제 1.36

$f(x, y) = x^3 + xy^2 + x^2y + xy + x + y + y^3$ 의 점 $P(0, 0)$ 에서의 1차 근사다항식과 2차 근사다항식을 구하시오.

풀이:

$$D_1 f = 3x^2 + y^2 + 2xy + y + 1, \quad D_2 f = 2xy + x^2 + x + 1 + 3y^2$$

이고,

$$D_1^2 f = 6x + 2y, \quad D_1 D_2 f = 2y + 2x + 1, \quad D_2^2 f = 2x + 6y$$

이므로, $D_1 f(0, 0) = 1 = D_2 f(0, 0) = 1$, $D_1^2 f(0, 0) = 0 = D_2^2 f(0, 0)$, $D_1 D_2 f(0, 0) = 1$ 이다. 따라서 f 의 점 $P(0, 0)$ 에서의 1차 근사다항식과 2차 근사다항식은

$$p_1(x, y) = x + y, \qquad p_2(x, y) = x + y + \frac{1}{2}(2xy) = x + y + xy$$

이다. ♦

예제 1.37

이변수함수 $f(x, y) = e^x e^y$ 의 점 $P(0, 0)$ 에서의 2차 근사다항식을 구하시오.

풀이:

$$D_1 f(P) = 1, \quad D_2 f(P) = 1, \quad D_1^2 f(P) = 1, \quad D_1 D_2 f(P) = 1, \quad D_2^2 f(P) = 1$$

이므로, $P(0, 0)$ 에서의 2차 근사다항식은

$$p_1(x, y) = 1 + (x + y) + \frac{1}{2}(x^2 + 2xy + y^2) = 1 + (x + y) + \frac{1}{2}(x + y)^2$$

이다. 이는

$$e^x e^y = \left(1 + x + \frac{x^2}{2} + \cdots\right) \cdot \left(1 + y + \frac{y^2}{2} + \cdots\right)$$

의 전개식에서 2차식까지만 뽑아서 쓴 것과 같다. ♦

예제 1.38

$f(x,y) = \sin x \cos y$의 점 $P(0,0)$에서의 2차 근사다항식은

$$\sin(x)\cos(y) = \left(x - \frac{x^3}{3!} + \cdots\right)\cdot\left(1 - \frac{x^2}{2!} + \cdots\right) = x - \frac{2}{3}x^3 + \cdots$$

으로부터 $p_2(x,y) = x$가 됨을 알 수 있다.

실습예제 **1.29**. Wolfram Cloud에서 주어진 함수 $f(x,y)$의 $P(a,b)$에서의 멱급수 표현은 다음과 같이 구해진다. 여기서 n은 구하고 싶은 다항식의 차수이다.

```
Series[f[x,y], {x, a, n}, {y, b, n}]
```

```
In[6]:= Series[Sin[x*y], {x, 0, 3}, {y, Pi/2, 5}]
```

Out[6]= $\left(\frac{\pi}{2} + \left(y - \frac{\pi}{2}\right) + O\left[y - \frac{\pi}{2}\right]^6\right) x + \left(-\frac{\pi^3}{48} - \frac{1}{8}\pi^2\left(y - \frac{\pi}{2}\right) - \frac{1}{4}\pi\left(y - \frac{\pi}{2}\right)^2 - \frac{1}{6}\left(y - \frac{\pi}{2}\right)^3 + O\left[y - \frac{\pi}{2}\right]^6\right) x^3 + O[x]^4$

```
In[7]:= Normal[Series[Sin[x*y], {x, 0, 3}, {y, Pi/2, 5}]]
```

Out[7]= $x\,y + x^3\left(-\frac{\pi^3}{48} - \frac{1}{8}\pi^2\left(-\frac{\pi}{2} + y\right) - \frac{1}{4}\pi\left(-\frac{\pi}{2} + y\right)^2 - \frac{1}{6}\left(-\frac{\pi}{2} + y\right)^3\right)$

이 결과는 각각의 변수에 대하여 원하는 차수의 전개식을 구하여 곱한 것이므로, 다변수 함수의 n차 근사다항식을 구하고자 할 때는 이 결과에서 n차 이하의 차수의 항만 뽑아내면 된다.

연습문제 1.6

1. $f(x,y) = \sin(x+y)$의 $P(0,0)$에서의 3차 근사다항식을 구하시오.
2. $f(x,y) = \ln(xy)$의 $P(1,1)$에서의 3차 근사다항식을 구하시오.
3. $f(x,y) = x^2y + xy^2 + 1$을 $(x-1)$과 $(y-1)$의 거듭제곱으로 표현하시오.
4. 세 번 미분가능한 함수 $f(x,y)$가 임의의 실수 $t \in \mathbb{R}$에 대하여

$$f(tx,ty) = t^2 f(x,y)$$

를 만족하면

$$f(x,y) = \frac{1}{2}\left(x^2 D_1^2 f(0,0) + 2xyD_1D_2 f(0,0) + y^2 D_2^2 f(0,0)\right)$$

임을 보이시오.

1.7 주기함수와 푸리에(Fourier) 급수

푸리에 급수는 어떤 조건을 만족하는(예를 들어, 구간별로 연속인 함수 등) 일반적인 주기함수 $f(x)$를 사인 함수와 코사인 함수를 기저로 하는 일차결합 형태의 급수를 말한다. 잘 알고 있듯이 사인 함수와 코사인 함수는 임의의 정수 n에 대해

$$\sin(x) = \sin(x + 2n\pi), \quad \cos(x) = \cos(x + 2n\pi)$$

를 만족하는 주기가 2π인 주기함수이다. 함수 f가 연속인 구간에서 함수 f를 다음과 같은 형태로 표현되는 푸리에 급수로 나타낼 수 있다.

$$f(x) = a_0 + \sum_{n=1}^{\infty} a_n \cos\left(\frac{n\pi x}{L}\right) + \sum_{n=1}^{\infty} b_n \sin\left(\frac{n\pi x}{L}\right).$$

푸리에 급수는 단순한 삼각함수로 이루어져 있어 원래의 일반적인 함수 f 자체보다 다루기 쉽고, 함수의 특성을 주기적 스펙트럼으로 분해하여 연구할 수 있도록 해주므로 음향학, 광학, 통신, 전자공학 등 광범위한 분야에서 유용하게 활용된다.

정의 1.10

연속인 두 함수 $f, g : [-L, L] \to \mathbb{R}$에 대하여 이 두 함수의 내적(inner product)은 다음과 같이 정의한다.

$$\langle f, g\rangle = \int_{-L}^{L} f(x)g(x)\,dx$$

그리고 $\langle f, g\rangle = 0$일 때 두 연속함수가 서로 수직(orthogonal)이라고 한다.

예제 1.39

구간 $[-L, L]$에서 정의된 함수들의 집합

$$\mathcal{B} = \left\{1,\ \cos\left(\frac{n\pi x}{L}\right),\ \sin\left(\frac{m\pi x}{L}\right)\ \middle|\ m, n \in \mathbb{N}\right\}$$

를 생각하자. 그러면

$$\langle 1, \cos\left(\frac{n\pi x}{L}\right)\rangle = 0, \quad \langle 1, \sin\left(\frac{n\pi x}{L}\right)\rangle = 0$$

이고, 임의의 $m, n \in \mathbb{N}$에 대해

$$\langle \cos\left(\frac{m\pi x}{L}\right), \cos\left(\frac{n\pi x}{L}\right)\rangle = \begin{cases} L, & m = n \\ 0, & m \neq n \end{cases}$$

$$\langle \sin\left(\frac{m\pi x}{L}\right), \sin\left(\frac{n\pi x}{L}\right)\rangle = \begin{cases} L, & m = n \\ 0, & m \neq n \end{cases}$$

$$\langle \sin\left(\frac{m\pi x}{L}\right), \cos\left(\frac{n\pi x}{L}\right)\rangle = 0$$

이 성립한다. 따라서 $\mathcal{B}$는 서로 수직인 연속함수의 집합이다.

이제 주기가 $2L$이며, 구간 $[-L, L]$ 안에서 구간별로 연속인 주기함수 $f(x)$의 푸리에 급수

$$f(x) = a_0 + \sum_{n=1}^{\infty} a_n \cos\left(\frac{n\pi x}{L}\right) + \sum_{n=1}^{\infty} b_n \sin\left(\frac{n\pi x}{L}\right)$$

의 계수 a_0, a_n, b_n을 구해 보자.

$$\langle f(x), \cos\left(\frac{n\pi x}{L}\right)\rangle = \int_{-L}^{L} f(x)\cos\left(\frac{n\pi x}{L}\right) dx = a_n L,$$

$$\langle f(x), \sin\left(\frac{n\pi x}{L}\right)\rangle = \int_{-L}^{L} f(x)\sin\left(\frac{n\pi x}{L}\right) dx = b_n L,$$

$$\langle f(x), 1\rangle = \int_{-L}^{L} f(x)\, dx = 2a_0 L$$

로부터

$$a_0 = \frac{1}{2L}\int_{-L}^{L} f(x)\, dx$$

이고, $n \in \mathbb{N}$에 대하여

$$a_n = \frac{1}{L}\int_{-L}^{L} f(x)\cos\left(\frac{n\pi x}{L}\right) dx, \qquad b_n = \frac{1}{L}\int_{-L}^{L} f(x)\sin\left(\frac{n\pi x}{L}\right) dx$$

이다.

예제 1.40

$f : (-L, L) \to \mathbb{R}$, $f(x) = x$이고, 임의의 정수 n에 대하여 $f(2nL+x) = f(x)$를 만족하는 주기가 $2L$인 톱니형 함수 f의 푸리에 급수를 구하시오.

풀이 : $a_0 = \frac{1}{2L}\int_{-L}^{L} x dx = 0$이고, $x\cos\left(\frac{n\pi x}{L}\right)$가 원점에 대칭이므로

$$a_n = \frac{1}{L}\int_{-L}^{L} x\cos\left(\frac{n\pi x}{L}\right) dx = 0, \qquad b_n = \frac{1}{L}\int_{-L}^{L} x\sin\left(\frac{n\pi x}{L}\right) dx = (-1)^{n-1}\frac{2L}{n\pi}$$

이다. 따라서 f의 푸리에 급수는

$$f(x) = \sum_{n=1}^{\infty}(-1)^{n-1}\frac{2L}{n\pi}\sin\left(\frac{n\pi x}{L}\right)$$

이다. ♦

위 예제에서 $L = 1$로 두고 구한 푸리에 급수의 $n = 1$부터 1, 2, 3, 10까지의 부분합으로 얻은 각 함수의 그래프를 그려보면 다음 그림에서와 같이 f의 그래프로 점점 가까워지는 것을 확인할 수 있다.

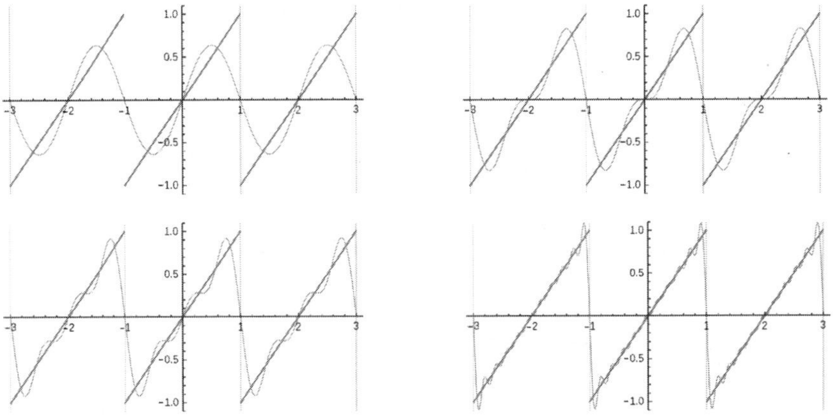

실습예제 **1.30**. Wolfram Cloud에서 푸리에 급수를 구하는 명령 'FourierTrigSeries'는 $f(x)$와 자연수 n에 대하여 구간 $[-\pi, \pi]$에서의 적분으로 푸리에 급수의 n항까지의 부분합을 구해준다. 따라서 함수 f의 주기가 2π인 경우에는 그 명령을 그대로 사용하면 되지만, 다른 주기 T로 주어졌으면 FourierParameters 옵션을 추가해서 사용한다.

```
FourierTrigSeries[f[x],x,n,FourierParameters->{1,2Pi/T}]
```

예를 들어, $f(x) = \begin{cases} -1, & -\pi < x < 0 \\ 1, & 0 < x < \pi \end{cases}$ 이고 주기가 2π인 주기함수 f의 푸리에 급수를 구하고, 그래프를 그리면 다음과 같다.

```
In[93]:= f[x_] := Piecewise[{{-1, -π < x < 0}, {1, 0 < x < π}}];
f11 = FourierTrigSeries[f[x], x, 11]
ff[x_] := f[Mod[x + π, 2 π] - π];
Plot[{ff[x], f11}, {x, -3 π, 3 π}, GridLines → {{-3 π, -2 π, -π, π, 2 π, 3 π}, {}},
  PlotRange → {-1.3, 1.3}, PlotStyle → {Thickness[0.005], Thickness[0.001]},
  AspectRatio → 0.5]
```

Out[94]= $\frac{4\,\text{Sin}[x]}{\pi}+\frac{4\,\text{Sin}[3\,x]}{3\,\pi}+\frac{4\,\text{Sin}[5\,x]}{5\,\pi}+\frac{4\,\text{Sin}[7\,x]}{7\,\pi}+\frac{4\,\text{Sin}[9\,x]}{9\,\pi}+\frac{4\,\text{Sin}[11\,x]}{11\,\pi}$

Out[96]=

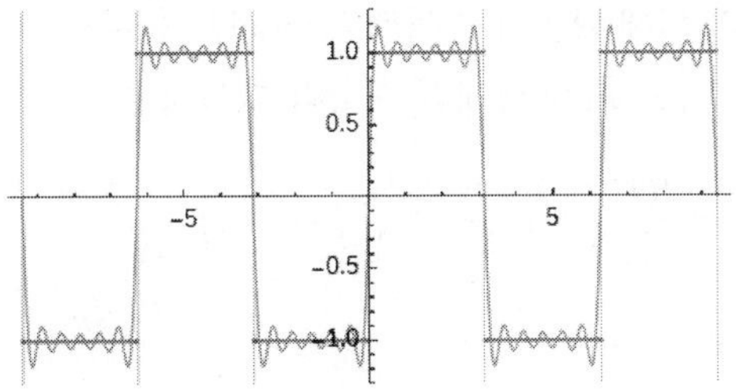

연습문제 1.7

1. $f(x) = \begin{cases} 1, & -\pi < x < 0 \\ 0, & 0 < x < \pi \end{cases}$ 이고 주기가 2π 인 주기함수의 푸리에 급수를 구하시오.

2. $f(x) = \begin{cases} 0, & -\pi < x < 0 \\ 1, & 0 < x < \pi \end{cases}$ 이고 주기가 2π 인 주기함수의 푸리에 급수를 구하시오.

3. $f(x) = 1$ 이고 주기가 2π 인 주기함수의 푸리에 급수를 구하시오.

4. $f(x) = \begin{cases} -1, & -\pi < x < 0 \\ 1, & 0 < x < \pi \end{cases}$ 로 정의된 주기가 2π 인 주기함수의 푸리에 급수를 구하시오.

5. 앞의 문제1의 주기가 2π 인 함수 $f(x) = \begin{cases} 1, & -\pi < x < 0 \\ 0, & 0 < x < \pi \end{cases}$ 의 푸리에 급수를 이용하여

$$\frac{\pi}{4} = 1 - \frac{1}{3} + \frac{1}{5} - \frac{1}{7} + \cdots$$

가 성립함을 확인하시오.

6. 주기가 2π 인 함수 $f(x) = \begin{cases} 0, & -\pi < x < 0 \\ x, & 0 < x < \pi \end{cases}$ 의 푸리에 급수를 구하고, 이를 이용하여

$$\frac{\pi^2}{8} = 1 + \frac{1}{3^2} + \frac{1}{5^2} + \frac{1}{7^2} + \cdots$$

가 성립함을 확인하시오.

1.8 급수의 응용*

실험을 통해 얻은 데이터를 특정 함수로 근사하는 것은 매우 중요하다. 그리고 다항함수의 차수를 증가시키면 주어진 데이터를 보다 더 잘 설명할 수 있는 최적화된 함수를 얻을 수 있다.

판 데르 발스**(van der Waals)** 방정식과 비리얼**(virial)** 방정식: 이상기체 상태방정식은 기체 입자 간의 상호작용이 없는 이상적인 조건에서 기체들의 행동을 나타내기 위한 제한법칙(limiting law)이며, 실제기체의 경우는 입자 간의 상호작용으로 인해 비이상성(non-ideality)이 나타나기 때문에 이러한 데이터를 함수화하기 위해 다항함수 형태의 virial 방정식으로 그 기체의 특성을 기술하게 된다. van der Waals 방정식과 virial 방정식은 각각 다음과 같이 주어진다.

$$p = \frac{RT}{V_m - b} - \frac{a}{V_m^2}, \qquad p = \frac{RT}{V_m}\left(1 + \frac{B}{V_m} + \frac{C}{V_m^2} + \cdots\right)$$

Van der Waals 방정식을 아래와 같이 변형하고

$$p = \frac{RT}{V_m - b} - \frac{a}{V_m^2} = \frac{RT}{V_m}\left(\frac{V_m}{V_m - b} - \frac{a}{RTV_m}\right) = \frac{RT}{V_m}\left(\frac{1}{1 - b/V_m} - \frac{a}{RTV_m}\right)$$

괄호 안의 첫번째 항을 아래의 멱급수를 이용하여 전개하면

$$\frac{1}{1-x} = 1 + x + x^2 + x^3 + \cdots$$

아래와 같은 관계식을 얻을 수 있다.

$$\begin{aligned} p &= \frac{RT}{V_m}\left(1 + \left(\frac{b}{V_m}\right) + \left(\frac{b}{V_m}\right)^2 + \cdots - \frac{a}{RTV_m}\right) \\ &= \frac{RT}{V_m}\left(1 + \left(b - \frac{a}{RT}\right)\frac{1}{V_m} + \left(\frac{b}{V_m}\right)^2 + \cdots\right) \end{aligned}$$

위 식을 virial 방정식과 비교하면 virial 방정식의 첫번째 계수(coefficient)인 B를 van der Waals 계수 a와 b를 이용하여 $B = b - \dfrac{a}{RT}$로 나타낼 수 있다.

일반적으로 실제기체가 이상기체처럼 행동을 하는 조건은 압력이 낮고, 온도가 높은 경우이다. 압력이 낮은 경우는 기체입자 자체의 부피보다 기체가 담긴 용기의 부피가 커서 기체입자 간의 거리가 멀기 때문에 상호작용 효과가 감소되어 이상기체처럼 행동하게 된다. 또한 온도가 높은 경우는 기체입자의 에너지가 높기 때문에 상호작용이 무시할 만큼 작아져 이상기체처럼 행동하게 된다. 따라서 V_m이 상당히 커서 기체입자 간의 거리가 멀어져서 상호작용 효과가 무시되는 경우는 $\frac{b}{V_m} << 1$이 되기 때문에 1차항이 가장 중요하고 고차항이 됨에 따라 그 중요성이 감소한다.

총괄성**(Colligative properties):** 과학과 공학에서 사용하는 다양한 함수는 많은 경우 로그항 또는 지수항을 포함하고 있다. 이러한 함수는 직관적으로 이해하거나 간단한 연산을 통해

그 결과를 짐작하기 힘든 경우가 많다. 따라서 로그항 또는 지수항을 우리가 잘 알고 있는 일차함수 형태로 변환하는 것이 필요하다.

매클로린 급수를 이용하여 e^x와 $\ln(1+x)$ 함수를 다항함수로 표현하면 다음과 같다.

$$e^x = 1 + x + \frac{1}{2}x^2 + \cdots = \sum_{n=0}^{\infty} \frac{x^n}{n!}$$

$$\ln(1+x) = x - \frac{1}{2}x^2 + \frac{1}{3}x^3 - \cdots = \sum_{n=1}^{\infty} \frac{(-1)^{n+1}x^n}{n}$$

만일 $|x| << 1$이라면 $|x| >> |x^2| >> |x^3|$이 된다. 이러한 조건에서는 1차항이 제일 중요하며 그 다음 항부터는 무시해도 결과값에 큰 영향을 미치지 않기 때문에 지수 또는 로그항을 포함하는 함수의 경우 1차항까지만 고려하는 근사방법을 많이 사용한다. 따라서 위 두 함수는 다음과 같이 근사된다.

$$e^x \approx 1 + x, \quad \ln(1+x) \approx x$$

위 근사의 합리성을 판단하기 위해 x에 따른 근사식의 값을 비교하면 아래와 같다. x의 값이 감소함에 따라 근사식이 유효함을 알 수 있다.

x	e^x	$1+x$	$\ln(1+x)$
1	2.71828	2	0.69315
0.1	1.10517	1.1	0.09531
0.01	1.01005	1.01	0.00995
0.001	1.00100	1.001	0.00100

입자의 종류에는 무관하고, 입자의 수에만 의존하는 성질을 총괄성(colligative property)이라고 한다. 하나의 예로 끓는점 오름은 혼합물의 화학퍼텐셜(chemical potential)로부터 다음과 같은 관계를 알수 있다.

$$\ln(1 - x_B) = \frac{\Delta_{vap}H}{R}\left(\frac{1}{T} - \frac{1}{T^*}\right)$$

위 식에서 x_B는 용질의 몰분율(mole fraction), $\Delta_{vap}H$는 증발엔탈피(enthalpy of vaporization), T^*는 순수한 물질의 끓는점, T는 혼합물의 끓는점이다. 위 식에서 일반적으로 $x_B << 1$이므로 다음과 같은 관계가 성립함을 알 수 있다.

$$\ln(1 + x_B) \approx x_B$$

따라서 자연로그항을 포함한 관계식이 아래와 같이 단순한 1차항을 포함한 관계식으로 변환 가능함을 알 수 있다.

$$x_B = \frac{\Delta_{vap}H}{R}\left(\frac{1}{T^*} - \frac{1}{T}\right)$$

플랑크 분포 **(Planck distribution):** 흑체(blackbody)는 모든 파장 또는 에너지의 복사선을 방출 또는 흡수할 수 있는 물체로 흑체복사(blackbody radiation)는 흑체의 온도에 따라 복사 스펙트럼이 달라지게 된다. 이러한 현상을 설명하기 위해 다양한 시도가 이루어졌으며, 고전역학의 개념을 이용하여 얻은 결론은 비인의 변위 법칙(Wien's displacement law, $\lambda_{max} \times T = \text{constant}$)와 레일리-진스 법칙(Rayleigh-Jeans' law)이다. 아래 그림에서 나타낸 것처럼 레일리-진스 법칙은 긴 파장영역에서 잘 맞는 제한법칙(limiting law)이며, 전체적인 스펙트럼에 대한 설명은 플랑크 분포로부터 얻는다.

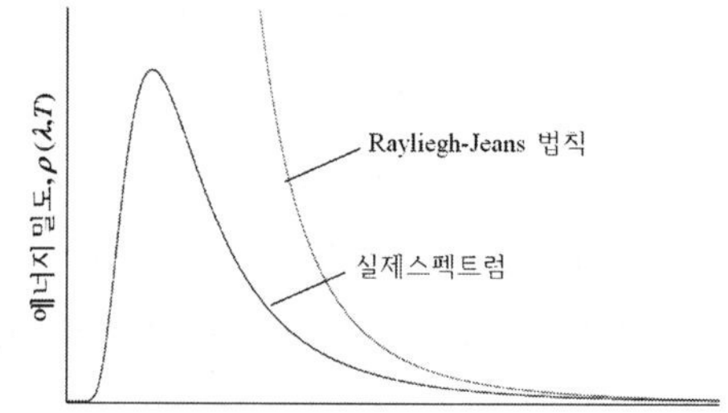

레일리(Rayleigh)와 장(Jeans)은 흑체를 이루는 모든 진동자(oscillator)는 진동수와 관계없이 평균적으로 kT만큼의 에너지를 가진다는 균등분배원리(equipartition theorem)를 적용시켜 다음의 관계식을 얻었다.

$$\rho(\lambda, T) = \frac{8\pi kT}{\lambda^4}$$

1900년 막스 플랑크는 전자기파 진동자의 에너지가 불연속적인 값들만 가질 수 있다고 가정한 에너지 양자화의 개념을 이용하여 실험적으로 얻은 스펙트럼에 부합하는 아래와 같은 관계식을 구하였다. 아래 식이 잘 알려진 플랑크 분포식(Planck distribution)이다.

$$\rho(\lambda, T) = \frac{8\pi kT}{\lambda^5(e^{hc/\lambda kT} - 1)}$$

플랑크 분포식 역시 지수항을 포함하고 있으며, 레일리(Rayleigh)와 장(Jeans) 스펙트럼을 설명했던 영역(긴 파장 영역)에서 어떻게 나타나는지 알아보기 위해 $hc/\lambda kT << 1$의 조건에서 지수함수를 전개시키면 다음과 같은 근사식을 얻을 수 있다.

$$e^{hc/\lambda kT} \approx 1 + \frac{hc}{\lambda kT}$$

따라서 파장인 긴 영역에서 플랑크 분포식을 근사하면 아래와 같이 레일리와 장 얻었던 결과와 동일한 관계를 얻을 수 있다.

$$\rho(\lambda, T) \approx \frac{8\pi hc}{\lambda^5(1 + \frac{hc}{\lambda kT} - 1)} = \frac{8\pi hc}{\lambda^5 \times \frac{hc}{\lambda kT}} = \frac{8\pi kT}{\lambda^4}$$

2

미분방정식

어떤 현상의 발생이나 사건의 진행 과정을 수리적으로 나타내는 것을 모델링 **(modeling)**이라고 한다. 모델링은 물리학, 화학, 생물학, 약학, 의학, 공학, 경제학 등의 많은 분야에서 사용된다. 그리고 모델링에서 가장 많이 쓰이는 방법 중 하나가 미분방정식 **(differential equation)**을 사용하는 것이다.

미분방정식이란 도함수 **(derivative)**를 포함하는 방정식이다. 일반적으로 방정식 **(equation)**을 풀거나 해를 구한다고 하는 것은 방정식을 만족하는 어떤 미지변수의 값을 찾는 것을 의미한다. 그에 비해 미분방정식을 풀거나 해를 구한다고 하는 것은 미분방정식을 만족하는 어떤 미지함수의 형태를 찾는 것을 의미한다. 예를 들어, 도함수 dy/dx, d^2y/dx^2 등이 포함된 미분방정식의 해는 어떤 함수 $y(x)$가 된다. 미분방정식은 대수적인 풀이법으로 해가 구해지는 경우가 있지만 그렇지 않은 경우가 더 많으며, 그러한 경우 여러 가지 방법을 사용해서 해를 근사적으로 구하기도 한다.

이 장에서는 미분방정식으로 이용한 모델링에 대한 여러 예제를 소개한다. 대수적인 방법으로 해를 정확히 구할 수 있는 몇 가지 미분방정식의 형태들에 대해 소개하며, 정확하게 풀리지 않는 미분방정식에 대해서는 컴퓨터를 이용하여 그 해를 근사하거나 해의 성질을 이해하는 방법을 소개한다.

2.1 미분방정식을 이용한 모델링

2.1.1 인구증가

어떤 집단의 개체수 또는 인구의 증가를 설명하는 간단한 모델은 개체수가 단순히 현재의 개체수에 비례하여 늘어난다고 가정하는 것이다. 만약 개체수의 변화가 Δt라는 특정한 시간 간격으로 불연속적(이산적)으로 이루어진다면 그와 같은 단순 개체수 증가 모델은 다음과 같은 식으로 나타낼 수 있다.

$$P(t + \Delta t) = (1 + r)P(t) \tag{2.1}$$

여기서 상수 r는 Δt 시간 동안 인구가 증가하는 비율(재생산 비율)을 나타낸다. 이 식은 이자에 의해 일정한 시간 간격으로 증가하는 은행 예금의 시간적 변화를 나타내는데 쓰일 수 있으며, 그 경우 r는 예금의 이율이 된다. 그에 비해 연속적으로 증가하는 개체수의 변화는 다음과 같은 미분방정식의 형태로 나타낼 수 있다.

$$\frac{dP}{dt} = kP \tag{2.2}$$

여기에서 k는 인구증가에 대한 비례상수(인구증가율)이다. 식 (2.1)와 식 (2.2)는 Δt가 충분히 작은 값을 가질 때 dP/dt에 대한 다음과 같은 근사관계를 이용해서 서로 변환이 가능하다.

$$\frac{dP}{dt} \approx \frac{P(t+\Delta t) - P(t)}{\Delta t} \tag{2.3}$$

이때 $r = k\Delta t$가 된다.

식 (2.2)의 모델은 시간이 지남에 따라 개체수가 무한대로 증가하지만, 실제 개체수 증가는 식량 등 자원의 한계 때문에 제한된다. 그와 같은 효과를 반영하여 개체수 증가에 제한을 가지는 인구증가 모델 중 하나는 다음과 같이 나타낼 수 있다.

$$\frac{dP}{dt} = kP\left(1 - \frac{P}{K}\right) \tag{2.4}$$

이 식은 자원이 제한된 환경에서의 인구증가 외에 특정 집단에서 전염병 감염자수의 변화를 모델링하는 데도 쓰일 수 있다. 아래 그림은 두 인구증가 모델 (2.2), (2.4)에서 여러 다른 초기 조건에서 시간에 따른 개체수 변화를 나타낸 것이다.

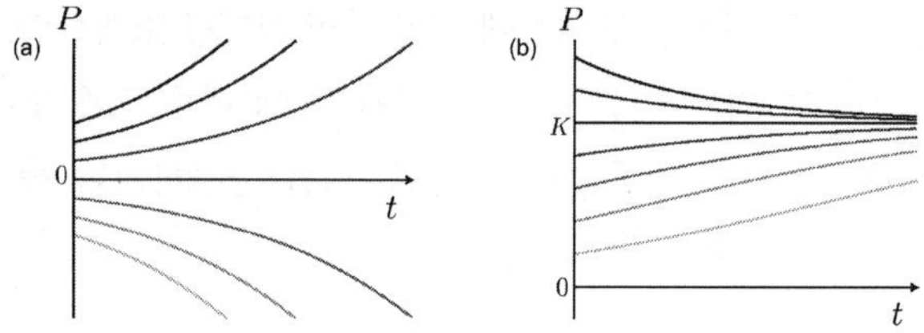

2.1.2 진자운동

아래 그림은 실에 매달려 있는 추의 진자운동(**pendelum**)을 나타낸 것이다.

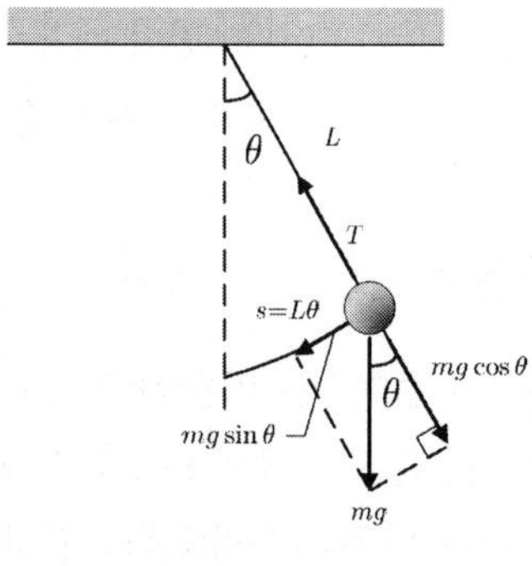

이때 만약 추의 질량을 m, 중력가속도를 g라고 한다면 추에 작용하는 중력은 mg가 된다. 실이 y축과 이루는 각도를 θ라고 하면 중력이 실의 방향으로 투영된 힘 $mg\cos\theta$는 실에 작용하는 장력 T와 상쇄되기 때문에 남는 것은 중력이 실의 방향과 수직인 방향으로 투영된 힘 $mg\sin\theta$가 된다. 이때 추가 반시계 방향으로 움직일 때 θ가 증가하므로, 시계 방향으로 추에 작용하는 힘은 $f = -mg\sin\theta$으로 주어진다. 그리고 실의 길이가 L이라면 추의 위치는 $s = L\theta$가 되며, 가속도는 $a = d^2s/dt^2 = L\,d^2\theta/dt^2$이 된다. 이를 힘과 가속도와의 관계를 나타내는 뉴턴의 제2역학법칙 $f = ma$에 대입하면 다음과 같은 진자 운동에 대한 미분방정식을 얻을 수 있다.

$$L\,\frac{d^2\theta}{dt^2} + g\sin\theta = 0 \tag{2.5}$$

한편, 추가 비교적 작은 각도에서만 움직인다고 할 때 $\sin(\theta) \approx \theta$라는 근사식을 이용하면 미분방정식을 다음과 같이 다시 쓸 수 있다.

$$L\,\frac{d^2\theta}{dt^2} + g\theta = 0 \tag{2.6}$$

2.1.3 파동

함수 $u(x,t)$가 위치 x에서 시간 t일 때의 실의 높이를 나타낸다고 하면, 실을 통해 전파되는 파동(**wave**)에 대한 미분방정식은 다음과 같이 나타낼 수 있다.

$$\frac{\partial^2 u}{\partial t^2} = v^2\,\frac{\partial^2 u}{\partial x^2} \tag{2.7}$$

이때 v는 파동의 전파속도를 의미하게 된다. 여기서 $u(x,t)$는 다변수 함수이기 때문에 도함수가 편미분 형태를 가지게 된다. 아래 그림은 실에서 서로 다른 방향으로 전파되는 두 개의 파동의 운동을 나타낸 것이다.

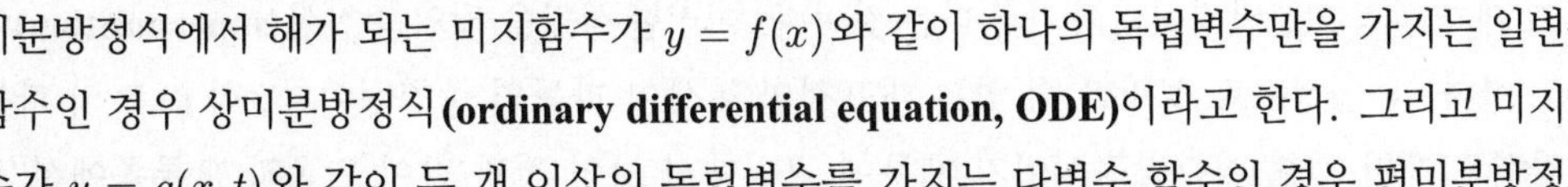

2.2 미분방정식의 종류 및 풀이

미분방정식에서 해가 되는 미지함수가 $y = f(x)$와 같이 하나의 독립변수만을 가지는 일변수 함수인 경우 상미분방정식(**ordinary differential equation, ODE**)이라고 한다. 그리고 미지함수가 $y = g(x,t)$와 같이 두 개 이상의 독립변수를 가지는 다변수 함수인 경우 편미분방정식(**partial differential equation, PDE**)이라고 한다. 인구증가에 대한 식 (2.2)과 식 (2.4), 진자운동에 대한 식 (2.5)과 식 (2.6)는 상미분방정식이며, 파동에 대한 식 (2.7)는 편미분방정식이다.

미분방정식에 포함된 미지함수의 도함수 중 최고계 계수를 그 미분방정식의 계수(**order**)라고 한다. 인구증가에 대한 식 (2.2)과 식 (2.4)는 1계 도함수 $P' = dP/dt$만을 가지므로 1계 미분방정식이 된다. 그리고 진자운동에 대한 식 (2.5)과 식 (2.6)는 2계 도함수 $\theta'' = d^2\theta/dt^2$을 가지므로 2계 미분방정식이 된다. 그리고 미분방정식의 각 항에 포함된 미지함수 y나 그 도함수들 y', y'', $\cdots$ 이 곱해진 개수를 그 항의 차수(**degree**)라 한다.

미분방정식의 해는 일반적으로 미분방정식의 계수와 같은 수의 임의상수를 포함하는 형태로 구해지는데, 이를 일반해(**general solution**)라고 한다. 일반해에 포함된 임의상수들의 값은 미분방정식 자체로는 결정되지 않으며, 초기 조건이나 경계 조건 등에 의하여 결정될 수 있다. 그리고 임의상수 값이 모두 결정되어 있는 해를 미분방정식의 특수해(**particular solution**)라고 한다. 예를 들어, 식 (2.2)을 만족하는 일반해는 $P(t) = C\,e^{kt}$로 쓸 수 있으며, 여기서 C는 임의상수이다. 그리고 $t = 0$일 때의 인구수가 P_0라는 초기 조건이 있다면 임의상수 C의 값은 $P(t = 0) = C\,e^0 = C$로부터 $C = P_0$가 되어 특수해 $P(t) = P_0\,e^{kt}$를 얻는다.

미분방정식을 나누는 또 다른 중요한 기준은 선형 미분방정식(**linear differential equation**)과 비선형 미분방정식(**nonlinear differential equation**)이다. 미분방정식이 미지함수 y나 그 도함수들 y', y'', $\cdots$ 로 이루어진 1차항만을 포함하고 있는 경우 선형 미분방정식이라고 하며, 그렇지 않은 경우 비선형 미분방정식이라고 한다. 인구증가 모델들 중 식 (2.2)은 P'과 P 항의 차수가 모두 1이므로 선형 미분방정식이며, 식 (2.4)에는 P의 2차항, 즉 P^2항이 있어서 비선형 미분방정식이다. 진자운동 모델들 중 식 (2.5)는 $\sin\theta$가 비선형 항이므로 비선형 미분방정식이며, 이를 근사한 식 (2.6)에는 θ''와 θ에 대한 1차항만 있어서 선형 미분방정식이다.

$y = y(x)$를 미지함수로 가지는 n계 선형 미분방정식은 일반적으로

$$\frac{d^n y}{dx^n} + A_{n-1}(x)\,\frac{d^{n-1}y}{dx} + \cdots + A_0(x)\,y(x) = B(x)$$

와 같이 쓸 수 있다. 이때 $B(t) = 0$인 경우를 제차(**homogeneous**) 선형 미분방정식이라고 하며, $B(t) \neq 0$인 경우는 비제차(**nonhomogeneous**) 선형 미분방정식이라고 한다. 비선형 미분방정식과 구분되는 선형 미분방정식의 중요한 특성은 만약 함수 $y_1(x)$와 $y_2(x)$가 어떤 제차 선형 미분방정식의 해라면 임의의 상수 c_1, c_2를 이용하여 나타낸 두 함수의 일차결합

$$y(x) = c_1\,y_1(x) + c_2\,y_2(x)$$

도 그 제차 선형 미분방정식의 해가 된다는 것이다. 이러한 성질을 해의 중첩성(**superposition**)이라고 한다. 중첩성으로 설명할 수 있는 대표적인 현상이 파동의 중첩성이다. 식 (2.7)의 파동방정식도 제차 선형 미분방정식이기 때문에 그림에서 보인 것과 같이 왼쪽과 오른쪽에서 전파되는 서로 다른 파동들이 충돌했을 때 아무런 간섭을 일으키지 않고 서로 통과하게 된다. 일반적으로 n계 선형 제차 미분방정식은 n개의 서로 독립적인 해 $y_1(x)$, $\cdots$, $y_n(x)$를 구할 수 있으며, 이때 미분방정식의 일반해는

$$y(x) = c_1 y_1(x) + \cdots + c_n y_n(x)$$

와 같이 나타낼 수 있다.

예제 2.1

(1) 함수 $y(x) = (c - x^2)^{-1/2}$가 미분방정식 $y' = x\,y^3$의 해가 됨을 보이시오.

(2) 초기 조건 $y(0) = 2$을 만족하는 특수해를 찾으시오.

풀이: (1) $y(x) = (c - x^2)^{-1/2}$일 때 그 도함수는 $y' = x(c - x^2)^{-3/2}$가 된다. 그리고 $y^3 = (c - x^2)^{-3/2}$로부터 $y' = x\,y^3$이 만족됨을 확인할 수 있다.

(2) $y(0) = (c - 0)^{-1/2} = 2$로부터 $c = \frac{1}{4}$가 되며, 주어진 초기 조건을 만족하는 미분방정식의 특수해는 $y(x) = \left(\frac{1}{4} - x^2\right)^{-1/2}$이다. ♦

예제 2.2

함수 $y(x) = e^x(c_1\,x^2 + c_2\,x + c_3)$가 미분방정식 $y'' - y' = x\,e^x$과 초기 조건 $y(0) = 1$을 만족하도록 계수 c_1, c_2, c_3의 값을 찾으시오.

풀이: 주어진 y에 대하여

$$y' = e^x\left[c_1\,x^2 + (2c_1 + c_2)x + c_2 +_c 3\right]$$

$$y'' = e^x\left[c_1\,x^2 + (4c_1 + c_2)x + 2c_1 + 2c_2 + c_3\right]$$

이므로, 미분방정식에 대입하면 $y'' - y' = (2c_1x + 2c_1 + c_2)e^x = x\,e^x$이 되어 $c_1 = \frac{1}{2}$, $c_2 = -1$이다. 그리고 초기 조건으로부터 $y(0) = c_3 = 1$이 되어, 미분방정식의 특수해는 $y(x) = e^x\left(\frac{1}{2}x^2 - x + 1\right)$이다. ♦

연습문제 2.2

1. 다음 미분방정식의 계수를 구하고, 선형 또는 비선형인지를 판단하시오.

(1) $x\dfrac{dy}{dx} + y^2 = 0$

(2) $\dfrac{dy}{dx} + x\sin y = 0$

(3) $\dfrac{dy}{dx} + y = \cos x$

(4) $\dfrac{d^2y}{dx^2} + x\dfrac{dy}{dx} + y^2 = 0$

(5) $\dfrac{\partial z}{\partial x} - y\dfrac{\partial z}{\partial y} = x^2$

2.3 변수분리형 1계 미분방정식

$y(x)$를 미지함수로 가지는 1계 미분방정식이 다음과 같이 표현되는 경우 변수분리형**(separable type)**이라고 한다.

$$\frac{dy}{dx} = g(x)f(y) = \frac{g(x)}{h(y)} \tag{2.8}$$

이때 $h(y) = 1/f(y)\ (\neq 0)$이다. 변수분리형 1계 미분방정식은 일반적으로 다음과 같은 과정으로 그 해를 구할 수 있다. 먼저 좌우변에 변수 x와 y를 분리하여

$$h(y)dy = g(x)dx \tag{2.9}$$

으로 나타내고, 좌우변에 각각 적분을 취하면

$$\int h(y)dy = \int g(x)dx \tag{2.10}$$

이 된다. 양쪽의 적분을 계산하여 식을 정리하면 미분방정식의 일반해를 구하게 된다. 가능하다면 $y = y(x)$ 꼴로 정리하고, 어렵다면 그대로 x와 y가 혼합된 음함수꼴로 해를 제시하면 된다.

예제 2.3

(1) 미분방정식 $\dfrac{dy}{dx} = \dfrac{x}{y^2}$을 푸시오.

(2) 초기 조건 $y(0) = 2$을 만족하는 특수해를 찾으시오.

풀이: (1) 좌우변으로 변수 x와 y를 분리한 후 적분을 하면 다음과 같다.

$$y^2\,dy = x\,dx, \qquad \int y^2\,dy = \int x\,dx, \qquad \frac{1}{3}y^3 = \frac{1}{2}x^2 + C$$

여기서 C는 임의의 상수이다. 이 식으로부터 y를 x의 함수꼴로 나타하면

$$y = \sqrt[3]{\frac{3}{2}x^2 + 3C}$$

이 된다. 그리고 $K = 3C$로 정의된 새로운 상수을 이용하면 이 미분방정식의 일반해는

$$y = \sqrt[3]{\frac{3}{2}x^2 + K}$$

으로 쓸 수 있다.

(2) 초기 조건 $y(0) = 2$을 대입하면 $\sqrt[3]{K} = 2$ 또는 $K = 8$이 된다. 이로부터 주어진 초기

조건을 만족하는 미분방정식의 특수해는

$$y = \sqrt[3]{\frac{3}{2}x^2 + 8}$$

이다. ♦

실습예제 **2.1**. Wolfram Cloud에서 미분방정식의 일반해와 여러 가지 특수해를 구해보고, 그래프로 나타내보자. 단, 미분방정식을 풀어 내는 원리와 과정을 공부한 후에 답을 확인하는 용도로 컴퓨터 프로그램을 사용하도록 한다.

```
Clear[y]
DSolve[y'[x]==x/y[x]^2,y[x],x]
DSolve[{y'[x]==x/y[x]^2,y[0]==0},y[x],x]
DSolve[{y'[x]==x/y[x]^2,y[0]==1},y[x],x]
DSolve[{y'[x]==x/y[x]^2,y[0]==2},y[x],x]
Plot[{y[x]/.%%%,y[x]/.%%,y[x]/.%},{x,-10,10},PlotLegends->
    {"y[0]=0","y[0]=1","y[0]=2"}]
```

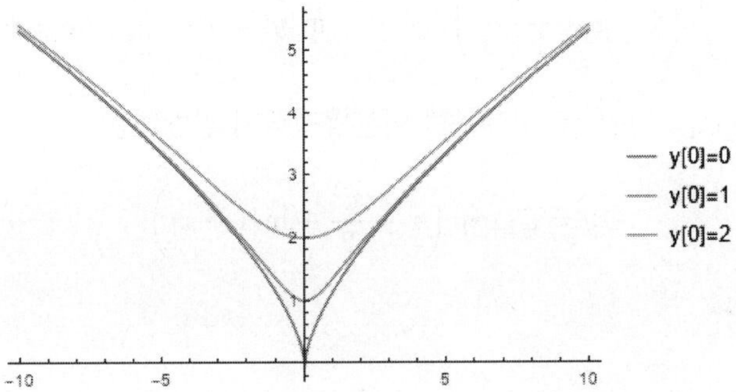

♦

예제 2.4

식 (2.2)의 미분방정식 $\frac{dP}{dt} = kP$의 일반해를 구하시오.

풀이: 좌우변에 변수 P와 t를 분리하여 적분하면 다음과 같다.

$$\frac{1}{P}dP = k\,dt, \qquad \int \frac{1}{P}\,dP = \int k\,dt, \qquad \ln|P| = kt + C$$

여기서 C는 임의의 상수이다. 이 식으로부터 P를 t에 대한 함수꼴로 나타내면

$$P = \pm e^{kt+C}$$

이다. 그리고 새로운 상수 $C_1 = \pm e^C$를 이용하면 미분방정식의 일반해는

$$P = C_1 \, e^{kt}$$

와 같이 쓸 수 있다. 여기서 C_1은 임의의 실수값을 가질 수 있으며, $C_1 = P(0)$ 이다. ♦

실습예제 **2.2**. Wolfram Cloud에서 문자가 포함된 미분방정식의 일반해를 구해보자.

```
Clear[P]
DSolve[P'[x]==k P[x],P[x],x]
```

♦

예제 2.5

미분방정식 $(1+x)\dfrac{dy}{dx} + x^2 y = 0$의 일반해를 구하시오.

풀이: 좌우변에 변수 y와 x를 분리하여 적분하면 다음과 같다.

$$(1+x)\,dy = -x^2 y\,dx, \qquad \frac{dy}{y} = -\frac{x^2}{1+x}\,dx = \left(1 - x - \frac{1}{1+x}\right)dx,$$

$$\int \frac{dy}{y} = \int \left(1 - x - \frac{1}{1+x}\right)dx, \qquad \ln|y| = x - \frac{x^2}{2} + \ln|1+x| + C$$

그리고 새로운 상수 $C_1 = \pm e^C$를 이용하면 미분방정식의 일반해는

$$y = C_1 \exp\left(x - \frac{x^2}{2} + \ln|1+x|\right)$$

으로 나타낼 수 있다. ♦

실습예제 **2.3**. Wolfram Cloud에서 미분방정식 풀이 과정의 적분 결과와 일반해를 구해보고, 같은 해가 여러 가지 형태로 표현될 수 있음을 살펴보자.

```
Integrate[1/y,y]
Integrate[1-x-1/(1+x),x]
Simplify[%]
```

```
Clear[y]
deSol=DSolve[(1+x)y'[x]+x^2y[x]==0,y[x],x]
Simplify[deSol]
FullSimplify[deSol]
```

♦

예제 2.6

아래 그림에서 L, R, V은 각각 유도기 **(inductor)**, 저항기 **(registor)**, 건전지 **(battery)**를 의미하며, 이와 같은 형태의 전기회로를 **RL** 회로라고 한다.

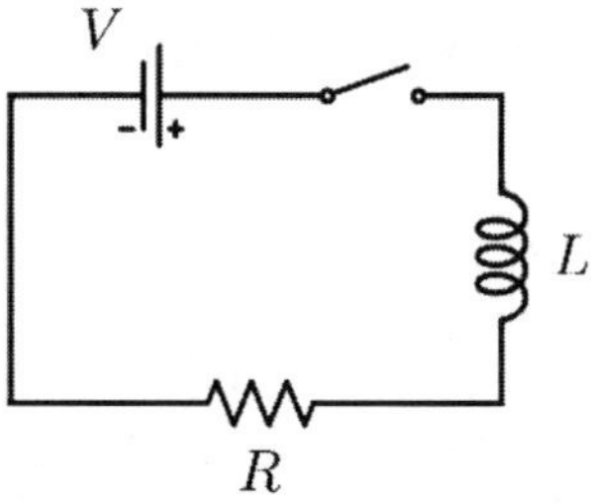

이러한 회로에서 건전지에 의해 상승한 전압에 의해 전류가 흐르기 시작하면 저항기와 유도기를 통과하면서 전압이 하강하게 된다. 이때 저항값 **(resistance)**이 R인 저항기에 걸리는 전압은 흐르는 전류 i에 비례하여 Ri가 되며, 유도계수 **(inductance)**가 L인 유도기에 걸리는 전압은 전류의 시간적 변화에 비례하여 $L(di/dt)$가 된다. 키르히호프의 전압법칙 **(Kirchhoff's Voltage Law)**에 의하여 하나의 닫힌 경로를 따라서 전압의 합이 0이 되어, 이로부터 RL 회로에서 전류 $i(t)$를 미지함수로 가지는 미분방정식이 다음과 같이 얻어진다. 여기에서

$$V - L\frac{di}{dt} - Ri = 0 \tag{2.11}$$

(1) 저항기의 저항값이 $R = 6\,\Omega$, 유도기의 유도용량이 $L = 3\,\text{H}$, 건전지의 전압이 12 V 이고, $t = 0$일 때 스위치가 켜져서 전류가 흐르기 시작했다고 할 때 미지함수 $i(t)$를 구하시오.

(2) 전류가 흐르기 시작해서 충분히 시간이 지난 후 회로에 흐르는 전류의 극한값을 구하시오.

풀이: (1) 물리량의 단위들을 생략하고 미분방정식을 쓰면 다음과 같다.

$$3\frac{di}{dt} = 12 - 6i$$

이 미분방정식은 변수분리형이며, 좌우변으로 변수 i와 t분리하여 적분하면 다음과 같다.

$$di = (4-2i)dt, \qquad \int \frac{di}{4-2i} = \int dt, \qquad -\frac{1}{2}\ln|4-2i| = t + C$$

$$|4-2i| = e^{-2(t+C)}, \qquad 4-2i = \pm e^{-2(t+C)}, \qquad i = 2 - \pm\frac{1}{2}e^{-(t+C)/2} = 2 - Ke^{-2t}$$

$t = 0$일 때 회로가 처음 연결이 되었으므로 초기 조건은 $i(0) = 0$이며, 이로부터 $i(0) = 2 - K = 0$, 즉 $K = 2$이다. 따라서 해는 다음과 같다.

$$i(t) = 2 - 2e^{-2t}$$

(2) $\lim_{t\to\infty} i(t) = \lim_{t\to\infty} \left(2 - 2e^{-2t}\right) = 2$이다. ♦

연습문제 2.3

1. 다음 미분방정식의 해를 구하시오.

(1) $y' = xy^2$

(2) $(x+1)y' = xy$

(3) $y' = y\cos x$

(4) $y' = \dfrac{x+\sqrt{x}}{y+\sqrt{y}}$

(5) $y' + xy + y = 0$

(6) $y' = 1 + x + y + xy$

(7) $(x^2+1)y' = xy$

(8) $y' = \dfrac{x\sqrt{1+x^2}}{ye^y}$

(9) $xy\dfrac{dy}{dx} = 1 - y^2$

2. 다음 초기 조건 또는 경계 조건 문제의 해를 구하시오.

(1) $\dfrac{dx}{dt} = \dfrac{3t^2-1}{4x-1},\quad x(0) = 1$

(2) $\dfrac{dy}{dx} = y+1,\quad y(1) = 0$

(3) $xe^x = (2y+\cos y)y',\quad y(0) = 0$

(4) $xy' + y = y^2,\quad y(1) = 2$

(5) $\dfrac{du}{dt} = \dfrac{2t+\ln t}{2u},\quad u(1) = 3$

3. 미분방정식 $\dfrac{dP}{dt} = \sqrt{Pt}$의 해가 $P(4) = 0$을 만족하기 위한 초기 조건 $P(0)$의 값을 찾으시오.

2.4 1계 선형 미분방정식

$y(x)$를 미지함수로 가지는 **1**계 선형 미분방정식은 일반적으로 다음과 같이 쓸 수 있다.

$$\frac{dy}{dx} + p(x)\,y = q(x) \tag{2.12}$$

이때 $q(x) \neq 0$인 1계 선형 비제차 방정식이 변수분리형이 아닌 경우, 일반적으로 적분인자 **(integrating factor)**를 사용하는 방법으로 해를 구하게 된다. $q(x) = 0$인 1계 선형 제차 미분방정식은 변수분리형이므로 2.3절에서 소개한 방법으로 해를 구할 수 있고, 적분인자를 사용하는 방법으로도 해를 구할 수 있다.

미분방정식 (2.12)의 적분인자는 $I(x) = A\,e^{P(x)}$로 주어지며, 이때 $P(x)$는 $p(x)$의 역도함수(즉, $dP/dx = p$)이다. 상수 A는 임의의 값을 가질 수 있으며, 일반적으로 그 값을 1로 선택한다. 적분인자를 이용한 미분방정식의 풀이법은

$$\frac{d}{dx}\left[I(x)y\right] = \frac{d}{dx}\left[Ae^{P(x)}y\right] = Ae^{P(x)}\left[\frac{dy}{dx} + p(x)y\right]$$

와 식 (2.12)으로부터

$$\frac{d}{dx}\left[Ae^{P(x)}y\right] = Ae^{P(x)}q(x)$$

의 관계가 성립하므로

$$Ae^{P(x)}y = \int Ae^{P(x)}q(x)\,dx$$

이고, 따라서 미분방정식의 일반해

$$y(x) = e^{-P(x)} \int e^{P(x)}q(x)\,dx$$

를 얻는다.

예제 2.7

미분방정식 $xy' + y = 2x$의 해를 구하시오.

풀이: 먼저, $x = 0$이면 주어진 미분방적식으로부터 $y = 0$이어야 한다. $x \neq 0$이면 미분방정식을 다음과 같이 다시 쓸 수 있다.

$$y' + \frac{1}{x}y = 2$$

여기서 $p(x) = 1/x$의 역도함수는 $P(x) = \ln|x|$이며, 적분인자는 $I(x) = Ae^{\ln|x|} = A|x|$가 된다. 이때 $x > 0$인 경우 $A = 1$, $x < 0$인 경우 $A = -1$을 선택하면 $I(x) = x$로 둘 수 있다. 그리고

$$[Iy]' = (xy)' = x\left(y' + \frac{1}{x}y\right) = 2x$$

로부터

$$xy = \int 2x\,dx = x^2 + C \qquad (x \neq 0)$$

이다. 따라서 미분방정식의 일반해를 다음과 같이 얻게 된다.

$$y = \begin{cases} x + \frac{C}{x}, & x \neq 0, \\ 0, & x = 0. \end{cases}$$

♦

예제 2.8

예제 2.6의 미분방정식 $3\dfrac{di}{dt} + 6i = 12$의 일반해를 적분인자를 사용해서 구하시오.

풀이: 미분방정식을 다시 쓰면 다음과 같다.

$$\frac{di}{dt} + 2i = 4$$

여기서 $p(t) = 2$의 역도함수는 $P(t) = 2x$이며, 적분인자는 $I(t) = e^{2t}$가 된다. 그리고

$$\left[I(t)i\right]' = (e^{2t}i)' = e^{2t}(i' + 2ti) = 4e^{2t}$$

이므로

$$e^{2t}i = 4\int e^{2t}\,dt = 2e^{2t} + C$$

이다. 따라서 미분방정식의 일반해는 다음과 같다.

$$i(t) = 2 + Ce^{-2t}$$ ♦

예제 2.9

다음 미분방정식과 경계 조건 문제의 해를 구하시오.

$$x^2y' + xy = 1, \qquad x > 0, \qquad y(1) = 2$$

풀이: 미분방정식을 다시 쓰면 다음과 같다.

$$y' + \frac{1}{x}y = \frac{1}{x^2}, \qquad x > 0$$

여기서 $p(x) = 1/x$의 역도함수는 $P(x) = \ln x\ (x > 0)$이며, 적분인자는 $I(x) = e^{P(x)} = e^{\ln x} = x$으로 구해진다. 그리고

$$(Iy)' = (xy)' = x\left(y' + \frac{1}{x}y\right) = \frac{1}{x}$$

이므로

$$xy = \int \frac{1}{x}\,dx = \ln|x| + C$$

을 얻게 된다. 이때 문제에서 주어진 $x > 0$이라는 조건으로부터 일반해는 다음과 같다.

$$xy = \ln x + C \quad \text{또는} \quad y = \frac{\ln x + C}{x}$$

그리고 경계 조건 $y(1) = 2$로부터 $\ln(1) + C = 2$, 즉 $C = 2$이므로 미분방정식의 특수해는

$$y = \frac{\ln x + 2}{x}$$

으로 구해진다. ♦

실습예제 **2.4**. Wolfram Cloud에서 위 예제들의 미분방정식의 해를 구해보자.

```
Clear[y,i]
deSol1=DSolve[x y'[x]+y[x]==2x,y[x],x]
deSol2=DSolve[3 i'[x]+6i[x]==12,i[x],x]
deSol3=DSolve[{x^2 y'[x]+x y[x]==1,y[1]==2},y[x],{x,0,Infinity}]
```

♦

연습문제 **2.4**

1. 다음 미분방정식의 해를 구하시오.

   (1) $3xy' + 2(1+y) = 0$ (2) $x^2y' - 2xy = \frac{1}{x}$

   (3) $y + 2x + xy' = 0$ (4) $y' + y = e^x$

   (5) $xy' + y = x\ln x$ (6) $y' - y = x$

   (7) $y' = 1 - x + y - xy$ (8) $t\frac{dx}{dt} + x = \sin t$

   (9) $x\frac{dy}{dx} + y = 2$

2. 다음 초기 조건 또는 경계 조건 문제의 해를 구하시오.

   (1) $y' + 2y = e^{-2x}, \quad y(0) = 1$ (2) $xy' + y = 3x, \quad x > 0, \quad y(4) = 20$

   (3) $t\frac{dx}{dt} + x = t^2, \quad t > 0, \quad x(1) = 0$ (4) $xy' = y + x^2\cos x, \quad y(\pi) = 0$

3. $u = y'$ 의 치환을 사용하여 2계 미분방정식 $xy'' + 2y' = 1$ 의 해를 구하시오.

2.5 2계 선형 제차 미분방정식

2계 선형 제차 미분방정식은 일반적으로 다음과 같이 쓸 수 있다.

$$\frac{d^2y}{dx^2} + p(x)\frac{dy}{dx} + q(x)y = 0 \tag{2.13}$$

정리 2.5

함수 $p(x)$와 $q(x)$가 $\mathbb{R}$의 어떤 열린 구간 I에서 연속이라고 가정하자. 만약 $y_1(x)$와 $y_2(x)$가 식 (2.13)의 해라고 한다면 임의의 상수 c_1과 c_2에 대해 $c_1\,y_1(x) + c_2\,y_2(x)$도 미분방정식의 해가 된다.

증명: $y(x) = c_1 y_1(x) + c_2 y_2(x)$를 식 (2.13)에 대입하면

$$\begin{aligned}
&(c_1\, y_1 + c_2\, y_2)'' + p(x)(c_1\, y_1 + c_2\, y_2)' + q(x)(c_1\, y_1 + c_2\, y_2) \\
&\quad = c_1\, y_1'' + c_2\, y_2'' + c_1\, p(x)\, y_1' + c_2\, p(x)\, y_2' + c_1\, q(x)\, y_1 + c_2\, q(x)\, y_2 \\
&\quad = c_1(y_1'' + p(x)\, y_1' + q(x)\, y_1) + c_2(y_2'' + p(x)\, y_2' + q(x)\, y_2) \\
&\quad = c_1 \cdot 0 + c_2 \cdot 0 \\
&\quad = 0
\end{aligned}$$

의 결과를 얻게 되며, 이는 $y(x)$가 식 (2.13)의 해가 된다는 것을 의미한다. □

정의 2.1

함수 $f_1(x)$와 $f_2(x)$가 $\mathbb{R}$의 어떤 열린 구간 I에서 연속이라고 가정하자. 구간 I에서 어떤 상수 c를 이용해서 $f_1 = c\, f_2$의 관계로 쓸 수 있다면 두 함수는 서로 선형 종속 **(linearly dependent)**이라고 한다. 그리고 선형적으로 종속적이지 않은 함수들을 선형 독립 **(linearly independent)**이라고 한다.

정리 2.6

함수 $p(x)$와 $q(x)$가 어떤 열린구간 I에서 연속이라고 가정하자. 그러면 식 (2.13)의 미분방정식은 선형적으로 독립된 두 개의 해를 가지게 된다. 그리고 이 미분방정식의 일반적인 해 $y(x)$는 임의의 상수 c_1과 c_2를 이용하여

$$y(x) = c_1\, y_1(x) + c_2\, y_2(x)$$

로 나타낼 수 있다.

$p(x)$나 $q(x)$는 x에 대해 임의의 함수 형태를 가질 수 있다. 하지만 이 책에서는 $p(x)$, $q(x)$가 상수값을 가지거나 미분방정식이 다음과 같은 형태로 표현되는 경우에 대해서만 일반해를 구하는 것을 다룬다.

$$a\,\frac{d^2y}{dx^2} + b\,\frac{dy}{dx} + cy = 0 \tag{2.14}$$

여기서 a, b, c는 상수계수이다. 상수계수만을 가지고 있는 n계 선형 미분방정식을 푸는 방법은 방정식의 해가 $y(x) = c\, e^{rx}$의 형태를 가지고 있다고 가정하는 것이다. 그러한 경우 도함수들이 $y' = rc\, e^{rx} = ry$, $y'' = r^2 c\, e^{rx} = r^2 y$, $\cdots$, $d^{(n)}y/dx^n = r^n y$의 관계를 만족하게 된다.

이를 2계 선형 미분방정식 (2.14)에 대입하면 다음과 같이 쓸 수 있다.

$$(ar^2 + br + c)y = 0$$

따라서 미분방정식이 $y(x) = 0$ 이외의 해를 가지기 위해서는 다음의 방정식이 해를 가져야 한다.

$$ar^2 + br + c = 0 \tag{2.15}$$

이때 식 (2.15)를 식 (2.14)의 보조방정식(**auxiliary equation**) 또는 특성방정식(**characteristic equation**)이라고 한다. 이 보조방정식은 판별식 $b^2 - 4ac$의 부호에 따라 실근, 중근, 허근의 해를 가지게 되며, 미분방정식도 그에 따라 다른 종류의 일반해를 가지게 된다.

경우 **I.** $b^2 - 4ac > 0$인 경우, 보조방정식은 두 개의 실근

$$r_1 = \frac{-b + \sqrt{b^2 - 4ac}}{2a}, \quad r_2 = \frac{-b - \sqrt{b^2 - 4ac}}{2a}$$

를 가지며, 미분방정식 (2.14)의 일반해는 다음과 같이 쓸 수 있다.

$$y = c_1 e^{r_1 x} + c_2 e^{r_2 x}$$

> **예제 2.10**
>
> 미분방정식 $y'' + y' - 2y = 0$의 해를 구하시오.

풀이: 미분방정식의 보조방정식은

$$r^2 + r - 2 = (r + 2)(r - 1) = 0$$

이 되며, 그 해는 $r = -2, 1$이다. 그러므로 미분방정식의 일반해는

$$y = c_1 e^{-2x} + c_2 e^{x}$$

으로 구해진다. ♦

경우 **II.** $b^2 - 4ac = 0$인 경우, 보조방정식은 $r = -\dfrac{b}{2a}$을 중근으로 가지며, 미분방정식 (2.14)의 일반해는 다음과 같이 쓸 수 있다.

$$y = c_1 e^{rx} + c_2 x e^{rx} \tag{2.16}$$

여기에서 $y_1 = e^{rx}$가 식 (2.14)의 해가 됨은 쉽게 확인할 수 있고, $y_2 = xe^{rx}$도 식 (2.14)의 또 다른 해가 될 수 있음을 다음과 같이 확인할 수 있다.

$$\begin{aligned} ay_2'' + by_2' + cy_2 &= a(2re^{rx} + r^2 xe^{rx}) + b(e^{rx} + rxe^{rx}) + cxe^{rx} \\ &= (2ar + b)e^{rx} + (ar^2 + br + c)xe^{rx} \end{aligned}$$

$$= \{2a \cdot (-b/2a) + b\}(e^{rx}) + (ar^2 + br + c)xe^{rx}$$
$$= 0(e^{rx}) + 0(xe^{rx}) = 0$$

예제 2.11

미분방정식 $9y'' - 12y' + 4y = 0$의 해를 구하시오.

풀이: 미분방정식의 보조방정식 $9r^2 - 12r + 4 = 0$는 중근 $r = 2/3$를 가진다. 그러므로 미분방정식의 일반해는

$$y = c_1 e^{2x/3} + c_2 x e^{2x/3}$$

이 된다. ♦

경우 **III.** $b^2 - 4ac < 0$인 경우 보조방정식은 두 개의 허근 $r_1 = -\gamma + i\omega$와 $r_2 = -\gamma - i\omega$를 가지며, 이때 $\gamma = \dfrac{b}{2a}$이며 $\omega = \dfrac{\sqrt{4ac - b^2}}{2a}$이다. 이로부터 미분방정식 (2.14)의 일반해는 임의의 상수 d_1, d_2를 이용하여 다음과 같이 쓸 수 있다.

$$y = d_1 e^{r_1 x} + d_2 e^{r_2 x} = e^{-\gamma x}(d_1 e^{i\omega x} + d_2 e^{-i\omega x})$$

여기에 지수가 허수인 함수의 정의인 오일러 공식**(Euler's formula)** $e^{i\omega x} = \cos\omega x + i \sin\omega x$를 대입하여 일반해를 다음의 형태로 쓸 수 있다.

$$y = e^{-\gamma x}(c_1 \cos\omega x + c_2 \sin\omega x) \tag{2.17}$$

이때 $c_1 = d_1 + d_2$, $c_2 = i(d_1 - d_2)$이므로, $d_2^* = d_1$인 복소수 상수를 택하여 c_1, c_2가 임의의 실수 상수를 나타내도록 할 수 있다. 일반적으로 미분방정식 (2.14)의 해 $y = y(x)$가 실함수인 경우를 다루므로, 일반해를 식 (2.17) 형태로 나타내는 것이 편리하다.

한편, 일반해 (2.17)에 삼각함수의 합성공식을 적용하면 다음의 형태로도 쓸 수 있다.

$$y = Ae^{-\gamma x} \sin(\omega x + \delta_1) \quad \text{또는} \quad y = Ae^{-\gamma x} \cos(\omega x + \delta_2) \tag{2.18}$$

이때 $A = \sqrt{(c_1)^2 + (c_2)^2}$이며, $\sin\delta_1 = \cos\delta_2 = c_1/A$, $\cos\delta_1 = -\sin\delta_2 = c_2/A$이다. 함수 $y = y(x)$가 시간 x에 따른 어떤 물체의 위치변화를 나타낸다고 했을 때, 일반해 (2.18)의 형태는 하나의 사인이나 코사인 함수에 의하여 일정한 시간 간격으로 되풀이되는 현상인 조화운동**(harmonic motion)**을 보여준다. 이때 $Ae^{-\gamma x}$는 조화운동의 진폭**(amplitude)**을 나타낸다. $\gamma = 0$인 경우에는 시간 x가 흐를 때, 진폭이 일정하게 유지하게 되는 데, 이를 단순 조화운동**(simple harmonic motion)**이라고 한다. $\gamma > 0$인 경우에는 시간 x가 흐를 때, 진폭이 점점 작아져서 움직임의 폭이 0으로 수렴하게 되는 데, 이를 감쇄 조화운동**(damped harmonic motion)**이라고 한다.

일반해 (2.18)에서 ω는 조화운동의 각진동수(**angular frequency**)가 된다. 단위 시간동안 운동이 반복되는 횟수를 나타내는 진동수(**frequency**) f는 각진동수로부터

$$f = \frac{\omega}{2\pi}$$

로 구해진다. 그리고 한번 운동이 반복되는 시간을 주기(**period**)라고 하는데, 이는

$$T = \frac{1}{f} = \frac{2\pi}{\omega} \tag{2.19}$$

로 구해진다. δ_1 (또는 δ_2)은 조화운동의 위상각(**phase angle**)이라고 한다. 그리고 γ는 진폭이 감소 또는 증가하는 비율을 결정하게 된다. 이때 ω와 γ는 미분방정식에서 결정이 되지만 A와 δ_1 (또는 δ_2)는 초기 조건이나 경계 조건에 의해 결정이 된다.

예제 2.12

미분방정식 $y'' - 4y' + 13y = 0$의 해를 구하시오.

풀이: 보조방정식은 $r^2 - 4r + 13 = 0$이 되며, 그 해는 $r = 2 \pm \sqrt{-9} = 2 \pm 3i$가 된다. 이로부터 미분방정식의 일반해는

$$y = e^{2x}(c_1 \cos 3x + c_2 \sin 3x)$$

가 된다. ◆

예제 2.13

(1) 식 (2.6)의 진자운동에 대한 미분방정식 $L\frac{d^2\theta}{dt^2} + g\theta = 0$의 일반해를 구하고, 진자운동의 주기 T를 구하시오.

(2) $t = 0$일 때 추를 각 θ_0의 위치에서 가만히 놓는 것으로 진자운동이 시작되었다면 초기 조건은 $\theta(0) = \theta_0$, $\theta'(0) = 0$이 된다. 이 조건을 만족하는 특수해를 구하시오.

풀이: (1) 미분방정식의 보조방정식은 $Lr^2 + g = 0$이 되며, 그 해는 $r = \pm i\omega = \pm i\sqrt{L/g}$가 된다. 따라서 미분방정식의 일반해를 식 (2.18) 형태로 나타내면

$$\theta(t) = A\cos(\omega t + \delta)$$

으로 단순 조화운동을 나타낸다. 그리고 식 (2.19)에 따라 진자 운동의 주기는 다음과 같다.

$$T = \frac{2\pi}{\omega} = 2\pi\sqrt{\frac{L}{g}}$$

(2) $\theta(0) = A\cos\delta = \theta_0$과 $\theta'(0) = \omega A \sin\delta = 0$로부터 $A = \theta_0$과 $\delta = 0$이므로 특수해는

$$\theta(t) = \theta_0 \cos\omega t$$

로 구해진다. ♦

예제 2.14

아래 그림은 탄성을 가진 스프링에 질량을 가진 사각 블록이 매달려 있는 탄성-질량 시스템을 나타낸다.

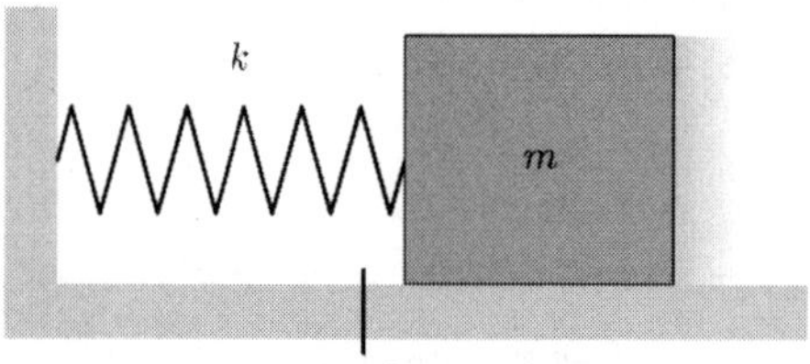

블록이 스프링의 탄성력에 의한 힘을 받지 않는 위치를 $x = 0$으로 하고, 스프링의 탄성계수를 k이라고 한다면 블록이 스프링에 의해 받는 탄성력은 후크의 법칙에 따라 $f = -kx$이 된다. 이를 뉴턴의 제**2**역학법칙 $f = ma$에 대입하면 $-kx = ma$가 되며, 이때 가속도는 $a = d^2x/dt^2$로 쓸 수 있다. 이로부터 블록이 바닥과 마찰력을 가지지 않는다고 가정하면 탄성-질량 시스템에서 운동하는 블록의 위치 $x(t)$는 다음과 같은 미분방정식을 만족한다.

$$m\frac{d^2x}{dt^2} + kx = 0$$

질량이 $m = 2\,\text{kg}$이고, 탄성계수가 $k = 8\,\text{N/m}$라고 할 때

(1) 이 탄성-질량 시스템 운동의 진동수를 구하시오.

(2) $t = 0\,\text{s}$일 때 블록의 위치와 속도가 각각 $x = 4\,\text{m}$, $v = 6\,\text{m/s}$이다. $t > 0$인 시간 중에서 블록이 평형상태에서 가장 멀리 있을 때의 시간을 구하시오.

풀이: (1) 미분방정식의 보조방정식은 $2r^2 + 4 = 0$이고, 그 해는 $r = \pm i\omega = \pm 2i$이다. 따라서 블록의 위치는 $x(t) = c_1 \cos 2t + c_2 \sin 2t$이고, 이때 진동수는

$$f = \frac{\omega}{2\pi} = \frac{1}{\pi}$$

이다. [참고. 1 N= 1 kg·m/s^{2}이고, 진동수의 SI 단위는 s^{-1}로 헤르츠(**Hz**)라고 한다.]

(2) 블록의 위치가 $x(t) = c_1 \cos 2t + c_2 \sin 2t$ 이므로, 속도는 $v(t) = x'(t) = -2c_1 \sin 2t + 2c_2 \cos 2t$ 이다. 초기 조건들을 대입하면 $x(0) = c_1 = 4$, $v(0) = 2c_2 = 6$ 이므로,

$$x(t) = 4\cos 2t + 3\sin 2t, \qquad v(t) = -8\sin 2t + 6\cos 2t$$

이다. 블록이 평형상태에서 가장 멀리 있을 때에는 블록의 속도가 0이 되므로, $t > 0$ 인 조건에서 $v(t) = 0$ 이 되는 가장 작은 시간 t를 찾으면

$$\tan 2t = \frac{3}{4} \quad \text{또는} \quad t = \frac{1}{2}\tan^{-1}\frac{3}{4}$$

가 된다. (단위는 초(s)이다.) ◆

예제 2.15

아래 그림은 탄성-질량 시스템의 사각 블록이 어떤 액체나 밀도가 높은 기체 속에 있어 움직임이 방해를 받는 상황을 나타낸다.

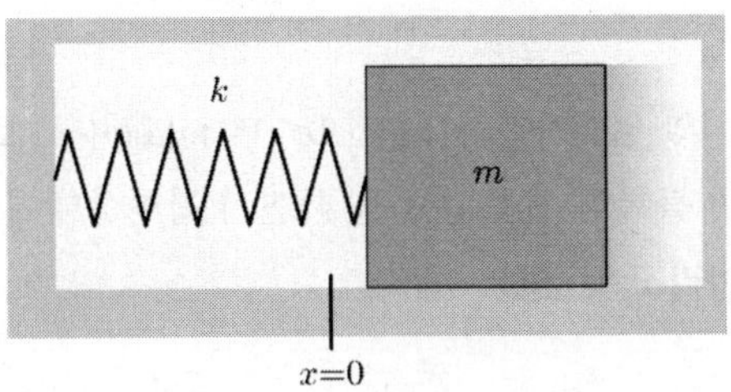

액체나 기체에 의해 방해를 받는 제동력은 블록의 속도에 비례하고, 그 비례하는 정도를 제동 상수(damping constant) c로 나타낸다면 블록에 작용하는 힘은 $f = -kx - cv$로 나타낼 수 있다. 이를 뉴턴의 제**2**역학법칙 $f = ma$에 대입하면 제동력이 걸린 탄성-질량 시스템의 운동을 기술하는 미분방정식을 다음과 같이 얻게 된다.

$$m\frac{d^2x}{dt^2} + c\frac{dx}{dt} + kx = 0$$

제동 상수 c 값의 크기에 따라 미분방정식의 일반해를 구하고, 그때 일어나는 운동의 특성을 설명하시오. (m, k, c는 모두 양의 양수)

풀이 : i) $c^2 > 4mk$ 인 경우 보조방정식 $mr^2 + cr + k = 0$은 서로 다른 음의 실근

$$r_1 = \frac{-c + \sqrt{c^2 - 4mk}}{2m} < 0, \quad r_2 = \frac{-c - \sqrt{c^2 - 4mk}}{2m} < 0$$

를 가진다. 이때 미분방정식의 일반해 $x(t) = c_1 e^{r_1 t} + c_2 e^{r_2 t}$ 의 그래프는 아래 그림과 같다. 이 경우 액체의 제동력이 너무 강하여 블록의 운동이 진동 없이 평형상태에 돌아가게 되며, 이를 과감쇠**(overdamping)**한다고 말한다.

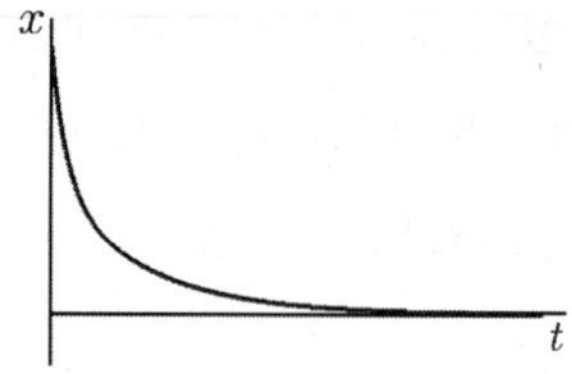

ii) $c^2 = 4mk$ 인 경우 보조방정식 $mr^2 + cr + k = 0$은 음의 중근

$$r = -\frac{c}{2m} < 0$$

을 가진다. 그리고 미분방정식의 일반해는 $x(t) = (c_1 + c_2 t)e^{rt}$ 로 나타낼 수 있으며, 이를 임계감쇠**(critical damping)**한다고 말한다. 일반적으로 임계감쇠는 과감쇠보다 더 빨리 감쇠가 이루어진다.

iii) $c^2 < 4mk$ 인 경우 보조방정식 $mr^2 + cr + k = 0$의 근을 $r_1 = -\gamma + i\omega$, $r_2 = -\gamma - i\omega$ 라고 표현했을 때

$$\gamma = \frac{c}{2m}, \quad \omega = \frac{\sqrt{4mk - c^2}}{2m}$$

이 된다. 그리고 미분방정식의 일반해는 $x(t) = Ae^{-\gamma t}\sin(\omega t + \delta)$ 로 나타낼 수 있다. 이 경우 아래 그림에 보인 것과 같이 블록이 진동 운동을 하면서 평형상태에 돌아가게 되며, 이를 감쇠진동**(damped oscillation)**이라고 부른다.

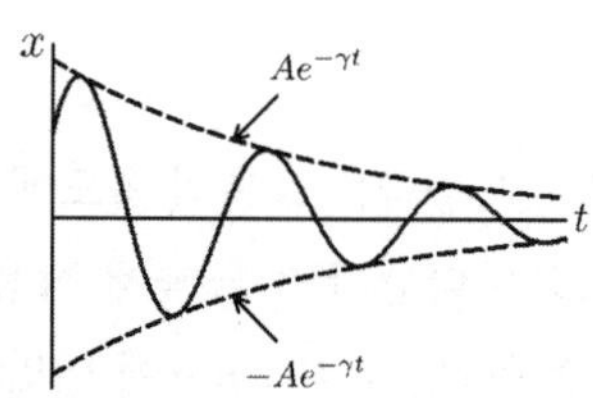

♦

실습예제 **2.7.** Wolfram Cloud에서 위 예제들의 미분방정식의 해를 구해보자. (그리스 문자 등의 기호는 Wolfram Cloud의 상단 메뉴의 Insert에서 선택할 수 있다.)

```
Clear[y,θ,x]
deSol1=DSolve[y"[x]+y'[x]-2y[x]==0,y[x],x]
deSol2=DSolve[9y"[x]-12y'[x]+4y[x]==0,y[x],x]
deSol3=DSolve[y"[x]-4 y'[x]+13y[x]==0,y[x],x]
deSol4=DSolve[L θ"[t]+g θ[t]==0,θ[t],t]
deSol41=DSolve[{L θ"[t]+g θ[t]==0,θ[0]==θ0,θ'[0]==0},θ[t],t]
deSol5=DSolve[2x"[t]+8 x[t]==0,x[t],t]
deSol51=DSolve[{2x"[t]+8 x[t]==0, x[0]==4,x'[0]==6},x[t],t]
Solve[D[x[t]/.deSol51,t]==0,t]
deSol6=DSolve[m x"[t]+c x'[t]+k x[t]==0,x[t],t]
```

♦

연습문제 2.5

1. 다음 미분방정식의 해를 구하시오.

(1) $y'' - 2y' - 8y = 0$
(2) $y'' - 4y' + 4y = 0$
(3) $9y'' + y = 0$
(4) $9y'' - 16y = 0$
(5) $y' = 3y''$
(6) $\dfrac{d^2u}{dt^2} - 4\dfrac{du}{dt} + 3u = 0$
(7) $y'' - 2y' + 3y = 0$
(8) $y'' + 2y' = 0$
(9) $2\dfrac{d^2P}{dt^2} + \dfrac{dP}{dt} - P = 0$
(10) $8y'' + 12y' + 5y = 0$

2. 다음 초기 조건 또는 경계 조건 문제의 해를 구하시오.

(1) $2y'' + 5y' + 3y = 0,\ y(0) = 1,\ y'(0) = 2$
(2) $y'' + 4y = 0,\ y(0) = 3,\ y'(0) = 1$
(3) $y'' + 2y' = 0,\ y(0) = 0,\ y'(1) = -2$
(4) $4y'' - 4y' + y = 0,\ y(0) = 1,\ y(1) = 0$

2.6 2계 선형 비제차 미분방정식과 공명현상*

2계 선형 비제차 미분방정식은 일반적으로 다음과 같이 표현할 수 있다.

$$\frac{d^2y}{dx^2} + p(x)\,\frac{dy}{dx} + q(x)\,y = r(x) \tag{2.20}$$

정리 2.8

함수 $p(x)$, $q(x)$, $r(x)$가 $\mathbb{R}$의 어떤 열린 구간 I에서 연속이면 식 (2.20)의 해는

$$y(x) = y_c(x) + y_p(x)$$

으로 나타낼 수 있다. 여기서 $y_c(x)$는 제차 미분방정식

$$\frac{d^2y}{dx^2} + p(x)\,\frac{dy}{dx} + q(x)\,y = 0$$

의 일반해이고, $y_p(x)$는 식 (2.20)의 비제차 미분방정식을 만족하는 하나의 특수해이다.

증명: $y_c(x) = y(x) - y_p(x)$를 미분방정식에 대입하면

$$\frac{d^2y_c}{dx^2} + p(x)\frac{dy_c}{dx} + q(x)y_c = \frac{d^2(y-y_p)}{dx^2} + p(x)\frac{d(y-y_p)}{dx} + q(x)(y-y_p)$$

$$
\begin{aligned}
&= \left(\frac{d^2y}{dx^2} + p(x)\frac{dy}{dx} + q(x)y\right) - \left(\frac{d^2y_p}{dx^2} + p(x)\frac{dy_p}{dx} + q(x)y_p\right) \\
&= r(x) - r(x) = 0
\end{aligned}
$$

이 된다. 이는 $y_p(x)$가 비제차 미분방정식의 특수해이면 $y_c(x)$가 제차 미분방정식의 일반해가 된다는 것을 의미한다. □

특수해 $y_p(x)$는 $r(x)$의 형태로부터 유추하여 가정된 함수 형태를 미분방정식에 대입하여 확정짓게 된다. 여기에서는 임의의 비제차 미분방정식에서 특수해를 유추하는 과정에 대한 소개는 생략하고, 대신 제시된 함수가 미분방정식의 특수해가 된다는 것을 이용해서 일반해를 구하는 과정만 다룬다.

예제 2.16

(1) $y_p(x) = -x\cos x$가 비제차 미분방정식 $y'' + y = 2\sin x$의 한 특수해임을 보이시오.

(2) 비제차 미분방정식의 일반해를 구하시오.

풀이: (1) y_p의 도함수들은 $y_p' = -\cos x + x\sin x$, $y_p'' = 2\sin x + x\cos x$이다. 이를 미분방정식에 대입하면 $y_p'' + y_p = 2\sin x + x\cos x - x\cos x = 2\sin x$를 만족한다.

(2) 제차 미분방정식 $y'' + y = 0$의 보조방정식 $r^2 + 1 = 0$이 $r = \pm i$를 해로 가진다는 것으로부터 제차 미분방정식의 일반해는 $y_c(x) = c_1\cos x + c_2\sin x$임을 알 수 있다. 이를 이용하여 비제차 미분방정식의 일반해는

$$
y(x) = c_1\cos x + c_2\sin x - x\cos x
$$

로 나타낼 수 있다. ♦

실습예제 **2.9**. Wolfram Cloud에서 위 예제의 미분방정식의 해를 구하여 특수해 부분을 비교해보자.

```
DSolve[y''[x]+y[x]==2Sin[x],y[x],x]
Simplify[%]
```

♦

예제 2.17

아래 그림에서 C는 축전기**(capacitor)**를 의미하며, 이와 같이 저항기, 유도기, 축전기로 이루어진 전기회로를 **RLC** 회로라고 한다.

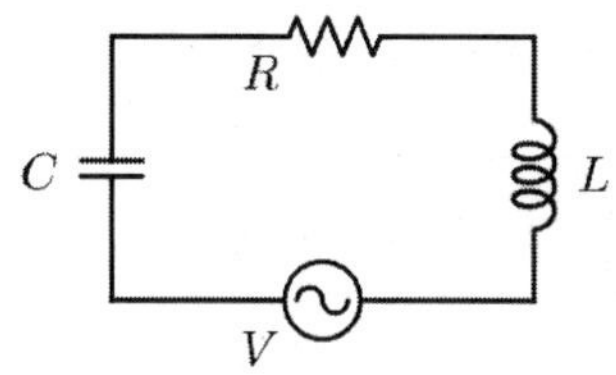

축전용량**(capacitance)**이 C인 축전기에 걸리는 전압은 q/C로 나타내는데, 이때 q는 축전기에 저장되는 전하량을 의미한다. 전하량의 시간적 변화로 전류 $i(t) = dq/dt$가 정의된다는 것과 식 (2.11)의 RL 회로에 대한 미분방정식을 고려하면 RLC 회로의 작동은 다음과 같이 전하량 $q(t)$를 미지변수로 가지는 미분방정식으로 표현할 수 있다.

$$L\frac{d^2q}{dt^2} + R\frac{dq}{dt} + \frac{1}{C}q = V$$

R의 값이 충분히 작아서 $R^2 < L/C$을 만족하는 경우,

(1) 전압이 $V = 0$일 때 제차 미분방정식의 일반해 $q_c(t)$를 구하시오.

(2) 교류 전압 $V(t) = V_m \sin\omega_d t$으로 주어졌을 때, $q_p(t) = B\sin(\omega_d t - \phi)$가 특수해임을 이용하여, 시간 t가 충분히 지난 후 회로에 흐르는 전류 $i(t)$의 최대값 I_m을 구하시오.

풀이: (1) 미분방정식의 보조방정식 $Lr^2 + Rr + \frac{1}{C} = 0$의 해를 $r_1 = -\gamma + i\omega$, $r_2 = -\gamma - i\omega$로 표현하면

$$\gamma = \frac{R}{2L}, \quad \omega = \sqrt{\omega_0^2 - \gamma^2}$$

이다. 이때 $\omega_0 = 1/\sqrt{LC}$이다. 따라서 $V = 0$인 제차 미분방정식의 일반해를 식 (2.18) 형태로

$$q_c(t) = Ae^{-\gamma t}\sin(\omega t + \delta)$$

와 같이 나타낼 수 있다.

(2) $V(t) = V_m \sin\omega_d t$로 주어진 비제차 미분방정식의 일반해는 $q(t) = q_c(t) + q_p(t)$로 얻어지고, 이에 대하여 전류는 $i(t) = dq/dt$이다. 먼저, 특수해 $q_p(t) = B\sin(\omega_d t - \phi)$는 비제차 미분방정식 $Lq_p'' + Rq_p' + \frac{1}{C}q_p = V$를 만족하므로

$$-LB\omega_d^2\sin(\omega_d t - \phi) + RB\omega_d\cos(\omega_d t - \phi) + \frac{1}{C}B\sin(\omega_d t - \phi) = V_m\sin\omega_d t$$

가 성립한다. 이 식의 좌변을 정리하여

$$B\left(-\omega_d^2 L + \frac{1}{C}\right)\sin(\omega_d t - \phi) + RB\omega_d\cos(\omega_d t - \phi) = V_m\sin\omega_d t$$

으로 두고, 다시 좌변에 식 (2.18)에서와 같이 삼각함수의 합성을 이용하면 등식

$$B\sqrt{\left(\omega_d^2 L - \frac{1}{C}\right)^2 + \omega_d^2 R^2}\ \sin(\omega_d t - \phi + \phi_1) = V_m \sin \omega_d t$$

를 얻는다. 따라서 $\phi = \phi_1$ 이어야 하며,

$$B = \frac{V_m}{\sqrt{\left(\omega_d^2 L - \frac{1}{C}\right)^2 + \omega_d^2 R^2}}$$

이어야 한다. 전류는 $I(t) = dq(t)/dt = dq_c(t)/dt + dq_p(t)/dt$ 인데, 앞의 (1)에서 구한 $q_c(t)$에 대하여 시간 t가 흐를 때 $|dq_c(t)/dt| \longrightarrow 0$ 이므로, 시간 t가 충분히 지난 후 회로에 흐르는 전류 $i(t)$의 최대값 I_m은 $dq_p(t)/dt$ 부분에서 얻어진다. 그리고 $dq_p(t)/dt = \omega_d B \cos(\omega_d t - \phi)$ 이므로

$$I_m = \omega_d B = \frac{V_m}{\sqrt{\left(\omega_d L - \frac{1}{\omega_d C}\right)^2 + R^2}} \tag{2.21}$$

이다. ♦

위 식에서 $Z = \dfrac{V_m}{I_m} = \sqrt{\left(\omega_d L - \dfrac{1}{\omega_d C}\right)^2 + R^2}$ 를 온저항**(impedance)**이라고 한다. 어떤 전기회로에 걸어준 전압과 흐르는 전류의 비율을 저항이라고 한다면, 저항기로만 이루어진 전기회로는 고정된 저항값을 가지게 된다. 하지만 유도기와 축전지가 있는 전기회로에서는 외부입력전류의 각진동수 ω_d의 크기에 따라 저항값이 다르게 측정되는 온저항을 가지게 된다.

$R = 0$인 경우 제차 방정식의 일반해에서 $\gamma = 0$이 되어 각진동수는 $\omega = \omega_0 = 1/\sqrt{LC}$ 이 된다. 이를 RLC 회로의 자연 (또는 고유) 각진동수라고 한다. 그리고 외부에서 주어지는 전류전압의 각진동수 ω_d는 강제 각진동수라고 한다. 식 (2.21)에 따르면 L과 C의 값에 따라 결정되는 자연 각진동수 ω_0가 강제 각진동수 ω_d와 비슷할수록 회로에 흐르는 전류의 세기 I가 크며, 이는 아래 그림으로 확인할 수 있다.

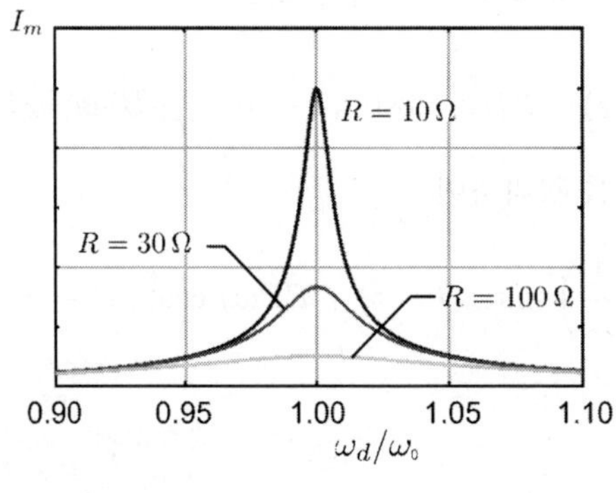

이와 같이 힘이나 전압의 형태로 외부에서 주어지는 자극이 시스템이 가지고 있는 자연 진동수와 비슷할수록 반응성이 커지는 것을 공명(**resonance**) 현상이라고 한다.

2.7 슈뢰딩거 방정식*

위치에너지(**potential energy**)가 $V(\vec{r})$로 주어진 공간에 놓인 전자와 같은 입자의 양자상태는 다음과 같은 슈뢰딩거 방정식(**Schrödinger equation**)의 해로 구해진다.

$$H\psi = i\hbar\frac{\partial}{\partial t}\psi \quad \text{또는} \quad \left[-\frac{\hbar^2}{2m}\nabla^2 + V\right]\psi = i\hbar\frac{\partial}{\partial t}\psi \tag{2.22}$$

여기서 미지함수 $\psi(\vec{r},t)$는 파동함수(**wave function**)라고 부르며, 입자의 양자상태를 나타내는 복소함수이다. 파동함수의 절댓값의 제곱인 $|\psi(\vec{r},t)|^2$는 입사가 시간 t일 때 위치 $\vec{r}$에 존재할 확률, 즉 확률밀도함수를 의미하며, 일반적으로 확률밀도함수의 공간적 적분값 $\int|\psi(\vec{r},t)|^2dx$이 1이 되도록 한다. m은 입자의 질량이며, $\hbar = h/2\pi$에서 h는 플랑크 상수(**Planck constant**)를 의미한다. $H = -\frac{\hbar^2}{2m}\nabla^2 + V$는 해밀토니안 연산자(**Hamiltonian operator**)라고 부르며, ∇^2은 라플라스 연산자(**Laplace operator 또는 Laplacian**)이다. 라플라스 연산자는 1차원 문제에서는 $\nabla^2 = \frac{\partial^2}{\partial x^2}$, 3차원 문제에서는 $\nabla^2 = \frac{\partial^2}{\partial x^2} + \frac{\partial^2}{\partial y^2} + \frac{\partial^2}{\partial z^2}$이 된다.

식 (2.22)은 시간에 대한 의존성을 가지고 있는 슈뢰딩거 방정식이다. 만약 시간에 의존하는 슈뢰딩거 방정식의 해를 $\psi(\vec{r},t) = \Psi(\vec{r})e^{-iEt/\hbar}$로 나타낼 수 있다고 가정하면 다음과 같은 시간에 대한 의존성을 가지고 있지 않은 슈뢰딩거 방정식을 얻을 수 있다.

$$H\Psi = E\Psi \quad \text{또는} \quad \left[-\frac{\hbar^2}{2m}\nabla + V(\vec{r})\right]\Psi(\vec{r}) = E\Psi(\vec{r}) \tag{2.23}$$

이때 $\Psi(\vec{r}) = \psi(\vec{r},0)$이며, E는 양자상태의 입자가 가지는 에너지값을 의미한다. 이러한 슈뢰딩거 방정식을 만족하는 하나의 해를 고유함수(**eigenfunction**) 또는 고유상태(**eigenstate**)라고 표현한다. 일반적으로 슈뢰딩거 방정식은 여러 개의 고유상태를 가지게 된다. 그리고 슈뢰딩거 방정식은 선형 미분방정식이기 때문에 방정식의 일반해는 그 해들의 선형적 합으로 나타내게 된다. 만약 $\{\Psi_n(\vec{r})\}$가 식 (2.23)를 만족하는 고유상태들이라면 일반해는

$$\Psi(\vec{r}) = \sum_n c_n\Psi_n(\vec{r}) \tag{2.24}$$

으로 쓸 수 있다.

만약 H가 도함수를 포함하는 연산자가 아니라 행렬이라고 가정한다면 $H\Psi = E\Psi$의 슈뢰딩거 방정식은 행렬의 고유벡터를 구하는 문제가 되며, E는 그 고유벡터들의 고윳값(**eigenvalue**)에 해당하게 된다. 어떤 행렬에 임의의 벡터를 곱하면 일반적으로 처음 벡터와 평행하지 않은

벡터를 얻게 된다. 그에 비해 행렬의 고유벡터만이 그 행렬과 곱했을 때 방향은 같지만 크기가 달라진 벡터를 얻게 되며, 이때 고유벡터에 행렬를 곱한 결과와 처음 고유벡터의 크기의 비율이 그 고유벡터의 고윳값이 된다. 이와 비슷하게 도함수를 포함하는 어떤 연산자에 임의의 함수를 적용하면 일반적으로 그 함수와 다른 형태의 함수를 얻게 된다. 하지만 연산자의 고유함수들은 연산자를 적용시키면 원래 함수에서 상수값만을 곱한 형태의 함수를 얻게 된다.

행렬의 고유벡터와 연산자의 고유함수가 가지고 있는 또 다른 유사성은 직교성이다. 임의의 행렬의 고유벡터들은 서로 직교성을 가지고 있기 때문에 그들 사이의 내적을 구하면 0이 된다. 한편 행렬의 고유벡터들은 방향만 결정되고 크기는 결정이 되지 않기 때문에 보통 단위 벡터 **(unit vector)**가 되도록 크기를 1로 만드는데, 이를 규격화**(normalization)**한다고 표현한다. 그리고 $N \times N$ 크기의 어떤 행렬의 규격화된 고유벡터들을 열벡터 $\mathbf{u}_1, \cdots, \mathbf{u}_N$로 나타낸다면 그들 사이의 직교성은 다음과 같이 나타낼 수 있다.

$$\mathbf{u}_n^\dagger \cdot \mathbf{u}_m = \begin{bmatrix} u_{n1}^* & \cdots & u_{nM}^* \end{bmatrix} \begin{bmatrix} u_{m1} \\ \vdots \\ u_{mN} \end{bmatrix} = \sum_{l=1}^{N} u_{nl}^* \, u_{ml} = \delta_{nm}$$

여기서 $\mathbf{u}^\dagger = (\mathbf{u}^*)^T$이며, u^*는 u의 켤레복소수를 의미한다. δ는 크로네커 델타**(Kronecker delta)**라고 불리는 텐서이며, $n = m$일 때 $\delta_{nm} = 1$이고 $n \neq m$일 때 $\delta_{nm} = 0$이다.

행렬의 고유벡터들이 서로 직교성을 가지고 있는 것과 유사하게 연산자의 고유함수들도 서로 직교성을 가지고 있다. 그리고 임의의 복소벡터 $\mathbf{u}$의 크기가 $\|\mathbf{u}\| = \left[\mathbf{u}^\dagger \cdot \mathbf{u}\right]^{1/2}$로 주어지는 것과 같이 영역 D에서 정의되는 임의의 복소함수 $f(\vec{r})$의 크기는 $\|f\| = \left[\int_D f^*(\vec{r})\, f(\vec{r})\, d\vec{r}\right]^{1/2}$로 주어진다. 고유벡터 문제에서 행렬의 고유벡터들이 임의의 크기를 가지듯이 연산자의 고유함수들의 크기도 임의의 값을 가진다. 만약 슈뢰딩거 방정식의 고유함수들의 크기가 모두 1이 되도록 선택을 한다면 고유함수들 사이의 규격화된 직교성은 다음과 같이 나타낼 수 있다.

$$\int_D \Psi_n^*(\vec{r})\, \Psi_m(\vec{r})\, d\vec{r} = \delta_{nm}$$

그리고 식 (2.24)로 주어진 파동함수에서 $\sum_n |c_n|^2 = 1$을 만족한다면 입자가 공간 전역에서 발견될 확률, 즉 $|\Psi(\vec{r})|^2 = \int_D \Psi^*(\vec{r})\, \Psi(\vec{r})\, d\vec{r}$은 1의 값을 가진다.

예제 2.18(1차원 무한포텐셜 우물 문제)

1차원 공간 안에 입자가 놓여 있다면 시간 비(□)의존 슈뢰딩거 방정식은 다음과 같이 쓸 수 있다.

$$\left[-\frac{d^2}{dx^2} + \mathcal{V}(x)\right] \Psi(x) = \mathcal{E}\, \Psi(x)$$

여기서 $\mathcal{V}(\vec{r}) = (2m/\hbar^2)V(\vec{r})$와 $\mathcal{E} = (2m/\hbar^2)E$이다.

(1) 만약 $\mathcal{V}(x)$가 $x \in [0, L]$인 구간에서만 0의 값을 가지며, 그 외의 구간에서는 무한대의 값을 가진다고 가정했을 때 크기가 1로 규격화된 방정식의 고유상태들을 구하여라.

(2) 방정식의 해가 되는 서로 다른 고유상태들이 직교성을 가짐을 보여라.

풀이: (1) $x \in [0, L]$인 구간에서는 $\mathcal{V}(x) = 0$이므로 슈뢰딩거 방정식은 $\Psi''(x) + \mathcal{V}\Psi(x) = 0$으로 나타낼 수 있다. 그리고 이 구간에서 방정식의 해는 다음과 같이 쓸 수 있다.

$$\Psi(x) = A\cos(kx) + B\sin(kx)$$

비슷한 일반해를 가지는 예제 2.13의 미분방정식은 시간에 대한 미분식이기 때문에 ω는 물리적으로 각진동수를 의미하며, $2\pi/\omega$는 진동의 주기가 된다. 그에 비해 여기에서는 공간에 대한 미분식이기 때문에 k는 각파동수를 의미하며, $2\pi/k$는 파장의 길이를 의미하게 된다. 한편 $\mathcal{V}(x) = (2m/\hbar^2)V(x)$가 무한대의 값을 가지는 위치에서는 입자의 존재확률 $|\Psi(x)|^2$이 0이 된다. 즉 x가 0보다 작거나 L보다 큰 경우 $\Psi(x) = 0$이 되며, 이는 $\Psi(0) = \Psi(L) = 0$이 되는 경계 조건을 의미한다. 이로부터 $k = n\pi/L$라고 했을 때 방정식을 만족하는 해들은 다음과 같이 표현이 가능하다.

$$\Psi(x) = B\sin\left(\frac{n\pi}{L}x\right) \qquad (= \Psi_n(x))$$

여기서 n은 1,2,... 등의 자연수를 가질 수 있다. 그리고 $\int |\Psi(x)|^2 dx = 1$이라는 조건을 대입하면 $B = \sqrt{2/L}$을 얻을 수 있다. 이 결과는 주어진 경계 조건을 만족하는 방정식의 해가 여러 개 존재한다는 것을 의미하며, 방정식의 일반적인 해는 다음과 같이 그들의 선형적 합으로 표현할 수 있다.

$$\Psi(x) = \sum_{n=1}^{\infty} c_n \Psi_n(x) = \sqrt{\frac{2}{L}} \sum_{n=1}^{\infty} c_n \sin\left(\frac{n\pi}{L}x\right)$$

(2) 삼각함수 곱의 공식을 적용하여 구한 적분 결과는 다음과 같다.

$$\begin{aligned} \int_{-\infty}^{\infty} \Psi_n^*(x)\Psi_m^*(x)dx &= \frac{2}{L}\int_0^L \sin\left(\frac{n\pi}{L}x\right)\sin\left(\frac{m\pi}{L}x\right)dx \\ &= \frac{1}{L}\int_0^L \left[\cos\left(\frac{n-m}{L}\pi x\right) - \cos\left(\frac{n+m}{L}\pi x\right)\right]dx \end{aligned}$$

$n = m$인 경우

$$\frac{1}{L}\int_0^L \cos\left(\frac{n-m}{L}\pi x\right)dx = \frac{1}{L}\int_0^L dx = 1$$

이 된다. $n \neq m$인 경우

$$\frac{1}{L}\int_0^L \cos\left(\frac{n-m}{L}\pi x\right)dx = \frac{1}{(n-m)\pi}\left[\sin\left(\frac{n-m}{L}\pi x\right)\right]_0^L = 0$$

이 된다. n, m은 자연수이므로 $n+m$은 0이 될 수 없기 때문에

$$\frac{1}{L}\int_0^L \cos\left(\frac{n+m}{L}\pi x\right)dx = \frac{1}{(n+m)\pi}\left[\sin\left(\frac{n+m}{L}\pi x\right)\right]_0^L = 0$$

이 된다. 이를 종합하면 $\int_{-\infty}^{\infty} \Psi_n^*(x)\Psi_m(x)dx$은 $n=m$일 때 1, $n \neq m$일 때 0의 값을 가지는 것을 확인할 수 있다. 이러한 직교성은 다음의 식으로 간략하게 나타낼 수 있다.

$$\int_{-\infty}^{\infty} \Psi_n^*(x)\Psi_m(x)dx = \delta_{nm}$$ ♦

아래 그림은 1차원 무한포텐션 우물 문제의 슈뢰딩거 방정식을 만족하는 고유상태들을 나타낸 것이다.

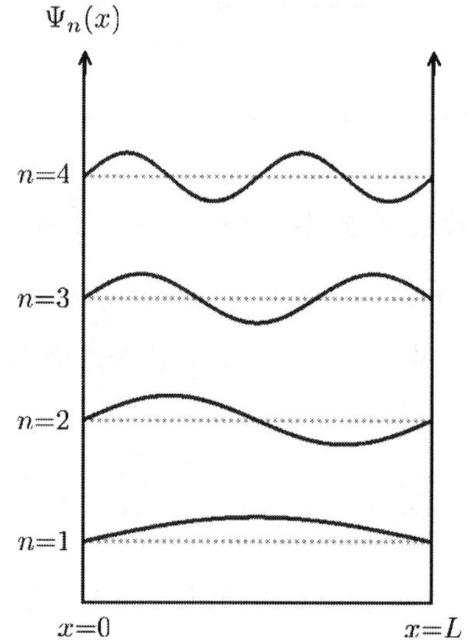

입자가 존재하는 공간이 2차원 이상이라면 식 (2.22)은 편미분 방정식이 되며, 일반적으로 그 풀이가 어려워진다. 하지만 $V(\vec{r})$의 형태에 따라 방정식을 각 변수별 도함수로 분리가 가능해질 수 있으며, 그 경우 각 분리된 변수별로 상미분 방정식을 풀어 해답을 얻게 된다.

예제 2.19(2차원 무한포텐셜 우물 문제)

2차원 공간에 놓여 있는 입자에 대한 시간 비(□)의존 슈뢰딩거 방정식은 다음과 같이 쓸 수 있다.

$$\left[-\frac{\partial^2}{\partial x^2}-\frac{\partial^2}{\partial y^2}+\mathcal{V}(x,y)\right]\Psi(x,y)=\mathcal{E}\,\Psi(x,y)$$

이때 $\mathcal{V}(x,y)$가 $(x,y)\in[0,L]\times[0,L]$에서 0의 값을 가지며, 그 외의 범위에서는 무한대의 값을 가진다고 했을 때 이 방정식의 해를 구하여라.

풀이: 일변수 함수 $\hat{\mathcal{V}}(x)$가 $x\in[0,L]$인 경우에는 0을 값을, 그 외의 범위에서는 무한대의 값을 가진다고 가정하면 $\mathcal{V}(x,y)=\hat{\mathcal{V}}(x)+\hat{\mathcal{V}}(y)$로 나타낼 수 있다. 만약 파동함수를 $\Psi(x,y)=X(x)Y(y)$로 나타낼 수 있다고 하면 슈뢰딩거 방정식을

$$\left[-\frac{\partial^2}{\partial x^2}-\frac{\partial^2}{\partial y^2}+\hat{\mathcal{V}}(x)+\hat{\mathcal{V}}(y)\right]X(x)Y(y)=\mathcal{E}X(x)Y(y)$$

또는

$$\Big[-X''+\hat{\mathcal{V}}X\Big]Y+\Big[-Y''+\hat{\mathcal{V}}Y\Big]X=\mathcal{E}XY$$

와 같이 다시 쓸 수 있다. $-X''+\hat{\mathcal{V}}X=\mathcal{E}_xX$, $-Y''+\hat{\mathcal{V}}`Y=\mathcal{E}_yY$이고 $\mathcal{E}_x+\mathcal{E}_y=\mathcal{E}$라고 한다면 예제 2.18의 결과를 이용하여 $X(x)$와 $Y(y)$의 해들은 다음과 같이 쓸 수 있다.

$$X_n(x)=\sqrt{\frac{2}{L}}\sin\left(\frac{n\pi}{L}x\right),\quad Y_m(y)=\sqrt{\frac{2}{L}}\sin\left(\frac{m\pi}{L}y\right)$$

그리고 슈뢰딩거 방정식의 고유상태들을

$$\Psi_{nm}(x,y)=X_n(x)Y_m(y)=\frac{2}{L}\sin\left(\frac{n\pi}{L}x\right)\sin\left(\frac{m\pi}{L}y\right)$$

으로 나타낸다면 일반해는 다음과 같이 나타낼 수 있다.

$$\Psi(x,y)=\sum_{n=1}^{\infty}\sum_{m=1}^{\infty}c_{nm}\Psi_{nm}(x,y)$$ ◆

예제 2.20(수소 원자 문제)

전자가 양성자로부터 거리 r만큼 떨어져 있을 때 가지는 전기적 위치에너지는 $V=-\frac{1}{4\pi\varepsilon_0}\frac{e^2}{r}$이 되며, 이때 e는 기본전하량이며, ε_0은 유전율 상수이다. 그리고 수소 원자에

서 전자의 양자상태를 나타내는 슈뢰딩거 방정식은 다음과 같이 표현이 된다.

$$\left[\nabla^2 + \frac{\alpha}{r} + \mathcal{E}\right]\Psi = 0$$

여기서 $\alpha = me^2/2\pi\varepsilon_0\hbar^2$ 이고, $\mathcal{E} = (2m/\hbar^2)E$ 이다. 이 방정식의 일반해를 구하시오.

풀이: 수소원자 슈뢰딩거 방정식을 푸는 방법은 (x, y, z)의 직교좌표계 대신 (r, θ, ϕ)의 구면좌표계 **(spherical coordiante)**를 사용하는 것이다. 구면좌표계에서 직교좌표계로의 변환은 $x = r\sin\phi\cos\theta$, $y = r\sin\phi\sin\theta$, $z = r\cos\phi$로 이루어진다. 그리고 구면좌표계에서 라플라스 연산자는 다음과 같이 주어진다.

$$\nabla^2\Psi = \frac{1}{r}\frac{\partial^2}{\partial r^2}(r^2\Psi) + \frac{1}{r^2\sin^2\phi}\frac{\partial^2\Psi}{\partial\theta^2} + \frac{1}{r^2\sin\phi}\frac{\partial}{\partial\phi}\left(\sin\phi\frac{\partial\Psi}{\partial\phi}\right)$$

만약 파동함수를 $\Psi(r, \theta, \phi) = R(r)\,\Theta(\theta)\,\Phi(\phi)$의 형태로 쓸 수 있다고 가정한다면 수소원자 슈뢰딩거 방정식은 다음과 같이 세 개의 연립된 상미분방정식들로 나눌 수 있다.

$$\frac{1}{r^2}\frac{d}{dr}\left(r^2\frac{dR}{dr}\right) + \left[\alpha + \mathcal{E} - \frac{\ell(\ell+1)}{r^2}\right]R = 0 \tag{2.25}$$

$$\frac{d^2\Theta}{d\theta^2} + m\Theta = 0 \tag{2.26}$$

$$\frac{1}{\sin\phi}\frac{d}{d\phi}\left(\sin\phi\frac{d\Phi}{d\phi}\right) + \left[\ell(\ell+1) - \frac{m^2}{\sin^2\phi}\right]\Phi = 0 \tag{2.27}$$

여기서 식 (2.25)는 라게르 연관 방정식 **(associated Laguerre equation)**의 형태를 가지고 있으며, 그 해들은 라게르 연관 다항식 **(associated Laguerre polynomial)**을 이용하여 $R_{n\ell}(r)$로 나타낼 수 있다. 다항식 $R_{n\ell}(r)$들 중 일부는 다음과 같다.

$$\begin{aligned} R_{10}(r) &= \frac{2}{(a_0)^{3/2}}\,e^{-r/a_0} \\ R_{20}(r) &= \frac{2}{(2a_0)^{3/2}}\,e^{-r/2a_0} \\ R_{21}(r) &= \frac{1}{\sqrt{3}(2a_0)^{3/2}}\,\frac{r}{a_0}\,e^{-r/2a_0} \end{aligned} \tag{2.28}$$

여기서 $a_0 = 137\hbar/mc$는 보어(Bohr) 반지름이라 불린다. 식 (2.27)는 르장드르 연관 방정식 **(associated Legendre equation)**의 형태를 가지고 있으며, 그 해들은 르장드르 연관 다항식 **(associated Legendre polynomial)** $P_\ell^m(\phi)$로 나타낼 수 있다. 다항식 $P_\ell^m(\phi)$들 중 일부는 다음과 같다.

$$\begin{aligned} P_0^0(\phi) &= 1 \\ P_1^1(\phi) &= -\sqrt{1-\phi^2} \end{aligned} \tag{2.29}$$

$$
\begin{aligned}
P_1^0(\phi) &= \phi \\
P_1^{-1}(\phi) &= \frac{1}{2}\sqrt{1-\phi^2}
\end{aligned}
$$

식 (2.26)의 해는 $\Theta(\theta) \propto e^{im\theta}$이 되며, $\Theta(\theta)\Phi(\phi)$에 대한 해는

$$
Y_{\ell m}(\theta,\phi) = (-1)^m \sqrt{\frac{2\ell+1}{4\pi}\frac{(n-m)!}{(n+m)!}}\,P_\ell^m(\phi)\,e^{im\theta} \tag{2.30}
$$

으로 정의되는 구면조화함수(**spherical harmonics**)로 표현이 된다. 이로부터 슈뢰딩거 방정식의 고유상태들은

$$
\Psi_{n\ell m}(r,\theta,\phi) = R_{n\ell}(r)\,Y_{\ell m}(\theta,\phi)
$$

로 쓸 수 있으며, 슈뢰딩거 방정식의 일반적인 해는

$$
\Psi(r,\theta,\phi) = \sum_{n,\ell,m} c_{n\ell m}\,\Psi_{n\ell m}(r,\theta,\phi)
$$

으로 표현이 된다. 라게르 연관 다항식과 구면조화함수는 다음과 같은 직교성과 규격화를 만족한다.

$$
\int_0^\infty r^2 R_{n\ell}^*(r) R_{n'\ell'}\,dr = \delta_{nn'}\,\delta_{\ell\ell'}
$$

$$
\int_{\phi=0}^{\pi}\int_{\theta=0}^{2\pi} Y_{\ell m}^*(\theta,\phi)\,Y_{\ell' m'}(\theta,\phi)\sin\phi\,d\theta\,d\phi = \delta_{\ell\ell'}\,\delta_{mm'}
$$

그리고 이들 함수로 이루어진 수소원자의 고유상태들도 다음과 같은 직교성과 규격화를 만족한다.

$$
\int_{\phi=0}^{\pi}\int_{\theta=0}^{2\pi}\int_{r=0}^{\infty} \Psi_{n\ell m}^*(r,\theta,\phi)\,\Psi_{n'\ell' m'}(r,\theta,\phi)\,r^2\sin\phi\,dr\,d\theta\,d\phi = \delta_{nn'}\,\delta_{\ell\ell'}\,\delta_{mm'}
$$

여기서 $\Psi_{n\ell m}(r,\theta,\phi)$은 전자가 가질 수 있는 하나의 고유상태가 되며, n은 주양자수, ℓ은 부양자수(또는 각운동량 양자수), m은 자기양자수라고 부른다. 라게르 연관 방정식과 르장드르 연관 방정식의 성질 때문에 주양자수 n은 $1, 2, \cdots$ 의 자연수 값만을 가질 수 있으며, 부양장수 ℓ은 $0, \cdots, n-1$의 정수값만을, 자기양자수 m은 $-\ell, -\ell+1, \cdots, \ell-1, \ell$의 정수값만을 가질 수 있다. $(n,\ell,m) = (1,0,0)$와 $(n,\ell,m) = (2,0,0)$은 각각 $1s$ 오비탈과 $2s$ 오비탈에 해당하며, $(n,\ell) = (2,1)$일 때 가질 수 있는 세 개의 고유상태는 $2p_x$, $2p_y$, $2p_z$ 오비탈에 해당하게 된다. 한편 전자들은 자전을 하는(또는 자전을 하는 것과 동일한 물리적 속성을 만들어 내는) 스핀이라는 내제적 성질 때문에 $\pm\frac{1}{2}$의 값만을 가질 수 있는 스핀양자수 m_s라는 또 다른 고유상태 번호를 가지게 된다. 스핀양자수에 따른 양자상태는 미분방정식의 해로 유도되지는 않으며, 일반적으로 행렬 표현법으로 다룬다. 이와 같이 수소 원자에서 전자의 고유상태는 네 개의

양자수 (n, ℓ, m, m_s)에 의해 표현이 되며, 이들이 가질 수 있는 값들의 범위가 주기율표에서 각 주기의 원자 개수를 결정하게 된다. ♦

2.8 연립선형미분방정식

2.8.1 두 개의 미지변수에 대한 1계 선형 연립미분방정식의 일반적인 해법

두 개의 미지변수 $x(t)$, $y(t)$에 대한 상수계수 1계 선형 제차 연립미분방정식

$$\begin{array}{l} x' = ax + by \\ y' = cx + dy \end{array}, \qquad \text{또는} \quad \begin{bmatrix} x \\ y \end{bmatrix}' = A \begin{bmatrix} x \\ y \end{bmatrix}, \qquad \text{여기에서} \quad A = \begin{bmatrix} a & b \\ c & d \end{bmatrix} \tag{2.31}$$

의 일반적인 해법을 살펴보자. 먼저, 첫번째 식의 양변을 t에 대하여 한 번 더 미분해서 다음과 같이 정리한다.

$$x'' = ax' + by' = ax' + b(cx + dy) = ax' + bcx + d(by) = ax' + bcx + d(x' - ax) = (a + d)x' - (ad - bc)x$$

즉,

$$x'' - (a + d)x' + (ad - bc)x = 0$$

이 상수계수 2계 선형미분방정식에 대하여 $D = (a + d)^2 - 4(ad - bc)$의 부호에 따라 $x(t)$를 구한 후, 연립미분방정식 (2.32)의 첫번째 식에 대입하여 $y(t)$를 구하면 된다.

비제차 연립미분방정식

$$\begin{array}{l} x' = ax + by + m \\ y' = cx + dy + n \end{array}, \qquad \text{또는} \quad \begin{bmatrix} x \\ y \end{bmatrix}' = A \begin{bmatrix} x \\ y \end{bmatrix} + \begin{bmatrix} m \\ n \end{bmatrix} \tag{2.32}$$

의 일반해는

$$\begin{array}{rcl} x(t) & = & x_h(t) + p \\ y(t) & = & y_h(t) + q \end{array}$$

꼴로 구할 수 있다. 여기에서 $x_h(t)$, $y_h(t)$는 제차 연립방정식의 해를 나타내며, 상수 p, q는

$$x' = x_h' = a(x_h + p) + b(y_h + q) + m = ax_h + by_h + ap + bq + m = x_h' + ap + bq + m$$
$$y' = y_h' = c(x_h + p) + d(y_h + q) + n = cx_h + dy_h + cp + dq + n = y_h' + cp + dq + n$$

으로부터

$$\begin{array}{l} ap + bq = -m \\ cp + dq = -n \end{array} \qquad \text{즉,} \quad \begin{bmatrix} p \\ q \end{bmatrix} = -A^{-1} \begin{bmatrix} m \\ n \end{bmatrix}$$

으로 구하면 된다. 특히 이 상수벡터는 주어진 비제차 연립미분방정식의 하나의 특수해임을 다음과 같이 확인할 수 있다.

$$\begin{bmatrix} p \\ q \end{bmatrix}' = \begin{bmatrix} 0 \\ 0 \end{bmatrix} = A \begin{bmatrix} p \\ q \end{bmatrix} + \begin{bmatrix} m \\ n \end{bmatrix}$$

예제 2.21

다음 연립미분방정식을 풀어라.

$$\begin{aligned} \frac{dx}{dt} &= 3x - 4y \\ \frac{dy}{dt} &= x - 2y \end{aligned}$$

풀이: $x(t)$에 대한 2계 선형미분방정식이 $x'' - (a+d)x + (ad-bc)x = x'' - x' - 2x = 0$ 이고, 그 특성방정식은 $r^2 - r - 2 = (r+1)(r-2) = 0$이므로

$$x(t) = c_1 e^{-t} + c_2 e^{2t}$$

이다. 이를 연립미분방정식 (2.32)의 첫번째 식에 대입하면

$$-c_1 e^{-t} + 2c_2 e^{2t} = 3\left(c_1 e^{-t} + c_2 e^{2t}\right) - 4y$$

로부터

$$y(t) = c_1 e^{-t} + \frac{c_2}{4} e^{2t}$$

이다. ♦

예제 2.22

다음 비제차 연립미분방정식을 풀어라.

$$\begin{aligned} \frac{dx}{dt} &= 3x - 4y + 2 \\ \frac{dy}{dt} &= x - 2y - 1 \end{aligned}$$

풀이: 앞의 예제 2.23에서 구한 제차 연립미분방정식의 해는

$$x_h(t) = c_1 e^{-t} + c_2 e^{2t}, \qquad y_h(t) = c_1 e^{-t} + \frac{c_2}{4} e^{2t}$$

이고, 비제차 연립미분방정식의 특수해를 다음과 같이 구한다.

$$\begin{bmatrix} p \\ q \end{bmatrix} = -A^{-1} \begin{bmatrix} m \\ n \end{bmatrix} = \frac{1}{2} \begin{bmatrix} -2 & 4 \\ -1 & 3 \end{bmatrix} \begin{bmatrix} 2 \\ -1 \end{bmatrix} = -\begin{bmatrix} 4 \\ \frac{5}{2} \end{bmatrix}$$

따라서 비제차 연립미분방정식의 일반해는

$$x(t) = x_h(t) + p = c_1 e^{-t} + c_2 e^{2t} - 4, \qquad y(t) = y_h(t) + q = c_1 e^{-t} + \frac{c_2}{4} e^{2t} - \frac{5}{2}$$

이다. ♦

2.8.2 스프링 시스템에 대한 2계 연립선형미분방정식

n개의 물체가 스프링으로 연결되어 있는 스프링 시스템에 작용하는 뉴턴의 제2법칙과 후크의 법칙, 그리고 힘의 균형 원리로부터 각 스프링의 위치함수 $x_i(t)$ $(i = 1, 2, \cdots, n)$에 대하여 다음과 같은 2계 연립선형미분방정식이 얻어진다.

$$\frac{d^2}{dt^2}\begin{bmatrix} x_1 \\ x_2 \\ \vdots \\ x_n \end{bmatrix} = A \begin{bmatrix} x_1 \\ x_2 \\ \vdots \\ x_n \end{bmatrix}$$

여기에서 $A = A_{n \times n}$은 상수로 이루어진 대칭행렬이고, 따라서 항상 n개의 서로 독립인 고유벡터를 가진다.

이제 2개의 스프링으로 구성된 시스템에 대한 2계 연립선형미분방정식의 풀이법에 대하여 알아보자.

$$\frac{d^2}{dt^2}\begin{bmatrix} x \\ y \end{bmatrix} = A \begin{bmatrix} x \\ y \end{bmatrix} = \begin{bmatrix} a & b \\ b & d \end{bmatrix}\begin{bmatrix} x \\ y \end{bmatrix}$$

대칭행렬 A의 각 고유벡터 $\mathbf{u}$에 대하여 연립미분방정식의 고유해는

$$\mathbf{X} = \mathbf{u}e^{rt}$$

형태로 얻을 수 있으며, 위의 연립선형미분방정식에 대입하면

$$r^2\mathbf{u}e^{rt} = A\mathbf{u}e^{rt}, \qquad \text{즉} \quad A\mathbf{X} = r^2\mathbf{X}$$

를 만족하므로, r^2이 행렬 A의 고유값이 됨을 알 수 있다. 이렇게 구한 r의 값을 대입한 고유해들 $\mathbf{X} = \mathbf{u}e^{rt}$의 일차결합으로 주어진 연립선형미분방정식의 일반해를 구한다.

예제 2.23

2개의 스프링으로 구성된 어떤 시스템이 다음 연립미분방정식을 만족한다고 하자.

$$\begin{aligned} x'' &= -3x + y \\ y'' &= x - 3y \end{aligned}$$

(1) 위 연립미분방정식의 일반해를 구하여라.

(2) 초기조건 $(x(0), y(0)) = (1, 0)$, $(x'(0), y'(0)) = (0, 0)$을 만족하는 특수해를 구하여라.

풀이: (1) 행렬 A의 고유값 λ를 구하면

$$\det(\lambda I - A) = (\lambda + 3)^2 - 1 = 0$$

으로부터 $\lambda = -2,\ -4$이다. 먼저 고유값 $\lambda = -2$에 고유벡터를 구하면 $\begin{bmatrix} -3 & 1 \\ 1 & -3 \end{bmatrix}\begin{bmatrix} u_1 \\ u_2 \end{bmatrix} = -2\begin{bmatrix} u_1 \\ u_2 \end{bmatrix}$ 으로부터 $u_2 = u_1$이므로 $\begin{bmatrix} u_1 \\ u_2 \end{bmatrix} = u_1\begin{bmatrix} 1 \\ 1 \end{bmatrix}$이다. 그리고 고유값 $\lambda = -4$에 고유벡터를 구하면 $\begin{bmatrix} -3 & 1 \\ 1 & -3 \end{bmatrix}\begin{bmatrix} u_1 \\ u_2 \end{bmatrix} = -4\begin{bmatrix} u_1 \\ u_2 \end{bmatrix}$ 으로부터 $u_2 = -u_1$이므로 $\begin{bmatrix} u_1 \\ u_2 \end{bmatrix} = u_1\begin{bmatrix} 1 \\ -1 \end{bmatrix}$이다. 이제 r^2이 고유값임을 이용하여 $r = \pm\sqrt{2}\,i,\ \pm 2i$에 대한 4개의 고유해를 구하고, 그 일차결합으로 다음과 같은 일반해 $x(t),\ y(t)$를 얻는다.

$$\begin{bmatrix} x(t) \\ y(t) \end{bmatrix} = \left(c_1e^{-i\sqrt{2}\,t} + c_2e^{i\sqrt{2}\,t}\right)\begin{bmatrix} 1 \\ 1 \end{bmatrix} + \left(c_3e^{-2it} + c_4e^{2it}\right)\begin{bmatrix} 1 \\ -1 \end{bmatrix}$$

(2) 초기조건 $(x(0), y(0)) = (1, 0)$ 으로부터

$$\begin{bmatrix} 1 \\ 0 \end{bmatrix} = (c_1 + c_2)\begin{bmatrix} 1 \\ 1 \end{bmatrix} + (c_3 + c_4)\begin{bmatrix} 1 \\ -1 \end{bmatrix}$$

이므로 $c_1 + c_2 = c_3 + c_4 = \frac{1}{2}$이고, 또 초기조건 $(x'(0), y'(0)) = (0, 0)$으로부터

$$\begin{bmatrix} x'(t) \\ y'(t) \end{bmatrix} = \left(-i\sqrt{2}\,c_1e^{-i\sqrt{2}\,t} + i\sqrt{2}\,c_2e^{i\sqrt{2}\,t}\right)\begin{bmatrix} 1 \\ 1 \end{bmatrix} + \left(-2ic_3e^{-2it} + 2ic_4e^{2it}\right)\begin{bmatrix} 1 \\ -1 \end{bmatrix}$$

$$\begin{bmatrix} 0 \\ 0 \end{bmatrix} = i\sqrt{2}\,(-c_1 + c_2)\begin{bmatrix} 1 \\ 1 \end{bmatrix} + 2i\,(-c_3 + c_4)\begin{bmatrix} 1 \\ -1 \end{bmatrix}$$

이므로 $-c_1 + c_2 = -c_3 + c_4 = 0$이다. 따라서 $c_1 = c_2 = c_3 = c_4 = \frac{1}{4}$이므로 주어진 초기조건을 만족하는 특수해는

$$\begin{bmatrix} x(t) \\ y(t) \end{bmatrix} = \frac{1}{4}\left(e^{-i\sqrt{2}\,t} + e^{i\sqrt{2}\,t}\right)\begin{bmatrix} 1 \\ 1 \end{bmatrix} + \frac{1}{4}\left(e^{-2it} + e^{2it}\right)\begin{bmatrix} 1 \\ -1 \end{bmatrix}$$

즉,

$$\begin{bmatrix} x(t) \\ y(t) \end{bmatrix} = \frac{1}{2}\cos(\sqrt{2}\,t)\begin{bmatrix} 1 \\ 1 \end{bmatrix} + \frac{1}{2}\cos(2t)\begin{bmatrix} 1 \\ -1 \end{bmatrix} = \frac{1}{2}\begin{bmatrix} \cos(\sqrt{2}\,t) + \cos(2t) \\ \cos(\sqrt{2}\,t) - \cos(2t) \end{bmatrix}$$

이다. ♦

실습예제 **2.10**. Wolfram Cloud에서 위 예제들의 미분방정식의 해를 구해보자.

```
Clear[x,y,t]
deSol1=DSolve[{x'[t]==3x[t]-4y[t],y'[t]==x[t]-2y[t]},{x[t],y[t]},t]
deSol11=DSolve[{x'[t]==3x[t]-4y[t]+2,y'[t]==x[t]-2y[t]-1},{x[t],y[t]},t]
Simplify[%]
```

```
A={{3,-1},{-1,3}};
Eigenvectors[A]
deSol2=DSolve[{x''[t],y''[t]}+A.{x[t],y[t]}=={0,0},{x[t],y[t]},t]
Simplify[%]
deSol21=DSolve[{{x''[t],y''[t]}+A.{x[t],y[t]}=={0,0},{x[0],y[0]}=={1,0},
                    {x'[0],y'[0]}=={0,0}},{x[t],y[t]},t]
```
♦

연습문제 2.8

1. 다음 연립선형미분방정식의 일반해를 구하고, 주어진 초기조건을 만족하는 특수해를 구하여라.

(1) $\begin{cases} \dfrac{dx}{dt} = x + 2y \\ \dfrac{dy}{dt} = 3x + 2y \\ x(0) = 1, \ \ y(0) = 1 \end{cases}$

(2) $\begin{cases} \dfrac{dx}{dt} = 4x + y + 2 \\ \dfrac{dy}{dt} = 6x + 3y \\ x(0) = 1, \ \ y(0) = 1 \end{cases}$

(3) $\begin{cases} \dfrac{dx}{dt} = y \\ \dfrac{dy}{dt} = -4x \\ x(0) = 1, \ \ y(0) = -1 \end{cases}$

(4) $\begin{cases} \dfrac{dx}{dt} = -x + y + 1 \\ \dfrac{dy}{dt} = -x - 3y + 5 \\ x(0) = 1, \ \ y(0) = -1 \end{cases}$

(5) $\begin{cases} \dfrac{d^2x}{dt^2} = 5x - 2y \\ \dfrac{d^2y}{dt^2} = -2x + 5y \\ x(0) = 0, \ \ y(0) = 1 \\ x'(0) = 0, \ \ y'(0) = 0 \end{cases}$

(6) $\begin{cases} \dfrac{d^2x}{dt^2} = -5x + 2y \\ \dfrac{d^2y}{dt^2} = 2x - 5y \\ x(0) = 0, \ \ y(0) = 0 \\ x'(0) = 1, \ \ y'(0) = 0 \end{cases}$

(7) $\begin{cases} \dfrac{d^2x}{dt^2} = y \\ \dfrac{d^2y}{dt^2} = x \\ x(0) = 1, \ \ y(0) = 0 \\ x'(0) = 0, \ \ y'(0) = 1 \end{cases}$

(8) $\begin{cases} \dfrac{d^2x}{dt^2} = 5x - 2y \\ \dfrac{d^2y}{dt^2} = -2x + 8y \\ x(0) = 0, \ \ y(0) = 1 \\ x'(0) = 1, \ \ y'(0) = 0 \end{cases}$

2.9 수치해석과 그래프를 이용한 미분방정식의 해석*

정확한 해를 구하기 어려운 미분방정식의 경우 수치해석이나 그래프를 통해 특수해를 구하거나 미분방정식의 특성을 해석할 수 있다.

2.9.1 수치 해석

다음과 같은 초기 조건을 가지고 있는 1계 미분방정식을 생각해 보자.

$$\frac{dy}{dx} = F(x, y), \quad y(x_0) = y_0$$

이 미분방정식의 미지함수 $y(x)$의 값을 수치순차법 **(numerical step by step method)**을 이용해 구할 수 있다. 수치순차법에는 여러 방법이 있으며, 그들은 대부분 다음과 같은 $y(x+h)$의 테일러 전개에 기반하고 있다.

$$y(x+h) = y(x) + hy'(x) + \frac{h^2}{2}y''(x) + \cdots$$

여기서 h의 값이 충분히 작다면 다음과 같은 근사식을 쓸 수 있다.

$$y(x+h) \approx y(x) + hF(x, y)$$

이 근사식으로부터 $x_1 = x_0 + h$일 때 y값, 즉 $y_1 = (x_1)$을 다음과 같이 얻을 수 있다.

$$y_1 = y_0 + hF(x_0, y_0)$$

이렇게 구한 값으로부터 $x_2 = x_0 + 2h$일 때의 y값, 즉 $y_2 = y(x_2)$를 다음과 같이 얻을 수 있다.

$$y_2 = y_1 + hF(x_1, y_1)$$

일반적으로 $x_n = x_0 + nh$에 대해 $y_n = y(x_n)$의 값을 다음과 같은 순차적인 방법으로 얻을 수 있다.

$$y_{n+1} = y_n + hF(x_n, y_n) \qquad (n = 0, 1, \cdots)$$

이와 같은 방법을 오일러 **(Euler)** 또는 오일러-코시 **(Euler-Cauchy)** 방법이라고 한다.

수치순차법 중 많이 쓰이는 또 다른 것은 룽게-쿠타 **(Runge-Kutta)** 방법이다. 룽케-쿠타의 여러 방법들 중 h의 4차항까지 적용하는 것을 가장 많이 사용되며, 이를 보통 **RK4** 순차법이라고 부른다. RK4 순차법으로 y_n의 다음 값을 구하는 과정은

$$y_{n+1} = y_n + \frac{1}{6}(A_n + 2B_n + 2C_n + D_n)$$

으로 나타낸다. 이때 A_n, B_n, C_n, D_n은 다음과 같이 주어진다.

$$\begin{aligned}
A_n &= hF(x_n, y_n) \\
B_n &= hF(x_n + \frac{1}{2}h, y_n + \frac{1}{2}A_n) \\
C_n &= hF(x_n + \frac{1}{2}h, y_n + \frac{1}{2}B_n) \\
D_n &= hF(x_n + h, y_n + C_n)
\end{aligned}$$

다변수에 대한 연립 미분방정식의 수치순차법은 일변수 미분방정식의 수치순차법을 응용하여 구현할 수 있다. 예를 들어 $u(x)$, $v(x)$, $w(x)$ 세 개의 변수에 대한 미분방정식이 다음과 같이

주어졌다고 하자.

$$\frac{du}{dx} = U(x, u, v, w)$$
$$\frac{dv}{dx} = V(x, u, v, w)$$
$$\frac{dw}{dx} = W(x, u, v, w)$$

벡터 표현법을 사용하여 $\mathbf{y}(x) = [u(x), v(x), w(x)]^T$, $\mathbf{F}(x, \mathbf{y}) = [U(x, \mathbf{y}), V(x, \mathbf{y}), W(x, \mathbf{y})]^T$ 로 두면 이들 연립된 미분방정식은

$$\frac{d\mathbf{y}}{dx} = \mathbf{F}(x, \mathbf{y}) \tag{2.33}$$

의 형태로 나타낼 수 있다. 그리고 $\mathbf{y}_0 = \mathbf{y}(x_0)$의 초기 조건으로부터 $\mathbf{y}(x)$를 RK4 방법으로 순차적으로 구하는 과정은 다음과 같이 나타낼 수 있다.

$$\mathbf{y}_{n+1} = \mathbf{y}_n + \frac{1}{6}(\mathbf{A}_n + 2\mathbf{B}_n + 2\mathbf{C}_n + \mathbf{D}_n)$$

이때 벡터 $\mathbf{A}_n$, $\mathbf{B}_n$, $\mathbf{C}_n$, $\mathbf{D}_n$은 다음과 같이 주어진다.

$$\mathbf{A}_n = h\mathbf{F}(x_n, \mathbf{y}_n)$$
$$\mathbf{B}_n = h\mathbf{F}(x_n + \frac{1}{2}h, \mathbf{y}_n + \frac{1}{2}\mathbf{A}_n)$$
$$\mathbf{C}_n = h\mathbf{F}(x_n + \frac{1}{2}h, \mathbf{y}_n + \frac{1}{2}\mathbf{B}_n)$$
$$\mathbf{D}_n = h\mathbf{F}(x_n + h, \mathbf{y}_n + \mathbf{C}_n)$$

예제 2.24

호지킨-헉슬리 **(Hodgkin-Huxley)** 신경모델은 거대 오징어의 축색 돌기에서 관찰된 활동 전위를 바탕으로 1952년에 제안된 세포막 이온 메커니즘 모델이며, 1963년 노벨 생리학·의학상을 수여하게 하였다. 호지킨-헉슬리 신경모델에서는 생물학적 신경세포의 발화과정을 다음과 같이 네 개의 변수 V, m, n, h에 대한 연립 미분방정식으로 표현한다.

$$C\frac{dV}{dt} = I^{\text{ion}} + I^{\text{syn}} + I^{\text{ext}}$$
$$\frac{dm}{dt} = \frac{m_\infty(V)}{\tau_m(V)} - m$$
$$\frac{dn}{dt} = \frac{n_\infty(V)}{\tau_n(V)} - n$$
$$\frac{dh}{dt} = \frac{h_\infty(V)}{\tau_h(V)} - h$$

여기서 $V(t)$는 세포막 전압을, $m(t)$, $n(t)$, $h(t)$는 각각 나트륨(Na) 채널의 활성도, 칼륨(K) 채널의 활성도, 나트륨 채널의 비활성도를 나타낸다. I^{ion}은 세포막 전압이나 이온 채널들의 상태에 따라 세포 밖으로 유출되는 이온 전류를 나타내며,

$$I^{\text{ion}} = -g_{N_a} m^3 h(V - V_{N_a}) - g_K n^4 (V - V_K) - g_l (V - V_l)$$

으로 주어진다. 이때 각 매개변수 값들은 V_{N_a} =50 mV, $V_K = -77$ mV, $V_l = -54.5$ mV, $g_{N_a} = 120$ mS/cm², $g_K = 36$ mS/cm², $g_l = 0.3$ mS/cm², $C = 1\,\mu$F/cm²이다. I^{syn}은 발화한 다른 신경세포로부터 시냅스 연결을 통해 전달받는 시냅스 전류를 의미한다. 그리고 I^{ext}는 잡음이나 기타 자극 등에 의해 전달되는 외부 전류를 의미한다. $\mu = m, h, n$라고 했을 때

$$\mu_\infty = a_\mu \tau_\mu, \quad \tau_\mu = \frac{1}{a_\mu + b_\mu}$$

으로 주어지며, 이때 변수 a_μ, b_μ들은 밀리초 단위와 mV 전압 단위로

$$a_m = \frac{0.1(V+40)}{1 - e^{-(V+40)/10}}, \qquad b_m = 4e^{-(V+65)/18}$$
$$a_n = \frac{0.01(V+55)}{1 - e^{-(V+55)/10}}, \qquad b_n = 0.125e^{-(V+65)/80}$$
$$a_h = 0.07e^{-(V+65)/20}, \qquad b_h = \frac{1}{1 + e^{-(V+35)/10}}$$

으로 주어진다. 생물학적 신경세포는 주위에서 발화한 다른 신경세포로부터의 시냅스 전류나 주위 환경으로부터의 외부 전류를 받지 못하면 발화를 못하고 휴식상태에 머무르게 된다. 시냅스로 연결된 다른 신경세포가 없어서 $I^{\text{syn}} = 0$이고 외부전류가 (1) $I^{\text{ext}} = 5$ mV와 (2) $I^{\text{ext}} = 15$ mV의 직류 전류 형태로 주어졌을 때 세포막 전압의 시간적 변화를 RK4 순차법으로 구하시오.

풀이: 아래 그림은 외부전류가 (1) $I^{\text{ext}} = 5$ mV와 (2) $I^{\text{ext}} = 15$ mV일 때 RK4 순차법으로 구한 호지킨-헉슬리 세포모델의 세포막 전압의 시간적 변화를 나타낸 것이다. 호지킨-헉슬리 세포모델은 외부전류가 직류로 주어진 경우 특정한 경계값보다 작은 경우 발화하지 못하고, 세포막 전압은 휴지기 전압 $V^{\text{eq}} = -65$ mV 근처의 값만을 가지게 된다. 하지만 직류전류의 값이 경계값 보다 큰 경우 일정한 주기로 발화를 하게 된다. 이와 같이 특정한 매개변수 값에 따라 운동의 형태가 급격히 변하는 것을 분기**(bifurcation)**라고 한다. ♦

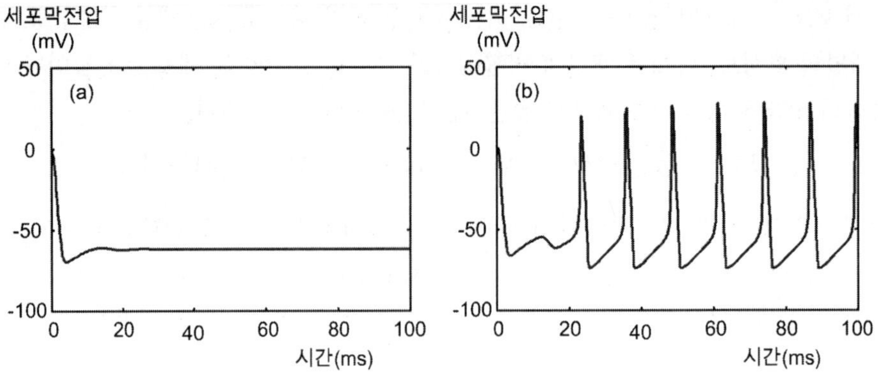

예제 2.25

식 (2.5)에 소개된 것과 같이 추의 진자운동을

$$L\theta'' + g\sin\theta = 0$$

으로 표현하는 경우 추의 운동을 더 정확히 표현할 수 있지만 비선형성 때문에 그 해를 정확히 구하기 어렵다. 하지만 수치순차법을 사용하면 주어진 초기 조건에서의 특수해 또는 추 위치의 시간적 변화를 추정할 수 있다. $g = 9.8\,\mathrm{m/s^2}$, $L = 1\,\mathrm{m}$라고 했을 때 RK4 수치순차법을 이용하여 $\theta_0 = 30°$ 또는 $60°$이고, $\theta'(0) = 0$의 초기 조건일 때 진자운동의 진행과정을 구하시오. 그리고 그 결과를 예제 2.13에 소개된 근사된 미분방정식 $L\theta'' + g\theta = 0$의 특수해 $\theta(t) = \theta_0\cos(\omega t)$과 비교하시오.

풀이: 주어진 미분방정식이 2계이기 때문에 다음과 같이 두 개의 변수 θ, θ'에 대한 연립 1계 미분방정식으로 바꿀 수 있다.

$$\frac{d\theta}{dt} = \theta'$$
$$\frac{d\theta'}{dt} = -\frac{g}{L}\sin\theta$$

아래 그림에서 실선은 (a) $\theta_0 = 30°$와 (b) $\theta_0 = 60°$일 때 진자운동을 위 방정식으로부터 RK4 순차법으로 구한 결과이다. 그리고 점선은 근사된 미분방정식의 특수해 $\theta(t) = \theta_0\cos(\omega t)$을 나타낸 것이다. θ_0가 작은 경우 추의 운동이 비선형 미분방정식의 진행이 근사된 선형 미분방정식의 해와 거의 유사하게 이루어지지만 θ_0가 큰 경우 차이가 많이 생기는 것을 알 수 있다.

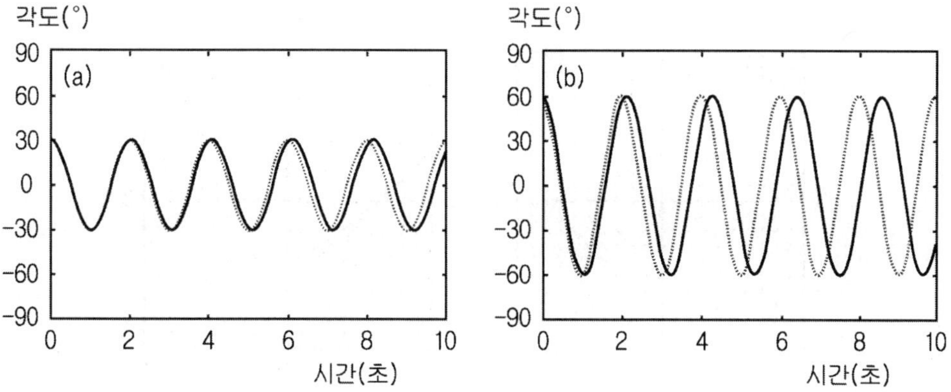

♦

2.9.2 그래프를 이용한 미분방정식의 해석

기울기장 **(direction field)** 은 그래프를 이용하는 미분방정식을 해석하는 대표적인 방법 중 하나이다. 예를 들어 다음과 같은 형태로 표현된 1계 미분방정식을 가정해 보자.

$$y' = F(x, y)$$

이때 $F(x, y)$는 x와 y 값이 주어졌을 때 y가 변화는 비율에 해당하게 된다. 이를 이용하여 x와 y 값을 축으로 가지는 그래프에서 불연속적인 격자점들마다 $F(x, y)$의 값을 짧은 직선의 기울기로 나타낸 것이 기울기장이다.

예제 2.26

(1) 미분방정식 $y' = x + y + 1$의 기울기장을 구하라.

(2) $x_0 = -3$이고 $y(x_0) = 1$, 1.02, 1.04인 초기 조건일 때 $y(x)$의 특수해를 RK4 순차법으로 구한 후 기울기장에 표기하여라.

풀이: $y = F(x, y)$라고 했을 때 $F(x, y) = x+y+1$이 된다. 아래 그림에서 (a)는 $y' = x+y+1$의 기울기장을, (b)는 $y(-3) = 1$, 1.02, 1.04의 초기 조건일 때 $y(x)$의 특수해를 RK4 순차법으로 구한 결과를 나타낸다.

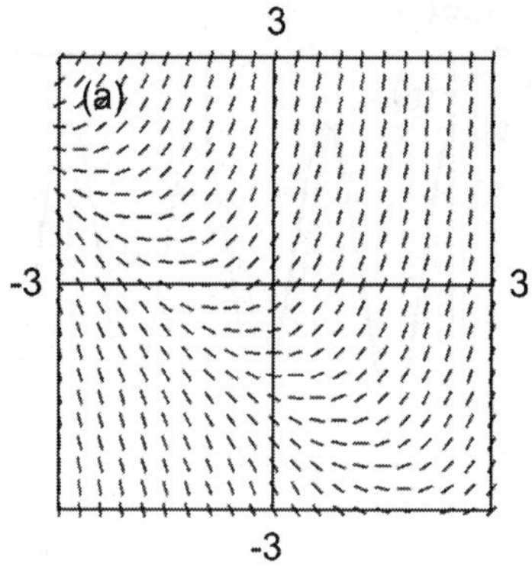

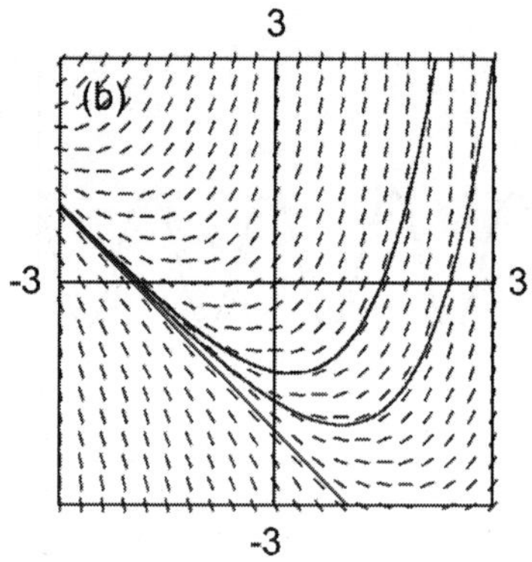

♦

미분방정식의 해를 이해하는 방법 중에 하나는 끌개**(attractor)**의 형태를 보는 것이다. 끌개는 초기 상태에 상관없이 미분방정식의 순차적 진행에 따라 접근한 후 계속해서 머무르게 되는 일련의 구역들을 의미한다. 끌개의 종류는 하나의 점만을 포함하는 고정점 끌개**(fixed point attractor)**, 원과 위상동형인 극한 주기 궤도 끌개**(limited cycle attractor)**, 원환면과 위상동형인 극한 원화면 끌개**(limit torus attractor)**, 그리고 프랙털 구조를 가져 유한개의 간단한 기하학적 모양의 합집합으로 나타낼 수 없는 이상한 끌개**(strange attractor)** 등이 있다. 특히 이상한 끌개를 가지고 있는 비선형 미분방정식의 경우 그 해를 구하기 어렵고, 그래프적인 표현으로 그 끌개의 형태를 파악할 수 있다. 예제 2.24에 소개한 호지킨-헉슬리 모델과 같은 생물학적 시스템이나 복잡계**(complex system)**들은 이상한 끌개를 가지고 있는 경우가 많다.

예제 2.27

로렌즈 방정식**(Lorenz equation)**은 3차원 공간상에서 대기의 대류를 나타내는 간단한 미분방정식이다. 로렌즈 방정식은 $x(t)$, $y(t)$, $z(t)$ 세 변수에 대해 다음과 같은 연립 미분방정식으로 나타낸다.

$$\frac{dx}{dt} = \sigma(y - x)$$
$$\frac{dy}{dt} = x(\rho - z) - y$$
$$\frac{dz}{dt} = xy - \beta z$$

이때 각 매개변수들의 값은 $\sigma = 10$, $\beta = 8/3$, $\rho = 28$이다. RK4 순차법으로 로렌즈 방정식의 끌개 모양을 구하라.

풀이: 아래 그림은 임의 초기 조건에서 시작한 로렌즈 방정식 변수들의 시간적 변화를 색깔의 농도로 나타낸 것이다. 시간이 지날수록 각 변수값들은 특정한 영역에 계속 머물지만 이전에 머물렀던 위치와 완전히 동일한 위치로 돌아가지 않는 이상한 끌개 모양을 가지고 있음을 알 수 있다. 로렌즈 방정식은 초기 조건에 대해 매우 강한 민감성을 가지고 있어 아무리 작은 차이의

초기 조건들에서 시작해도 시간이 지나면 전혀 다른 상태로 머무르게 된다. 이러한 성질은 북경에 있는 나비의 움직임이 뉴욕의 날씨에 영향을 줄 수 있다는 나비 효과**(butterfly effect)**로 대표되는 혼돈 이론**(chaos theory)**의 중요한 토대가 되었다.

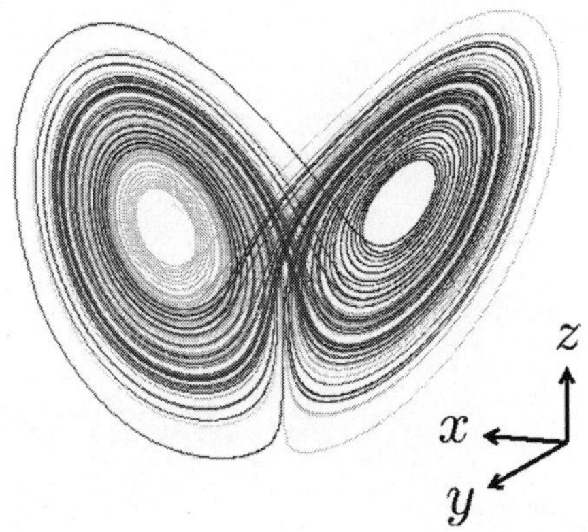

♦

3

확률/통계

모든 실험 측정값에는 실험 오차가 있을 수밖에 없다. 실험 오차의 두 가지 종류는 구조적 오차(systematic error)와 무작위 오차(random error)이다. 구조적 오차는 숙련된 추측으로 추정해야 한다. 무작위적 오차는 실험에 대한 많은 가상의 복제들로 이루어진 모집단의 표본이라고 가정하고, 그런 모집단은 확률 이론을 따른다고 생각한다.

무작위적인 사건을 연구하는 확률 이론에 대한 수학적 연구는 파스칼(Blaise Pascal, 1623-1662)과 페르마(Pierre de Fermat, 1601-1665)에 의하여 시작되었다. 확률 이론에서 관심 대상이 되는 다수의 사람, 물건, 숫자들 전체의 집합을 모집단(population)이라고 부르고, 모집단에서 추출된 일부 값들의 집합을 표본(sample)이라고 한다.

수학적 통계학은 표본을 분석하고, 포본으로부터 모집단의 특성을 유추하는데 사용된다. 무작위적 오차는 측정이 여러 번 반복될 수 있을 때 통계적으로 다루어질 수 있다. 여러 차례 반복된 측정값들의 평균은 단일 측정값보다는 참값을 더 잘 추정한다.

이 단원에서 확률론과 수학적 통계학을 이용하여 무작위적 오차 추정하는 것을 이해하고, 표본의 평균과 표준편차를 구할 수 있으며 측정값에 대한 가능한 오차를 추정할 수 있도록 한다.

3.1 기초통계량

숫자로 주어진 자료(양적 자료)에 대한 수치적 측도로 평균, 백분위와 백분위수, 그리고 자료들이 얼마나 떨어져서 분포되어 있는지를 나타내는 산포도의 측도로 분산과 표준편차, 변동계수에 대해서 알아본다.

평균(average, mean)

자료 $x_1, x_2, \cdots, x_N$으로 이루어진 모집단의 평균은 보통 문자 μ로 나타내고, 모평균이라 부르며

$$\mu = \frac{x_1 + x_2 + \cdots + x_N}{N}$$

으로 정의한다.

자료 $x_1, x_2, \cdots, x_n$으로 이루어진 표본의 평균은 흔히 위에 bar를 붙여 $\bar{x}$로 나타내고, 표본

평균이라 부르며

$$\overline{x} = \frac{x_1 + x_2 + \cdots + x_n}{n}$$

으로 정의한다.

백분위(percentile rank)와 백분위수(percentile)

n개의 표본 자료 $x_1, x_2, \cdots, x_n$의 값을 작은 것부터 크거나 같은 순서로 나열한 것을 $y_1, y_2, \cdots, y_n$이라고 할 때, 전체를 100으로 보았을 때의 순위인 백분위(percentile rank)를 매기는 기본적인 방법은 가장 작은 값 y_1의 백분위를 0%로 두고, 가장 큰 값 y_n의 백분위가 100%가 되도록하기 위하여 $\frac{100}{n-1}$씩 $(n-1)$번 올리면서 순위를 매기는 것으로, 순서 m번째 자료인 y_m의 백분위 k%를

$$k = \frac{100}{n-1} \times (m-1), \qquad m = 1, 2, 3, \cdots, n$$

으로 구한다. 이때, 주어진 표본에 같은 값의 자료가 여러 개 있으면 그 자료들을 동일한 y_m으로 보고, 그 개수만큼 건너뛰어 다음 값의 y_m을 부여한다. 예를 들어, 표본 자료가 23, 25, 25, 27과 같이 주어진 경우, y_1, y_2, y_2, y_4와 같이 순서 m을 매겨, 해당 자료값의 백분위 k를 계산한다.

이제 역으로, $0 \le k \le 100$인 임의의 실수 k에 대하여 백분위 k%에 해당하는 값인 제k 백분위수(percentile) P_k를 다음과 같이 두 가지 경우로 나누어 정의한다.

$1 + \dfrac{n-1}{100} \times k = m$이 자연수일 때는 $P_k = y_m$,

$1 + \dfrac{n-1}{100} \times k = m + \alpha$ (m은 자연수, $0 < \alpha < 1$)일 때는

$$P_k = y_m + \alpha(y_{m+1} - y_m) = (1-\alpha)y_m + \alpha y_{m+1}$$

커지는 순서대로 나열된 $y_1, y_2, \cdots, y_n$의 값이 모두 서로 다른 경우에는 자료 y_m의 백분위가 k%이면, 백분위수 P_k의 정의에서 m이 자연수인 경우가 되며 $P_k = y_m$이 성립한다. 그러나 주어진 표본에 같은 값의 자료가 여러 개 있는 경우에는 P_k가 자료값 y_m 중의 하나와 같지 않을 수 있고, 어느 두 자료값 y_m과 y_{m+1} 사이의 어떤 값으로 나타나거나, 또 k의 어떤 범위에 대하여 P_k의 값이 동일하게 구해지기도 한다.

예제 3.1

15개의 표본 자료가 순서대로 다음과 같이 주어졌을 때, 아래 값을 구하시오.

34, 35, 40, 40, 43, 45, 47, 47, 50, 52, 55, 55, 55, 56, 59

(1) 자료 47의 백분위　　(2) 제50백분위수 P_{50}　　(3) 제60백분위수 P_{60}

풀이: $n = 15$이다.

(1) y_m의 백분위 k%는 $k = \frac{100}{n-1} \times (m-1)$이므로, $47 = y_7$에 대하여 $k = \frac{100}{15-1} \times (7-1) = 42.86$이다. 즉, 자료 47의 백분위는 42.86%이다.

(2) $k = 50$에 대하여 $1 + \frac{15-1}{100} \times 50 = 8$이므로 $P_{50} = y_8 = 47$이다.

(3) $k = 60$에 대하여 $1 + \frac{15-1}{100} \times 60 = 1 + \frac{840}{100} = 9.4 = m + \alpha$이므로 $m = 9,\ \alpha = 0.4$이다. 따라서 $P_{60} = y_9 + 0.4 \times (y_{10} - y_9) = 50 + 0.4 \times (52 - 50) = 50.8$이다. ♦

실습예제 **3.1**. 15개의 표본 자료 34, 35, 40, 41, 43, 45, 47, 47, 50, 52, 55, 55, 55, 56, 59가 주어졌을 때, Excel 프로그램을 이용하여 아래 표에서와 같이 각 자료값의 백분위를 구해보고, 또 여러 실수값 k $(0 \le k \le 100)$에 대하여 제k백분위수 P_k를 구해볼 수 있다. 풀이의 설명과 같이 Excel 함수식을 이용하여 계산해보자.

풀이: B열에 표본 자료의 순서 m을 구할 때, 먼저 맨윗칸에 함수식 =RANK(A2,$A$2:$A$16,1)을 입력하고나서 그 아래는 복사하여 붙인다. C열에는 함수식 $k = \frac{100}{n-1} \times (m-1)$로 백분위를 구한다. D열에는 Excel의 내장함수 PERCENTILERANK를 직접 이용하여 백분위를 구해본 것인데, 이 함수는 소수점 아래에서 내림을 하도록 되어 있는 것을 볼 수 있다.

P_k의 순번 $1 + \frac{n-1}{100} \times k$의 정수 부분 m과 소수 부분 α를 구하는 함수식은 각각 =INT(1+(15−1)*G2/100과 =MOD(1 + (15 − 1)*G2/100,1)으로 입력한다. 그리고 자료 y_m과 y_{m+1}을 불러오는 함수식은 각각 =INDIRECT(ADDRESS(I2+1,1))과 =INDIRECT(ADDRESS(I2+2,1))로 입력하고, 백분위수의 정의 $P_k = y_m + \alpha(y_{m+1} - y_m)$에 따라 cell을 참조하여 P_k를 계산한다. N열에는 Excel의 내장함수 PERCENTILE을 직접 이용하여 백분위수를 구해본다.

	A	B	C	D	E	F	G	H	I	J	K	L	M	N
1	자료 y_m	순서 m	백분위 k	perceltilerank 함수 이용 결과			k		m	α	y_m	y_{m+1}	P_k	percentile 함수 이용 결과
2	34	1	0	0%		제	0	백분위수	1	0	34	35	34	34
3	35	2	7.14	7%		제	7	백분위수	1	0.98	34	35	34.98	34.98
4	40	3	14.29	14%		제	14	백분위수	2	0.96	35	40	39.8	39.8
5	41	4	21.43	21%		제	20	백분위수	3	0.8	40	41	40.8	40.8
6	43	5	28.57	28%		제	42	백분위수	6	0.88	45	47	46.76	46.76
7	45	6	35.71	35%		제	43	백분위수	7	0.02	47	47	47	47
8	47	7	42.86	42%		제	45	백분위수	7	0.3	47	47	47	47
9	47	7	42.86	42%		제	50	백분위수	8	0	47	50	47	47
10	50	9	57.14	57%		제	57	백분위수	8	0.98	47	50	49.94	49.94
11	52	10	64.29	64%		제	60	백분위수	9	0.4	50	52	50.8	50.8
12	55	11	71.43	71%		제	71	백분위수	10	0.94	52	55	54.82	54.82
13	55	11	71.43	71%		제	72	백분위수	11	0.08	55	55	55	55
14	55	11	71.43	71%		제	85	백분위수	12	0.9	55	55	55	55
15	56	14	92.86	92%		제	98	백분위수	14	0.72	56	59	58.16	58.16
16	59	15	100	100%		제	100	백분위수	15	0	59	0	59	59

♦

실습예제 **3.2**. 위 실습예제 3.1의 자료에 대하여 Excel의 chart 기능을 이용하여 다양한 그래프를 그려볼 수 있다. 차트 도구에서 여러 가지 디자인과 레이아웃을 선택해서 그래프의 모양을 바꾸어 보자.

풀이: (1) 자료 영역 A2:A16를 마우스로 선택한 상태에서 Crtl 키를 누르고 백분위 영역 C2:C16도 선택한 후, 상단메뉴의 삽입에서 분산형(XY형) 차트를 선택하여 가로축에는 자료값, 세로축에는 백분위값을 둔 그래프를 그린다.

(2) 계급(bins)의 상한값들을 입력하고, 도수를 입력할 영역을 선택한 후, 도수를 구하는 함수 =FREQUENCY(A2:A16,P19:P24)를 이용하여(함수 입력 후 Crtl+Shift-Enter를 눌러 실행) 도수분포표를 만든다(A2:A16은 자료 영역, P19:P24는 계급값 영역의 예시임). 그리고 계급값 영역과 도수 영역을 마우스로 선택하여 분산형 차트로 히스토그램을 표현할 수 있다.

	A	B	C	D
1	자료 y_m	순서 m	백분위 k	perceltilerank 함수 이용 결과
2	34	1	0	0%
3	35	2	7.14	7%
4	40	3	14.29	14%
5	41	4	21.43	21%
6	43	5	28.57	28%
7	45	6	35.71	35%
8	47	7	42.86	42%
9	47	7	42.86	42%
10	50	9	57.14	57%
11	52	10	64.29	64%
12	55	11	71.43	71%
13	55	11	71.43	71%
14	55	11	71.43	71%
15	56	14	92.86	92%
16	59	15	100	100%

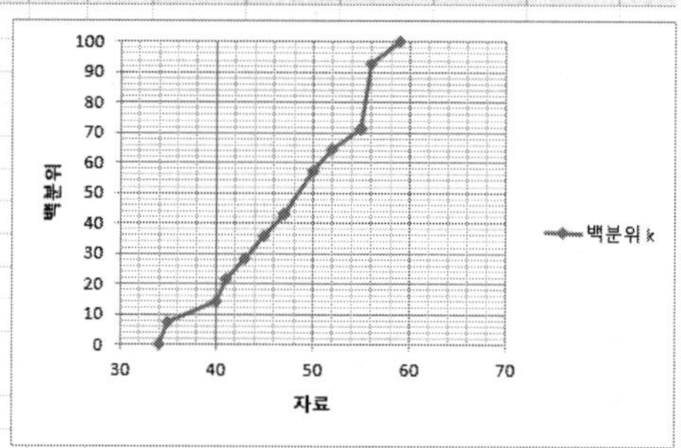

계급	도수
35	2
40	1
45	3
50	3
55	4
60	2
도수 합	15

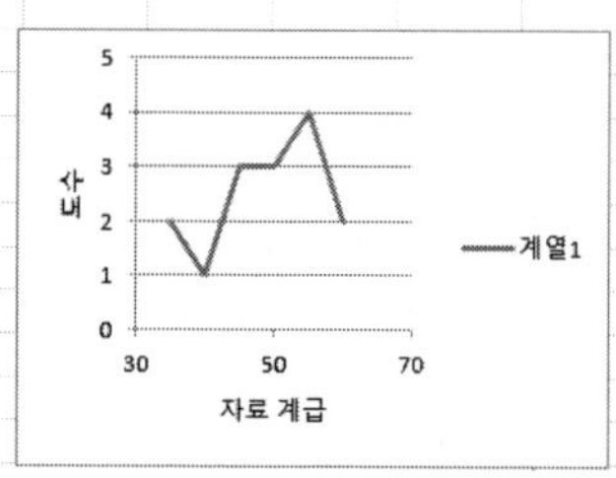

♦

분산과 표준편차

분산과 표준편차는 자료들이 평균에서 얼마나 떨어져서 분포하고 있는가에 대한 측도로 가장 많이 사용되는 값이다. n개의 자료 $x_1,\ x_2,\ \cdots,\ x_n$에 대하여 그 평균이 $\overline{x}$라고 할 때, $x_k - \overline{x}$ $(k = 1, 2, \cdots, n)$을 편차**(deviation)**라고 한다. 이 편차들의 합은 항상

$$\sum_{k=1}^{n}(x_k - \overline{x}) = \sum_{k=1}^{n} x_k - n\overline{x} = 0$$

이므로, 편차의 평균을 내더라도 항상 0이 되어 산포도의 측도로서 의미가 없다. 대신 편차의 제곱의 평균인 분산**(variance)**을 산포도로 주로 사용하는데, 주어진 자료가 모집단 전체인 경우에는 모분산이라고 부르고 σ^2으로 나타내며, 표본자료인 경우에는 표본분산이라고 부르고 s^2으로 나타내는데, 두 경우의 분산에 대한 정의가 다음과 같이 조금 다르다.

모집단의 자료가 $x_1,\ x_2,\ \cdots,\ x_N$일 때 모분산 : $\sigma^2 = \dfrac{1}{N}\displaystyle\sum_{k=1}^{N}(x_k - \mu)^2$

표본의 자료가 $x_1,\ x_2,\ \cdots,\ x_n$일 때 표본분산 : $s^2 = \dfrac{1}{n-1}\displaystyle\sum_{k=1}^{n}(x_k - \overline{x})^2$

그리고 분산의 제곱근인 σ와 s를 표준편차**(standard deviation)**라고 부른다.

위의 정의에 따라 분산을 구할 때 편차의 제곱의 합을 다음과 같은 식으로 풀어서 계산한 결과를 이용하면 편리하다.

$$\begin{aligned}\sum_{k=1}^{n}(x_k - \overline{x})^2 &= \sum_{k=1}^{n}\left(x_k^2 - 2\overline{x}x_k + \overline{x}^2\right) = \sum_{k=1}^{n} x_k^2 - 2\overline{x}\sum_{k=1}^{n} x_k + n\overline{x}^2 \\ &= \sum_{k=1}^{n} x_k^2 - 2\overline{x}\,(n\overline{x}) + n\overline{x}^2 = \sum_{k=1}^{n} x_k^2 - n\overline{x}^2\end{aligned}$$

뒤의 132 쪽에서 확률변수 X의 기댓값 $E(X)$를 공부하게 되고, 또 157 쪽에서는 추정(estimation)과 가설의 검정(hypothesis testing)을 다루는데, 이는 전체 자료의 개수 N이나 모평균 μ, 모분산 σ^2 등의 모수가 알려지지 않은 모집단으로부터 추출된 표본 자료를 분석하여 모집단에 대한 결론을 내리는 과정이다. 이때 표본분산의 기댓값이 모분산이 되도록 하기 위하여, 즉 $E(s^2) = \sigma^2$이 되도록 하기 위하여 위에서와 같이 모분산과 표본분산을 약간 다르게 정의한다. 특별한 언급이 있는 경우를 제외하고, 통계에서 다루는 자료는 표본이라고 생각하고 평균, 분산 등을 구한다.

예제 3.2

6개의 자료 2, 3, 5, 6, 8, 9의 분산과 표준편차를 구하시오.

풀이: 먼저 주어진 자료의 평균을 구하면 $\overline{x} = \frac{1}{6}\sum_{k=1}^{6} x_k = \frac{33}{6} = 5.5$이다. 다음으로 주어진 자료의 제곱의 합은 $\sum_{k=1}^{6} x_k^2 = 219$이다. 따라서 분산은

$$s^2 = \frac{1}{6-1}\left(\sum_{k=1}^{6} x_k^2 - n\overline{x}^2\right) = \frac{1}{5}\left(219 - 6 \times \left(\frac{33}{6}\right)^2\right) = \frac{1}{5}\left(219 - \frac{11 \times 33}{2}\right) = 7.5$$

이고, 따라서 표준편차는 $s = \sqrt{7.5} \approx 2.74$이다. (Excel에서는 내장함수 VAR.S와 STDEV.S를 사용하여 표본분산과 표준편차를 구할 수 있다.) ♦

변동계수

평균의 값이 같은 두 집단의 자료에 대하여 평균으로부터 얼마나 변동하는지를 비교할 때 표준편차를 주로 사용한다. 그런데 평균이 다른 두 집단에 대해서는 단순히 표준편차의 크기를 비교하면 변동의 폭을 비교하는데 한계가 있으므로, 상대적인 비교를 할 필요가 있다. 이때 다음과 같이 정의되는 변동계수**(coefficient of variation)** CV를 이용할 수 있다.

$$CV = \frac{s}{\overline{x}}$$

예제 3.3

(1) 5개의 자료 2, 3, 5, 7, 8의 표준편차와 변동계수를 구하시오.

(2) 5개의 자료 102, 103, 105, 107, 108의 표준편차와 변동계수를 구하시오.

풀이: (1) 평균은 $\overline{x} = \frac{1}{5}\sum_{k=1}^{5} x_k = \frac{25}{5} = 5$이고, 분산은

$$s^2 = \frac{1}{4}\sum_{k=1}^{5}(x_k - \overline{x})^2 = \frac{1}{4}(9+4+0+4+9) = \frac{26}{4} = 6.5$$

이다. 따라서 표준편차는 $s = \sqrt{6.5} \approx 2.55$이고, 변동계수는 $CV = \frac{\sqrt{6.5}}{5} \approx 0.5099$이다.

(2) 평균은 $\overline{x} = \frac{1}{5}\sum_{k=1}^{5} x_k = \frac{525}{5} = 105$ 이고, 분산은

$$s^2 = \frac{1}{4}\sum_{k=1}^{5}(x_k - \overline{x})^2 = \frac{1}{4}(9+4+0+4+9) = \frac{26}{4} = 6.5$$

이다. 따라서 표준편차는 $s = \sqrt{6.5} \approx 2.55$, 변동계수는 $CV = \frac{\sqrt{6.5}}{105} \approx 0.0243$ 이다. ♦

연습문제 3.1

1. 30개의 표본 자료가 순서대로 다음과 같이 주어졌을 때, 아래 값을 구하시오.

14	18	24	25	25	27	30	33	33	37
40	40	45	50	61	66	69	75	78	82
91	91	93	95	95	95	96	97	98	100

(1) 자료 75의 백분위 (2) 제50백분위수 P_{50} (3) 제80백분위수 P_{80}

2. 9개의 자료 2, 2, 3, 4, 5, 7, 7, 8, 9에 대하여 평균, 분산, 변동계수를 구하시오.

3. $\sum_{k=1}^{5} x_k = 19,\ \sum_{k=1}^{5} x_k^2 = 95$ 일 때, $\sum_{k=1}^{5}(x_k - \overline{x})^2$ 과 s^2을 구하시오.

4. $\sum_{k=1}^{10} x_k = 35,\ \sum_{k=1}^{10}(x_k - \overline{x})^2 = 10$ 일 때, $\sum_{k=1}^{10} x_k^2$ 과 s^2을 구하시오.

5. $\overline{x} = 7,\ s^2 = 18.5,\ n = 5$ 일 때, $\sum x_k^2$ 을 구하시오.

6. $\sum_{k=1}^{n}(x_k - \overline{x})^2 = \sum_{k=1}^{n} x_k^2 - n\,\overline{x}$ 가 성립함을 보이시오.

7. 수능 수학 가형과 나형의 100점 만점 원점수 X의 평균이 μ이고 표준편차가 σ일 때, 원점수 X에 대한 Z점수는 $Z = \frac{X-\mu}{\sigma}$, 표준점수는 $T = 20\,Z + 100$ 으로 구한다고 하자.
(1) 원점수가 평균점수 μ인 사람의 표준점수는 얼마인가?
(2) 만일 원점수가 $\mu + 3\sigma$인 사람이 있었다면, 그 사람의 표준점수는 얼마인가?
(3) 평균점수 이상을 받은 사람의 표준점수가 높게 나오기 위한 원점수 평균과 표준편차의 조건은 무엇인가?
(4) 오른쪽 표에 제시된 두 해의 수능 수학 가형과 나형 각각에 대하여 원점수 만점에 대한 표준점수를 구하시오.

수능 수학 원점수		A연도	B도
가형	평균	58.21	61.79
	표준편차	24.29	23.19
나형	평균	44.48	48.7
	표준편차	22.76	26

3.2 확률

미지의 모집단에 대한 특성을 알아내기 위하여 조사 또는 실험을 통해 표본을 추출하고, 그 표본으로부터 유용한 정보를 얻어내어, 이를 근거로 모집단에 대한 추론을 한다. 이때 표본을 추출할 때마다 값이 다르게 나오게 되는 무작위적 현상이 발생하는데, 이를 이해하기 위한 개념이 확률**(probability)**이다. 결과가 무작위적인 실험이 다음 조건을 만족할 때 확률실험**(random experiment)**, 또는 시행**(trial)**이라고 한다.

(1) 시행의 결과는 두 가지 이상의 관측값을 가진다.

(2) 시행의 결과는 시행 전에 알 수 없으나, 가능한 결과들의 모임은 시행 전에 알 수 있다.

(3) 같은 조건하에 반복시행이 가능하다.

확률실험의 모든 가능한 결과들의 모임을 표본공간**(sample space)**이라고 하고 S로 나타낸다. 어떤 관심 대상인 결과들로 이루어진 표본공간의 부분집합을 사건**(event)**이라고 하고, 영어 대문자 A, B, $\cdots$ 로 나타낸다. 표본공간을 구성하는 원소의 개수가 유한이거나 가산무한(자연수와 일대일 대응)이면 이산표본공간**(discrete sample space)**이라고 한다. 실수의 어떤 구간의 모든 값으로 이루어진 표본공간은 연속표본공간**(continuous sample space)**이라고 한다.

예**(1)** 모집단의 자료가 1, 1, 2, 2, 3일 때, 모집단에서 하나의 자료를 무작위로 선택하는 실험에 대한 표본공간은 $S = \{1, 2, 3\}$ 이다.

예**(2)** 동전의 앞면(head)과 뒷면(tail)을 각각 H, T로 나타내기로 하자. 동전을 두 번 던지는 시행의 표본공간은 $S = \{\mathrm{HH}, \mathrm{HT}, \mathrm{TH}, \mathrm{TT}\}$ 이고, 두 번 모두 앞면이 나오는 사건은 $A = \{\mathrm{HH}\}$, 한 번만 앞면이 나오는 사건은 $B = \{\mathrm{HT}, \mathrm{TH}\}$, 적어도 한 번은 뒷면이 나오는 사건은 $C = \{\mathrm{HT}, \mathrm{TH}, \mathrm{TT}\}$로 나타낼 수 있다.

예**(3)** 사과 과수원에서 사과의 무게를 g단위로 측정하는 실험의 표본공간은 $S = [0, 1000)$로 나타내고, 사과의 무게가 100g 이상 400g 미만인 사건은 $A = [100, 400)$으로 나타낼 수 있다.

전체집합을 표본공간 S로 두고, 그 부분집합인 사건 A, B에 대하여 다음과 같이 연산을 정의한다.

(1) 합사건 $A \cup B = \{x \in S \mid x \in A \text{ 또는 } x \in B\}$

(2) 곱사건 $A \cap B = \{x \in S \mid x \in A \text{ 이고 } x \in B\}$

(3) 여사건 $A^c = \{x \in S \mid x \notin A\}$

(4) 카테시안 곱(Cartesian product) $A \times B = \{(x, y) \mid x \in A, b \in B\}$

위에서 $A \times B$는 사건 A와 B가 순차적으로 일어나는 사건이다. 그리고 서로 동시에 일어날 수 없는 사건들에 대하여 다음과 같이 정의한다.

정의 3.1(배반사건)

다음이 성립할 때, 주어진 사건들이 서로 배반**(mutually exclusive)**이라고 한다.

(1) 유한 개의 사건 A_1, A_2, $\cdots$, A_n에 대하여 $A_i \cap A_j = \emptyset$ $(i \neq j, i, j = 1, 2, \cdots, n)$ 일 때

(2) 가산무한 개의 사건 A_1, A_2, $\cdots$ 에 대하여 $A_i \cap A_j = \emptyset$ $(i \neq j, i, j = 1, 2, \cdots)$일 때

3.2.1 확률의 개념

정의 3.2

표본공간 S의 사건들로 이루어진 집합에서 정의된 실함수 P가 다음의 세 조건을 모두 만족할 때, 함수 P를 확률**(probability)**이라고 한다.

(i) 임의의 사건 A에 대하여 $0 \leq P(A) \leq 1$

(ii) $P(S) = 1$

(iii) 서로 배반인 사건 A_1, A_2, $\cdots$ 에 대하여 $P\left(\bigcup_{i=1}^{\infty} A_i\right) = \sum_{i=1}^{\infty} P(A_i)$

이 때, 각 사건 A에 대하여 $P(A)$를 '사건 A가 일어날 확률'이라고 한다.

정리 3.3

표본공간 S에 정의된 확률 P에 대하여 다음이 성립한다.

(1) 유한 개의 사건 A_1, A_2, $\cdots$, A_n이 서로 배반이면 $P\left(\bigcup_{i=1}^{n} A_i\right) = \sum_{i=1}^{n} P(A_i)$

(2) $A \subset B$이면 $P(B \setminus A) = P(B) - P(A)$

(3) $P(A^c) = 1 - P(A)$

(4) 임의의 사건 A, B에 대하여 $P(A \cup B) = P(A) + P(B) - P(A \cap B)$

증명: 먼저, 확률의 정의의 조건 (iii)에서 $A_1 = S, \emptyset = A_2 = A_3 = \cdots$ 으로 두면, $\bigcup_{i=1}^{\infty} A_i = S$이고, $P(S) = P(A_1) = 1$, $P(\emptyset) = P(A_2) = P(A_3) = \cdots$ 이므로 $1 = \sum_{i=1}^{\infty} P(A_i) = 1 + \sum_{i=1}^{\infty} P(\emptyset)$

이 성립한다. 따라서 $P(\emptyset) = 0$이다.

(1) 유한 개의 서로 배반인 사건 $A_1, A_2, \cdots, A_n$ 이 주어졌을 때, $\emptyset = A_{n+1} = A_{n+2} = \cdots$ 으로 두고, 확률의 정의의 조건 (iii)과 $P(\emptyset) = 0$임을 이용하면 $P\left(\bigcup_{i=1}^{n} A_i\right) = \sum_{i=1}^{n} P(A_i)$이 성립한다.

(2) $A \subset B$이면 두 사건 $A \setminus B$와 B는 서로 배반이고, $A = (A \setminus B) \cup B$이므로 $P(A) = P(A \setminus B) + P(B)$가 성립한다.

(3) 위 (2)와 마찬가지로 증명할 수 있다.

(4) 다음과 같이 각 집합을 서로 배반인 사건의 합집합으로 나타낼 수 있다.

$$A \cup B = (A \setminus B) \cup (A \cap B) \cup (B \setminus A)$$

$$A = (A \setminus B) \cup (A \cap B)$$

$$B = (B \setminus A) \cup (A \cap B)$$

따라서

$$\begin{aligned} P(A \cup B) &= P(A \setminus B) + P(A \cap B) + P(B \setminus A) \\ &= [P(A) - P(A \cap B)] + P(A \cap B) + [P(B) - P(A \cap B)] \\ &= P(A) + P(B) - P(A \cap B) \end{aligned}$$

가 성립한다. □

정리 3.4

유한표본공간 S에서 각 원소가 뽑힐 가능성이 모두 같은 경우에는 사건 A가 일어날 확률은

$$P(A) = \frac{|A|}{|S|}$$

이다. (여기에서 기호 $|A|$는 사건 A에 속하는 원소의 개수, 즉 이 사건에 속하는 경우의 수를 의미한다.)

예제 3.4

1, 2, 3, $\cdots$, 9가 쓰인 9개의 공이 든 상자에서 무작위로 2개를 꺼낼 때 다음 확률을 구하시오.

(1) 두 공의 숫자가 모두 짝수일 확률

(2) 숫자 5가 쓰인 공이 있을 확률

풀이: 이 실험에서 표본공간 S의 원소의 개수는 이 시행의 전체 경우의 수인 $\binom{9}{2} = \frac{9!}{2!7!} = 36$ 이다.

(1) 두 공의 숫자가 모두 짝수일 사건 A의 원소의 개수는 사건 A가 일어날 경우의 수인 $\binom{4}{2} = \frac{4!}{2!2!} = 6$이다. 따라서 $P(A) = \frac{6}{36} = \frac{1}{6}$이다.

(2) 숫자 5가 쓰인 공이 있는 경우의 수는 8이므로, 구하는 확률은 $\frac{8}{36} = \frac{2}{9}$이다. ♦

예제 3.5

어느 모임에서 안경을 쓴 사람이 30%, 운동화를 신은 사람이 40%, 안경을 쓰고 운동화를 신은 사람이 10%라고 할 때, 이 모임에서 무작위로 뽑힌 한 사람이 안경을 썼거나 운동화를 신었을 확률을 구하시오.

풀이: 이 모임에서 무작위로 뽑힌 한 사람이 안경을 썼을 사건을 A, 운동화를 신었을 사건을 B라고 하면, $P(A) = 0.3$, $P(B) = 0.4$, $P(A \cap B) = 0.1$이다. 따라서 구하는 확률은

$$P(A \cup B) = P(A) + P(B) - P(A \cap B) = 0.3 + 0.4 - 0.1 = 0.6$$

이다. ♦

예제 3.6

주사위 게임 'craps'에서는 두 개의 주사위를 굴려 윗면의 눈의 합이 7, 11이면 굴린 사람이 이기고, 합이 2, 3, 12이면 진다. 나머지 경우에는 다시 굴린다. 다음 확률을 구하시오.

(1) 굴린 사람이 이길 확률 (2) 굴린 사람이 질 확률 (3) 다시 굴리게 될 확률

풀이: 두 개의 주사위를 굴릴 때 나오는 윗면의 눈의 순서쌍은 모두 36가지이다.

(1) $A = \{(1,6), (2,5), (3,4), (4,3), (5,2), (6,1)\}$, $P(A) = \frac{8}{36} = \frac{2}{9}$

(2) $B = \{(1,1), (1,2), (2,1), (6,6)\}$, $P(A) = \frac{4}{36} = \frac{1}{9}$

(3) $1 - P(A) - P(B) = \frac{2}{3}$ ♦

유전에서 부모의 형질(character)적 특성(trait)이 자손에게 전달되는 것은 절대적이 아니라 확률적이다. 유전자형은 2개의 대립형질(allele)로 이루어져 있다. 자손은 부모로부터 각각 한 개의 대립형질을 물려받아 그 특성을 결정하는 유전자를 갖게 된다. 이때, 양쪽 부모로부터 물려받는 대립형질은 무작위적이다. 개체군에서 여러 세대에 걸쳐 대립형질의 비율이 동일하게 유지되는 경우, 하디-바인베르크 평형상태(Hardy-Weinberg equilibrium)에 있다고 한다.

대립형질 A와 a를 갖는 유전자형에 대하여, 전체 개체군의 대립형질의 수에서 대립형질 A의 비율이 p, 대립형질 a의 비율이 $q = 1 - p$ 이면,

(1) 자손 세대에서도 대립형질 A의 비율이 p, 대립형질 a의 비율이 $q = 1 - p$ 이다.

(2) 자손 세대에서 유전자형 AA, Aa, aa의 비율은 각각 p^2, $2pq$, q^2 이다.

예제 3.7

다음 표는 Race와 Sanger가 1954년 1279명의 영국인으로부터 얻은 MN혈액형에 대한 자료를 정리한 것이다. 이 개체군이 하디-바인베르크 평형상태에 있다고 할 때, 이 사람들의 자손세대에 대하여 각 혈액형의 비율을 구하시오.

	혈액형		
	MM	MN	NN
인원 수	363	634	282
%	28.4	49.6	22.0

풀이: 대립형질 M이 전체 대립형질에서 차지하는 비율은 $p = \dfrac{2 \times 363 + 634}{2 \times 1279} = \dfrac{1360}{2558} \approx 0.532$ 이고, 대립형질 N의 비율은 $q = 1 - p \approx 0.468$ 이다. 이 개체군이 Hardy-Weinberg 평형상태에 있으므로, 자손세대에서 혈액형 MM의 비율은 $p^2 \approx 0.532^2 \approx 0.283 = 28.2\%$, 혈액형 MN의 비율은 $2pq \approx 2 \times 0.532 \times 0.468 \approx 0.498 = 49.8\%$, 혈액형 NN의 비율은 $q^2 \approx 0.468^2 \approx 0.219 = 21.9\%$ 이다. ♦

예제 3.8

다음 표는 어떤 시의 주민들의 ABO혈액형에 대한 자료이다. Hardy-Weinberg 평형상태를 가정할 때, 대립형질 A, B, O가 전체 대립형질에서 차지하는 비율 p, q, r을 각각 구하시오.

혈액형	A	B	O	AB
유전자형	AA, AO	BB, BO	OO	AB
비율	35%	12.385%	49%	3.615%

풀이: 유전자형 AA의 비율은 p^2, AO의 비율은 $2pr$ 이므로, A형의 비율은 $p^2 + 2pr = 0.35$ 이다. 그리고 유전자형 BB의 비율은 q^2, BO의 비율은 $2qr$ 이므로, B형의 비율은 $q^2 + 2qr = 0.12385$ 이다. 또, O형의 비율은 $r^2 = 0.49$, AB형의 비율은 $2pq = 0.03615$ 이다. 먼저 $r = \sqrt{0.49} = 0.7$ 이고, 이 값을 대입하여 구하면,

$$p^2 + 1.4p = 0.35, \quad p = -0.7 + \sqrt{0.49 + 0.35} = -0.7 + \sqrt{0.84} \approx 0.2165$$
$$q^2 + 1.4q = 0.12385, \quad q = -0.7 + \sqrt{0.49 + 0.12385} = -0.7 + \sqrt{0.61385} \approx 0.0835$$

따라서 전체에서 대립형질 A, B, O가 차지하는 비율은 각각 21.65%, 8.35%, 70% 이다. ♦

3.2.2 조건부 확률

정의 3.3

$P(A) > 0$일 때,

$$P(B|A) = \frac{P(A \cap B)}{P(A)}$$

를 사건 A가 일어났을 때 사건 B의 조건부확률**(conditional probability)**이라고 한다.

이 정의로부터 $P(A \cap B) = P(A)\,P(B|A)$이다.

정리 3.5

사건 $A_1, A_2, \cdots, A_n$에 대하여 $P(A_1 \cap \cdots \cap A_n) > 0$이면 다음이 성립한다.

$$P(A_1 \cap \cdots \cap A_n) = P(A_1)\,P(A_2|A_1)\,P(A_3|A_1 \cap A_2)\,\cdots\,P(A_n|A_1 \cap \cdots \cap A_{n-1})$$

예제 3.9(비복원 추출)

6개의 흰 공과 4개의 검은 공이 들어있는 상자에서 차례로 임의의 공을 꺼내는 시행을 반복할 때, 처음 세 번의 시행에서 모두 흰 공이 나올 확률을 구하시오.

풀이: i번째 추출에서 흰 공이 나오는 사건을 A_i라고 하면

$$P(A_1 \cap A_2 \cap A_3) = P(A_1)\,P(A_2|A_1)\,P(A_3|A_1 \cap A_2) = \frac{6}{10} \times \frac{5}{9} \times \frac{4}{8} = \frac{1}{6}$$

이다. ♦

정의 3.4

표본공간 S에서 사건 $A_1, A_2, \cdots, A_n$가 서로 배반이고,

$$S = A_1 \cup A_2 \cup \cdots \cup A_n$$

일 때, $A_1, A_2, \cdots, A_n$를 S의 분할**(partition)**이라고 한다.

$A_1, A_2, \cdots, A_n$가 표본공간 S의 분할이면, 임의의 사건 B에 대하여

$$\begin{aligned} P(B) &= P(A_1 \cap B) + P(A_2 \cap B) + \cdots + P(A_n \cap B) \\ &= P(A_1)\,P(B|A_1) + P(A_2)\,P(B|A_2) + \cdots + P(A_n)\,P(B|A_n) \\ &= \sum_{i=1}^{n} P(A_i)\,P(B|A_i) \end{aligned}$$

가 성립함을 쉽게 확인할 수 있다.

정리 3.6(베이스(Bayes) 정리)

$A_1, A_2, \cdots, A_n$가 표본공간 S의 분할일 때, 임의의 사건 B와 $k = 1, 2, \cdots, n$에 대하여

$$P(A_k|B) = \frac{P(A_k \cap B)}{P(B)} = \frac{P(A_k)\,P(B|A_k)}{\sum_{i=1}^{n} P(A_i)\,P(B|A_i)}$$

가 성립한다.

예제 3.10

어느 지역의 전체 주민 중 4%가 독감에 걸려 있는데, 진단검사를 했을 때 실제 독감에 걸린 사람에 대하여 양성반응이 나올 확률인 민감도(sensitivity)가 0.9이고, 독감에 걸리지 않은 사람에 대하여 음성반응이 나올 확률인 특이도(specificity)가 0.8이라고 할 때, 다음 확률을 구하시오.

(1) 무작위로 선택된 한 주민에 대한 진단검사에서 양성반응이 나올 확률

(2) 한 주민에 대한 진단검사에서 양성반응이 나왔을 때, 실제 독감에 걸려있을 확률

(3) 한 주민에 대한 진단검사에서 음성반응이 나왔을 때, 실제 독감에 걸려있지 않을 확률

풀이: 무작위로 선택된 한 주민이 독감에 걸려있는 사건을 A, 진단검사에서 양성반응이 나오는 사건을 B라고 하자.

(1) $P(B) = P(A)\,P(B|A) + P(A^c)\,P(B|A^c) = 0.04 \times 0.9 + 0.96 \times 0.2 = 0.228$

(2) $P(A|B) = \dfrac{P(A \cap B)}{P(B)} = \dfrac{P(A)\,P(B|A)}{P(B)} = \dfrac{0.04 \times 0.9}{0.228} = \dfrac{36}{228} \approx 0.158$

(3) $P(A^c|B^c) == \dfrac{P(A^c \cap B^c)}{P(B^c)} = \dfrac{P(A^c)\,P(B^c|A^c)}{P(B^c)} = \dfrac{0.96 \times 0.8}{0.772} = \dfrac{768}{772} \approx 0.995$ ♦

정의 3.5

두 사건 A와 B에 대하여 $P(A \cap B) = P(A)\,P(B)$가 성립하면 A와 B는 서로 독립 **(independent)**이라고 한다.

$P(A) > 0$, $P(B) > 0$인 경우에는 조건부확률의 정의로부터 두 사건 A, B가 서로 독립일 필요충분조건은

$$P(A|B) = P(A) \text{ 이고 } P(B|A) = P(B)$$

인 것이다. 그리고 $P(A) = 0$ 또는 $P(B) = 0$이면 두 사건 A, B는 서로 독립이다.

예제 3.11

다음과 같은 전기회로에서 모든 스위치가 독립적으로 작동한다고 하고, 스위치 i가 켜질 확률을 p_i라고 할 때, 전구가 켜질 확률을 구하시오.

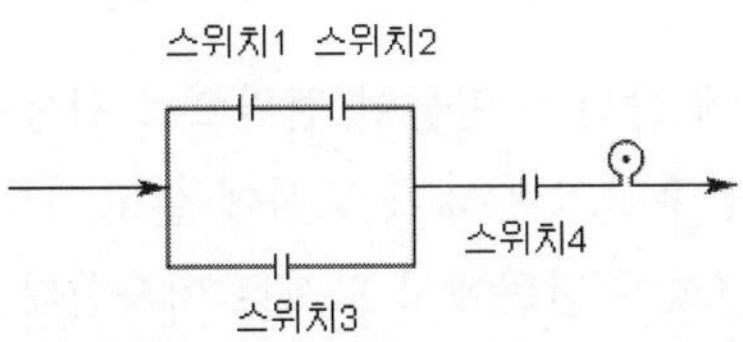

풀이: 스위치 i가 켜지는 사건을 A_i라고 하면 전구가 켜질 사건 B는

$$B = [(A_1 \cap A_2) \cup A_3] \cap A_4$$

이다. 여기에서

$$P[(A_1 \cap A_2) \cup A_3] = P(A_1 \cap A_2) + P(A_3) - P(A_1 \cap A_2 \cap A_3) = p_1p_2 + p_3 - p_1p_2p_3$$

이므로

$$P(B) = (p_1p_2 + p_3 - p_1p_2p_3)p_4$$

이다. ♦

연습문제 3.2

1. 심리학에서 이용되는 T자 미로(T-maze) 실험에서 쥐가 오른쪽(R)으로 가면 약한 충격을 받고, 왼쪽(L)으로 가면 치즈를 얻는다. 어느 쥐가 T자 미로를 세 번 통과하게 하는 시행에서, 확률에 대한 가정으로, 처음 두 번 동안은 왼쪽, 오른쪽을 선택할 확률이 같고,

세 번째 통과할 때는 치즈 쪽으로 갈 확률이 충격 쪽으로 갈 확률의 2배라고 할 때, 다음 각 사건의 확률을 구하시오.

(1) A =오른쪽으로 연속하여 2번만 가는 사건
(2) B =오른쪽으로는 가지 않는 사건
(3) C =첫 번째 통과할 때 왼쪽으로 가는 사건
(4) D =두 번째 통과할 때 오른쪽으로 가는 사건

2. ABO 혈액형에서 대립형질 A와 B는 대립형질 O에 대하여 공동우성이다.
(1) 유전자형이 각각 AA와 BO인 부모에 대하여 가능한 자손의 유전자형을 모두 찾고, A, B, AB, O형 자손이 태어날 확률을 각각 구하시오.
(2) 유전자형이 각각 AO와 BO인 부모에 대하여 O형 자손이 태어날 확률을 구하시오.

3. 우리나라 사람들의 혈액형의 분포는 O형이 28%, A형이 31%, B형이 30%, AB형이 11%라고 하고, 우리나라 사람들의 혈액형이 하디-바인베르 평형상태에 있다고 할 때, 크대립형질 A, B, O가 전체 대립형질에서 차지하는 비율을 각각 구하시오.

4. 어느 지역 안에서 도시에 살던 주민들이 전원으로 이동하는 현상이 일어나고 있다고 가정하자. 현재 이 지역 주민의 85%가 도시에 살고, 15%가 전원에 살며, 해마다 7%가 도시에서 전원으로, 1%가 전원에서 도시로 이사한다. 이 지역의 전체 주민의 수는 일정하다고 가정할 때, 3년 후 도시에는 전체 주민의 몇 %가 살고 있을까?

5. 어떤 학생이 어느 휴일에 집에서 공부를 할지(S), 영화를 보러 갈지(M)를 동전을 던져서 결정하기로 했다. 그리고 공부를 하게 되면 A, B, C 세 과목 중 하나를 무작위로 골라 공부하고, 영화를 보게 되면 D, E라는 두 영화 중에서 무작위로 골라 보려고 한다. 이 학생이 결국 집에서 B 과목을 공부할 확률을 구하시오.

6. 어느 자동차 회사의 엔진 중 30%는 A공장에서 만들어지고, 50%는 B공장, 나머지 20%는 C공장에서 만들어진다고 하자. 각 공장에서 만드는 엔진의 불량률이 각각 2%, 1%, 5%라고 할 때, 이 회사의 자동차 중에서 무작위로 한 대 추출했을 때 엔진이 불량일 확률을 구하시오.

7. 아들과 딸이 태어날 확률이 같다고 할 때, 자녀가 셋인 어느 가정의 첫 번째 자녀가 아들일 때, 이 가정에 아들이 2명일 확률을 구하시오.

8. 자동차 시동이 걸리지 않는다는 고객의 전화 상담에 대하여, 어느 자동차 서비스센터의 직원이 그의 경험으로부터 그 원인별 확률을 다음 표와 같이 작성하였다.

(단, 두 가지 원인이 동시에 일어나지는 않는다고 가정) 이 직원은 또 시동이 걸리지 않을 때, 가속페달을 누른 상태에서 열쇠를 돌리면 시동이 걸릴 사건 E에 대한 조건부확률이 다음과 같음을 알고 있다.

사건	원인	확률
A_1	물에 잠김	0.3
A_2	배터리 케이블이 느슨해짐	0.2
A_3	접촉 불량	0.1
A_4	연료가 없음	0.3
A_5	그 밖의 원인	0.1

이 직원은 또 시동이 걸리지 않을 때, 가속페달을 누른 상태에서 열쇠를 돌리면 시동이 걸릴 사건 E에 대한 조건부확률이 다음과 같음을 알고 있다.

$P(E \mid A_1) = 0.9,\ P(E \mid A_2) = 0,\ P(E \mid A_3) = 0.2,\ P(E \mid A_4) = 0,\ P(E \mid A_5) = 0.2$

(1) 어느 고객이 전화에 대하여 가속페달을 누른 상태에서 열쇠를 돌려보라고 했을 때, 시동이 걸릴 확률은 얼마인가?

(2) 가속페달을 누른 상태에서 열쇠를 돌렸더니 시동이 걸렸을 때, 물에 잠긴 것이 시동이 걸리지 않았던 원인일 확률은?

3.3 이산확률분포

표본공간 S의 각 원소 s에 실수값을 대응키는 함수 $X : S \to \mathbb{R}$을 확률변수**(random variable)**라고 부르고, X의 가능한 모든 값들의 집합(치역)을 R_X로 나타낸다. R_X가 유한집합이거나 가산무한집합이면 X를 이산확률변수**(discrete random variable)**라고 하고, R_X가 연속적인 구간이면 X를 연속확률변수**(continuous random variable)**라고 한다.

이산확률변수 X에 대하여 R_X의 각 원소에 대한 확률을 나타낸 것을 이산확률분포**(discrete probability distribution)**라고 한다. 예를 들어, 동전 2개를 한 번 던지는 실험의 표본공간의 각 원소에 대하여 앞면 나온 개수를 X의 값으로 대응시키면 $R_X = \{0, 1, 2\}$이고, X는 이산확률변수이며, 그 확률분포는 다음과 같다.

x	0	1	2	합계
$P(X = x)$	1/4	1/2	1/4	1

이산확률변수 X에 대하여 $p(x) = P(X = x)$를 확률함수**(probability function)**라고 부른다. 이 확률함수는 다음과 같은 성질을 만족한다.

(i) 모든 실수 x에 대하여 $0 \le p(x) \le 1$이고, $x \notin R_X$에 대해서는 $P(x) = 0$이다.

(ii) $\sum_x p(x) = 1$ (여기에서 $\sum_x$는 $\sum_{x \in R_X}$를 간단히 쓴 것이다.)

(iii) $P(X \in A) = \sum_{x \in A} p(x)$

정의 3.6

이산확률변수 X의 확률함수가 $p(x)$ 일때,

$$E(X) = \sum_x x\, p(x)$$

를 X의 기댓값**(expectation)**이라고 한다.

확률변수 X에 상수를 곱하거나 제곱하거나 하는 등으로 만들어진 확률변수에 대한 기댓값은 같은 확률을 사용하게 되므로 다음과 같이 구할 수 있다.

$$E(aX+b) = \sum_x (ax+b)\, p(x) = a\sum_x x\, p(x) + b\sum_x p(x) = aE(X) + b$$

$$E(X^2) = \sum_x x^2 p(x)$$

$$E(X^n) = \sum_x x^n p(x)$$

$$E(aX^2 + bX + c) = aE(X^2) + bE(X) + c$$

정의 3.7

이산확률변수 X의 기댓값을 $E(X) = \mu$라고 할 때, X의 분산 $V(X)$를 다음과 같이 정의한다.

$$V(X) = E\left[(X-\mu)^2\right] = \sum_x (x-\mu)^2\, p(x).$$

그리고 X의 표준편차는 $sd(X) = \sqrt{V(X)}$로 정의한다.

위에서 정의한 이산확률분포의 분산을 다음과 같이 구할 수도 있다.

$$V(X) = E\left[(X-\mu)^2\right] = E\left[X^2 - 2\mu X + \mu^2\right] = E\left[X^2\right] - 2\mu E(X) + \mu^2 = E\left[X^2\right] - \mu^2$$

3.3.1 이항분포

단 두 가지의 결과만 나올 수 있는 시행을 베르누이(Bernoulli) 시행 또는 이항(binomial) 실험이라고 한다. 이때 두 결과 중 하나를 성공, 다른 하나를 실패라고 부르고, 성공확률을 p로 나타낸다. 이러한 시행을 n회 독립적으로 반복할 때 나오는 성공 횟수 X의 확률함수는 다음과 같다.

$$p(x) = \binom{n}{x} p^x (1-p)^{n-x}, \qquad (x = 0, 1, 2, \cdots, n)$$

이 경우 "X는 베르누이 분포 **(Bernoulli distribution)** 또는 이항분포 **(binomial distribution)**를 따른다"고 하고, $X \sim B(n, p)$로 나타낸다.

이항분포에 대하여 전체 확률의 합이 1이 되는 것은 다음과 같이 이항전개식을 이용하여 바로 보일 수 있다.

$$\sum_{x=0}^{n} p(x) = \sum_{x=0}^{n} \binom{n}{x} p^x (1-p)^{n-x} = [p + (1-p)]^n = 1$$

정리 3.7

$X \sim B(n, p)$일 때, X의 기댓값과 분산은 다음과 같다.

$$E(X) = np, \quad V(X) = np(1-p)$$

증명: X가 이항분포를 따를 때 X와 X^2의 기댓값은 다음과 같다.

$$\mu = E(X) = \sum_{x=0}^{n} x\, p(x) = \sum_{x=0}^{n} x \binom{n}{x} p^x (1-p)^{n-x}$$

$$E(X^2) = \sum_{x=0}^{n} x^2 p(x) = \sum_{x=0}^{n} x^2 \binom{n}{x} p^x (1-p)^{n-x}$$

여기에서 이항계수의 성질을 이용하면

$$x\binom{n}{x} = x \times \frac{n!}{x!(n-x)!} = n \times \frac{(n-1)!}{(x-1)!(n-x)!} = n\binom{n-1}{x-1}, \qquad (n \geq 1,\ x = 1, 2, \cdots, n)$$

$$\begin{aligned} x^2\binom{n}{x} &= x \cdot x\binom{n}{x} = x \cdot n\binom{n-1}{x-1} = n[1 + (x-1)]\binom{n-1}{x-1} \\ &= n\binom{n-1}{x-1} + n(x-1)\binom{n-1}{x-1} \\ &= n\binom{n-1}{x-1} + n(n-1)\binom{n-2}{x-2}, \qquad (n \geq 2,\ x = 2, \cdots, n) \end{aligned}$$

이므로

$$\begin{aligned} \mu = E(X) &= \sum_{x=1}^{n} n\binom{n-1}{x-1} p^x (1-p)^{n-x} = np\sum_{x=1}^{n} \binom{n-1}{x-1} p^{x-1} (1-p)^{n-x} \\ &= np\sum_{x=0}^{n-1} \binom{n-1}{x} p^x (1-p)^{n-1-x} = np[p + (1-p)]^{n-1} = np, \end{aligned}$$

이다. 그리고 $n=1$일 때는 $E(X^2)=\sum_{x=0}^{1}x^2\binom{1}{x}p^x(1-p)^{1-x}=p$이고, $n\geq 2$일 때는

$$
\begin{aligned}
E(X^2) &= np(1-p)^{n-1}+\sum_{x=2}^{n}x^2\binom{n}{x}p^x(1-p)^{n-x} \\
&= np(1-p)^{n-1}+\sum_{x=2}^{n}\left[n\binom{n-1}{x-1}+n(n-1)\binom{n-2}{x-2}\right]p^x(1-p)^{n-x} \\
&= np(1-p)^{n-1}+n\sum_{x=2}^{n}\binom{n-1}{x-1}p^x(1-p)^{n-x}+n(n-1)\sum_{x=2}^{n}\binom{n-2}{x-2}p^x(1-p)^{n-x} \\
&= np(1-p)^{n-1}+np\sum_{x=1}^{n-1}\binom{n-1}{x}p^x(1-p)^{n-1-x}+n(n-1)p^2\sum_{x=0}^{n-2}\binom{n-2}{x}p^x(1-p)^{n-2-x} \\
&= np(1-p)^{n-1}+np\left\{[p+(1-p)]^{n-1}-(1-p)^{n-1}\right\}+n(n-1)p^2[p+(1-p)]^{n-2} \\
&= np(1-p)^{n-1}+np\left\{1-(1-p)^{n-1}\right\}+n(n-1)p^2 \\
&= np+n(n-1)p^2
\end{aligned}
$$

가 성립한다. 따라서

$$V(x)=E(X^2)-\mu^2=\left[np+n(n-1)p^2\right]-(np)^2=np(1-p)$$

이다. □

예제 3.12

정답이 한 개씩인 오지선다형 객관식 10문항에 대하여 각 문항마다 무작위로 답을 고른다고 할 때, 정답을 맞힌 문항의 수 X에 대하여 다음을 구하시오.

(1) $P(X=3)$ (2) $P(X\leq 3)$ (3) X의 기댓값 (4) X의 분산

풀이: (1) $P(X=3)=\binom{10}{3}0.2^3\times 0.8^7\approx 0.2013$

(위 식의 값을 바로 계산하고자 할 때는 Excel에서 함수 BINOMDIST(3,10,0.2,FALSE)를 사용. 또는 COMBIN(10,3)으로 이항계수를 입력하여 직접 곱셈을 계산)

(2) $P(X\leq 3)=P(X=0)+P(X=1)+P(X=2)+P(X=3)$

$$=\binom{10}{0}0.2^0\times 0.8^{10}+\binom{10}{1}0.2^1\times 0.8^9+\binom{10}{2}0.2^2\times 0.8^8+P(X=3)$$

$$\approx 0.1074+0.2684+0.3020+0.2013=0.8791$$

(Excel에서 함수 BINOMDIST(3,10,0.2,TRUE)를 사용. TURE는 확률을 누적하라는 의미)

(3) $E(X)=10\times 0.2=2$ (4) $V(X)=10\times 0.2\times 0.8=1.6$ ♦

3.3.2 푸아송 분포

자연수 n과 $0 < p < 1$인 실수 p에 대하여 그 곱을 일정하게 유지하면서, 즉 $np = \lambda$ (λ는 상수)로 두고, n은 무한대로 보내고 p는 0으로 보내는 경우에 이항분포 $B(n,p)$의 확률함수가 근사적으로 어디에 가까워지는지 살펴보자.

$X \sim B(n,p)$일 때, 각 $x = 0, 1, 2, \cdots$ 에 대하여

$$\begin{aligned} P(X=x) &= \binom{n}{x} p^x (1-p)^{n-x} = \frac{n(n-1)\cdots(n-x+1)}{x!} p^x (1-p)^{n-x} \\ &= \frac{(np)^x}{x!} \cdot \frac{n(n-1)\cdots(n-x+1)}{n^x} (1-p)^n (1-p)^{-x} \\ &= \frac{\lambda^x}{x!} \left(1-\frac{1}{n}\right)\left(1-\frac{2}{n}\right)\cdots\left(1-\frac{x-1}{n}\right)\left(1-\frac{\lambda}{n}\right)^n \left(1-\frac{\lambda}{n}\right)^{-x} \\ &\approx \frac{\lambda^x}{x!} \cdot 1 \cdot 1 \cdots 1 \cdot e^{-\lambda} \cdot 1 = \frac{\lambda^x e^{-\lambda}}{x!} \end{aligned}$$

임을 볼 수 있다. 여기에서 구한 함수

$$p(x) = \frac{\lambda^x e^{-\lambda}}{x!}$$

를 확률함수로 하는 확률분포를 푸아송 분포**(Poisson distribution)**라고 하고 $X \sim \text{Pois}(\lambda)$로 나타낸다. 위의 근사식에서 살펴보았듯이 전체 시행 횟수 n이 아주 크고, 한 시행에서 성공확률 p가 아주 작은 이항분포 $B(n,p)$는 근사적으로 $\text{Pois}(np)$와 같아진다.

푸아송 분포에 대하여 전체 확률의 합이 1이 되는 것은 다음과 같이 자연지수함수의 테일러 급수를 이용하여 바로 보일 수 있다.

$$\sum_{x=0}^{\infty} p(x) = \sum_{x=0}^{\infty} \frac{\lambda^x e^{-\lambda}}{x!} = e^{-\lambda} \sum_{x=0}^{\infty} \frac{\lambda^x}{x!} = e^{-\lambda} e^{\lambda} = 1$$

정리 3.8

$X \sim \text{Pois}(\lambda)$일 때, $E(X) = \lambda$, $V(X) = \lambda$이다.

증명: 먼저 기댓값을 구하면

$$\mu = E(X) = \sum_{x=0}^{\infty} x\, p(x) = \sum_{x=0}^{\infty} x \frac{\lambda^x e^{-\lambda}}{x!} = \lambda e^{-\lambda} \sum_{x=1}^{\infty} \frac{\lambda^{x-1}}{(x-1)!} = \lambda e^{-\lambda} e^{\lambda} = \lambda$$

이다. 그리고

$$E(X^2) = \sum_{x=0}^{\infty} x^2\, p(x) = \sum_{x=0}^{\infty} x[(1+(x-1)]\, p(x) = \sum_{x=0}^{\infty} x\, p(x) + \sum_{x=0}^{\infty} x(x-1)\, p(x)$$

$$= \lambda + \sum_{x=2}^{\infty} x(x-1)\,\frac{\lambda^x e^{-\lambda}}{x!} = \lambda + \lambda^2\, e^{-\lambda} \sum_{x=2}^{\infty} \frac{\lambda^{x-2}}{(x-2)!} = \lambda + \lambda^2\, e^{-\lambda}\, e^{\lambda} = \lambda + \lambda^2$$

따라서 분산은 $V(X) = E(X^2) - \mu^2 = \left(\lambda + \lambda^2\right) - \lambda^2 = \lambda$이다. □

이항분포 $B(n,p)$의 기댓값이 np이므로 같은 시행을 독립적으로 n회 반복했을 때 평균적으로 np번 성공할 것을 기대할 수 있다. 그런데 전체 시행 횟수 n이 아주 큰 값으로 주어져 있거나, 어떤 기간 안에 일어나는 전체 시행 횟수 n의 정확한 값은 모르더라도 아주 크다는 것은 알 때, 그리고 한 번의 시행에서 성공확률 p가 아주 작은 경우에는 기댓값 $\lambda = np$를 가지는 푸아송 분포 Pois(λ)를 이용하여 성공 횟수가 x일 확률 $p(x)$를 구할 수 있다.

예제 3.13

어느 공장에서 생산하는 제품의 불량 비율이 1%라고 한다. 무작위로 300개의 제품을 검사할 때 불량품이 2개 나올 확률을 이항분포와 푸아송 분포를 적용하여 각각 구하시오.

풀이: 무작위로 300개의 제품을 검사할 때 나오는 불량품의 개수를 X라고 하자.

(1) $X \sim B(300, 0.01)$을 적용하면

$$P(X=2) = \binom{300}{2} 0.01^2 \times 0.99^{298} \approx 0.2244$$

(2) $\lambda = 300 \times 0.01 = 3$이므로 $X \sim \text{Pois}(3)$을 적용하면

$$P(X=2) = \frac{3^2 \times e^{-3}}{2!} = \frac{9}{2e^3} \approx 0.2240$$

(위 식의 값을 바로 계산하고자 할 때는 Excel에서 함수 POISSON.DIST(2,3,FALSE)를 사용. 또는 EXP(3)으로 자연지수함수의 값을 입력하여 직접 계산) ♦

예제 3.14

우리나라에서 규모 3 이상의 지진이 연평균 11회 일어난다고 한다. 일 년 동안 규모 3 이상의 지진이 13회 일어날 확률을 구하시오.

풀이: 일 년이라는 기간을 아주 작은 시간 단위로 나누어 각 시간 단위 안에 지진이 일어나는지, 아닌지를 관측하는 것으로 생각한다. 그리고 전체 관측 중에서 평균적으로 $\lambda = 11$회 일어나는 푸아송 분포에서 일 년 동안 지진이 일어나는 횟수를 X라고 하자.

$X \sim \text{Pois}(11)$을 적용하면

$$P(X=13) = \frac{11^{13} \times e^{-11}}{13!} \approx 0.0926$$

이다.

(Excel에서 함수 POISSON.DIST(13,11,FALSE)를 사용. 또는 '=11^13*EXP(-11)/FACT(13)'으로 입력하여 직접 계산) ◆

실습예제 **3.9**. 평균이 같은 이항분포와 푸아송 분포의 확률함수의 그래프를 Excel의 chart 기능을 이용하여 그려보자.

풀이: 예를 들어, $B(1000, p)$에서 $p = 0.003,\ 0.005,\ 0.01$로 두면 평균 np의 값이 각각 3, 5, 10이다. 이 세 가지 이항분포와 같은 평균 λ를 가지는 푸아송 분포 Pois(λ)에 대하여 $x = 0, 1, 2, \cdots, 20$에 대하여 $P(X = x)$를 구하고, 분산형 차트를 이용하여 확률함수의 그래프를 그린다.

	P(X=x) for B(1000, p)			P(X=x) for Pois(λ)		
	p			λ		
x	0.003	0.005	0.01	3	5	10
0	0.0495631	0.006654	4.317E-05	0.0497871	0.0067379	4.54E-05
1	0.1491367	0.033437	0.0004361	0.1493612	0.0336897	0.000454
2	0.2241537	0.0839286	0.0022002	0.2240418	0.0842243	0.00227
3	0.2243786	0.1403028	0.0073932	0.2240418	0.1403739	0.0075667
4	0.1682839	0.175731	0.0186137	0.1680314	0.1754674	0.0189166
5	0.1008691	0.1759076	0.0374531	0.1008188	0.1754674	0.0378333
6	0.0503334	0.1465897	0.0627371	0.0504094	0.1462228	0.0630555
7	0.0215065	0.1046017	0.0899866	0.021604	0.1044449	0.0900792
8	0.0080326	0.0652446	0.1128241	0.0081015	0.065278	0.112599
9	0.0026641	0.0361377	0.1256133	0.0027005	0.0362656	0.12511
10	0.0007944	0.0179962	0.1257402	0.0008102	0.0181328	0.12511
11	0.0002151	0.008139	0.1143093	0.000221	0.0082422	0.1137364
12	5.335E-05	0.0033708	0.0951615	5.524E-05	0.0034342	0.0947803
13	1.22E-05	0.0012873	0.0730533	1.275E-05	0.0013209	0.0729079
14	2.588E-06	0.0004561	0.0520228	2.732E-06	0.0004717	0.0520771
15	5.119E-07	0.0001506	0.0345417	5.463E-07	0.0001572	0.0347181
16	9.484E-08	4.66E-05	0.0214796	1.024E-07	4.914E-05	0.0216988
17	1.652E-08	1.356E-05	0.0125585	1.808E-08	1.445E-05	0.012764
18	2.714E-09	3.72E-06	0.0069276	3.013E-09	4.015E-06	0.0070911
19	4.221E-10	9.662E-07	0.0036166	4.757E-10	1.056E-06	0.0037322
20	6.23E-11	2.381E-07	0.0017919	7.135E-11	2.641E-07	0.0018661

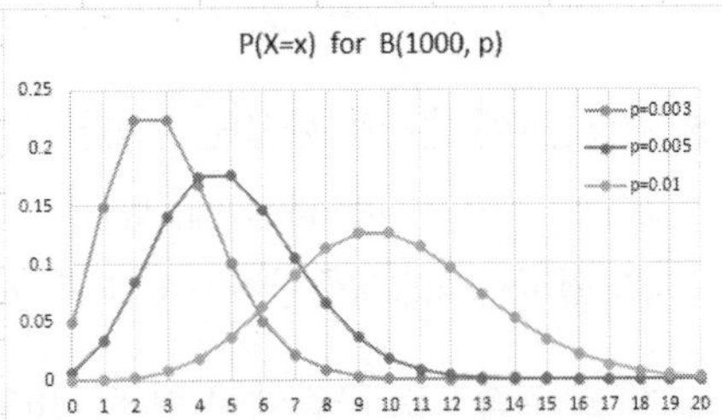

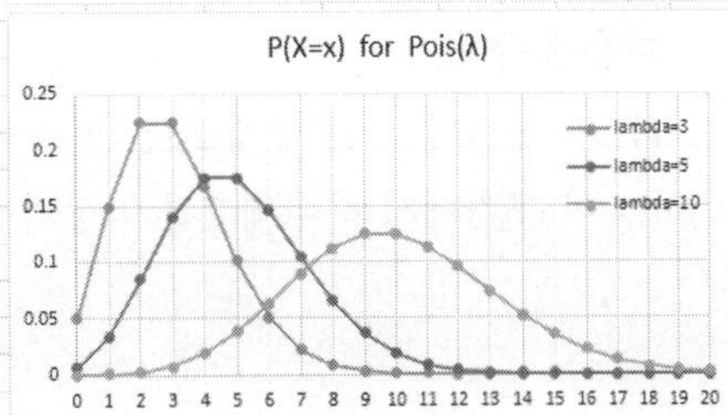

그래프를 통하여 평균이 같은 이항분포와 푸아송 분포의 확률함수의 그래프가 거의 유사함을 확인할 수 있으며, 각 확률함수는 x가 분포의 평균값일 때 $P(X = x)$가 최대임을 확인할 수 있다. (차트에서 계열의 이름은 디자인의 데이터선택에서 변경 가능) ◆

연습문제 3.3

1. 동전을 세 번 던질 때, 그 중 앞면이 나오는 횟수의 기댓값을 구하시오.

2. 이산확률변수 X의 확률분포가 다음과 같을 때, X의 분산과 표준편차를 구하시오.

x	0	1	2	3	4	합계
$P(X = x)$	0.1	0.2	0.4	0.2	0.1	1

3. 멘델의 법칙에 의하면 빨간색과 흰색이 섞인 혼합색 꽃을 피우는 완두콩 한 포기를 자가수분하여 얻은 완두콩 포기의 25%는 빨간색 꽃을 피우게 된다고 한다. 혼합색 꽃을 피우는 완두콩 다섯 포기를 자가수분하여 완두콩 다섯 포기를 얻었을 때, 다음 확률을 구하시오.

   (1) 빨간색 꽃 포기가 하나도 없다. (2) 빨간색 꽃 포기가 4개 이상이다.

4. 유전법칙에 따르면 완두콩의 우성교배를 통한 자손의 모양은 네 가지 형태로, '둥글고 노란 것', '주름지고 노란 것', '둥글고 녹색인 것', '주름지고 녹색인 것'의 비율이 9:3:3:1이라고 한다.

   (1) 확률변수 X를 130개의 우성교배 자손에서 둥글고 노란 것의 개수라고 할 때, X의 평균과 표준편차를 구하시오.

   (2) 확률변수 Y를 85개의 우성교배 자손에서 주름지고 녹색인 것의 개수라고 할 때, Y의 평균과 표준편차를 구하시오.

5. $B(n, p)$에 대하여 다음을 구하시오.

   (1) $n = 80, p = 0.35$일 때, 평균과 표준편차

   (2) 평균이 60, 표준편차가 6일 때, n, p

6. 어느 고속도로 구간에서 한 달(30일)동안 평균 24건의 교통사고가 발생한다고 할 때, 다음을 구하시오.

   (1) 이 구간에서 한 달에 20건의 교통사고가 발생할 확률

   (2) 이 구간에서 하루에 2건 이상의 교통사고가 발생할 확률

3.4 연속확률분포

이산확률변수 X에 대해서는 X가 어떤 값 x일 확률을 나타내는 확률함수 $p(x)$를 이용하였다. 그러나 연속확률변수 X는 실수의 어떤 구간에서 연속적으로 값을 가질 수 있어서 그 중 한 실수값일 확률은 항상 0이다. 연속확률변수에 대해서는 X가 어떤 범위에 있을 확률을 확률밀도함수(**probability density function**) $f(x)$의 적분을 이용하여 나타내는데, 이때 $f(x)$는 다음 세 조건을 만족해야 한다.

(1) $f(x) \geq 0 \qquad (\forall x \in \mathbb{R})$

(2) $\displaystyle\int_{-\infty}^{\infty} f(x)\,dx = 1$

(3) $\displaystyle P(a \leq X \leq b) = \int_a^b f(x)\,dx \qquad (a < b)$

임의의 $x \in \mathbb{R}$에 대하여

$$F(x) = P(X \leq x) = \int_{-\infty}^{x} f(t)\, dt$$

로 정의된 함수 $F(x)$를 X의 누적분포함수(**cumulative distrubution function**)라고 부른다. 누적분포함수 $F(x)$와 확률밀도함수 $f(x)$는 다음과 같은 관계를 만족한다.

$$\frac{d}{dx}F(x) = f(x)$$

연속확률변수에 대한 기댓값은 이산확률변수의 경우와 비슷하게 정의되는데, Σ를 적분으로 대체하면 된다.

정의 3.8

연속확률변수 X의 확률밀도함수가 $f(x)$일 때,

$$E(X) = \int_{-\infty}^{\infty} x\, f(x)\, dx$$

를 X의 기댓값(**expectation**)이라고 한다.

연속확률변수 X에 대해서도 이산확률변수의 경우와 마찬가지로 다음 성질들이 성립한다.

$$E(aX+b) = \int_{-\infty}^{\infty} (ax+b)\, f(x)\, dx = a\int_{-\infty}^{\infty} xf(x)\, dx + b\int_{-\infty}^{\infty} f(x)\, dx = aE(X)+b$$

$$E(X^2) = \int_{-\infty}^{\infty} x^2 f(x)\, dx$$

$$E(X^n) = \int_{-\infty}^{\infty} x^n f(x)\, dx$$

$$E(aX^2+bX+c) = aE(X^2)+bE(X)+c$$

연속확률변수의 분산과 표준편차도 이산확률변수의 경우와 마찬가지로 정의한다. 즉, 연속확률변수 X의 기댓값을 $E(X) = \mu$라고 할 때,

$$V(X) = E\left[(X-\mu)^2\right].$$

그리고 연속확률분포의 분산도 $V(X) = E\left[X^2\right] - \mu^2$으로 구할 수 있다.

예제 3.15

X의 확률밀도함수가 $f(x) = \begin{cases} cx, & 0 < x < 3 \\ 0, & \text{그 이외의 경우} \end{cases}$ 로 주어졌을 때 다음을 구하시오.

(1) 상수 c의 값　　(2) $P(X \geq 2)$　　(3) X의 분포함수

(4) $E(X)$　　(5) $V(X)$

풀이: (1) $\int_{-\infty}^{\infty} f(x)\,dx = \int_0^3 cx\,dx = \frac{9c}{2} = 1$이므로 $c = \frac{2}{9}$이다.

(2) $P(X \geq 2) = \int_2^{\infty} f(x)\,dx = \int_2^3 \frac{2}{9}x\,dx = \frac{5}{9}$

(3) x의 범위에 따라 $F(x) = \int_{-\infty}^{x} f(t)\,dt$를 구하면 $F(x) = \begin{cases} 0, & x \leq 0 \\ \frac{x^2}{9}, & 0 < x < 3 \\ 1, & x \geq 3 \end{cases}$ 이다.

(4) $\mu = E(X) = \int_{-\infty}^{\infty} x\,f(x)\,dx = \int_0^3 \frac{2}{9}x^2\,dx = 2$

(5) $E(X^2) = \int_{-\infty}^{\infty} x^2\,f(x)\,dx = \int_0^3 \frac{2}{9}x^3\,dx = \frac{9}{2}$이므로

$V(X) = E(X^2) - \mu^2 = \frac{9}{2} - 4 = \frac{1}{2}$이다. ◆

3.4.1 균등분포

정의 3.9

확률변수 X의 확률밀도함수가 상수함수일 때, 즉 $f(x) = \frac{1}{b-a}$, $(a \leq x \leq b)$ 일 때, X는 '구간 $[a, b]$ 위에서 균등분포**(uniform distribution)**을 따른다'고 하고 $X \sim U(a, b)$로 나타낸다. (단, $a < b$)

위 정의에서 확률밀도함수를 나타낼 때, 구간 $[a, b]$ 밖에서는 $f(x) = 0$임을 의미한다.

정리 3.10

$X \sim U(a, b)$일 때, $E(X) = \frac{a+b}{2}$, $V(X) = \frac{(b-a)^2}{12}$이다.

예제 3.16

어느 정거장에 버스가 8시부터 시작하여 10분 간격으로 도착한다. 어떤 승객이 그 정거장에 도착하는 시각이 8시부터 8시 20분 사이에서 균등분포를 이룬다고 할 때, 다음을 구하시오. (연속확률분포에서는 정확히 하나의 실수값일 확률은 0이므로 8시에 도착한 버스를 8시에 도착한 승객이 탈 수 있는 상황은 고려하지 않는다.)

(1) 승객이 버스를 4분 이하로 기다릴 확률

(2) 승객이 버스를 기다리는 시간의 평균과 분산

풀이: 승객이 정거장에 도착하는 시각을 8시 X분이라고 하면 $X \sim U(0, 20)$이다.

(1) 승객이 버스를 4분 이하로 기다리는 것은 $6 < X < 10$ 또는 $16 < X < 20$일 때이므로 구하는 확률은

$$P(6 < X < 10) + P(16 < X < 20) = \int_6^{10} \frac{1}{20}\,dx + \int_{16}^{20} \frac{1}{20}\,dx = \frac{2}{5}$$

이다.

(2) 승객이 버스를 기다리는 시간을 Y분이라고 하면, $0 < y < 10$인 y에 대하여 Y의 누적분포함수 $F(y)$는

$$\begin{aligned} F(y) = P(Y \le y) &= P(10 - y < X < 10) + P(20 - y < X < 20) \\ &= \int_{10-y}^{10} \frac{1}{20}\,dx + \int_{20-y}^{20} \frac{1}{20}\,dx = \frac{y}{10} \end{aligned}$$

이다. 따라서 Y의 확률밀도함수는 $f(y) = \frac{d}{dy}F(y) = \frac{1}{10}$, $(0 < y < 10)$이다. 즉 $Y \sim U(0, 10)$이므로 $E(Y) = \frac{10}{2} = 5$, $V(Y) = \frac{10^2}{12} = \frac{25}{3} \approx 8.33$이다. ◆

3.4.2 지수분포

앞의 예제 3.14에서 살펴본 '일 년 동안 지진이 일어나는 횟수'와 같이 사건이 서로 독립적일 때 일정 시간 동안 사건이 일어나는 횟수는 푸아송 분포를 따른다. 이와 비교하여 사건이 일어날 때까지 걸리는 시간은 다음과 같이 정의되는 지수분포를 따르는 것으로 알려져 있다. 예를 들어, 다음 번 지진이 날 때까지 걸리는 시간이나 은행 창구에서의 평균 대기시간, 어떤 제품의 수명 등이 지수분포를 따른다.

정의 3.10

확률변수 X의 확률밀도함수가 $f(x) = \lambda e^{-\lambda x}$, $(x \geq 0)$일 때, X는 '모수 λ를 갖는 지수분포**(exponential distribution)**를 따른다'고 하고 $X \sim EXP(\lambda)$로 나타낸다. (단, $\lambda > 0$)

지수분포의 확률밀도함수에 대하여 전체 확률이 1임을 다음과 같이 확인할 수 있다.

$$\int_{-\infty}^{\infty} f(x)\,dx = \int_0^{\infty} \lambda e^{-\lambda x}\,dx = \lim_{t\to\infty}\int_0^t \lambda e^{-\lambda x}\,dx = \lim_{t\to\infty}\left[-e^{-\lambda x}\right]_0^t = 1$$

정리 3.11

$X \sim EXP(\lambda)$일 때, $E(X) = \dfrac{1}{\lambda}$, $V(X) = \dfrac{1}{\lambda^2}$이다.

증명: $\mu = E(X) = \displaystyle\int_{-\infty}^{\infty} xf(x)\,dx = \int_0^{\infty} x\cdot\lambda e^{-\lambda x}\,dx = \lim_{t\to\infty}\int_0^t x\cdot\left(-e^{-\lambda x}\right)'\,dx$

$$= \lim_{t\to\infty}\left\{\left[-xe^{-\lambda x}\right]_0^t + \int_0^t e^{-\lambda x}\,dx\right\} = \lim_{t\to\infty}\left\{-te^{-\lambda t} + \frac{1}{\lambda}\left(1-e^{-\lambda t}\right)\right\} = \frac{1}{\lambda}\text{이다.}$$

$$E(X^2) = \int_{-\infty}^{\infty} x^2 f(x)\,dx = \int_0^{\infty} x^2\cdot\lambda e^{-\lambda x}\,dx = \lim_{t\to\infty}\int_0^t x^2\cdot\left(-e^{-\lambda x}\right)'\,dx = \frac{2}{\lambda^2}\text{이므로,}$$

$$V(X) = E(X^2) - \mu^2 = \frac{2}{\lambda^2} - \frac{1}{\lambda^2} = \frac{1}{\lambda^2}\text{이다.}$$ □

예를 들어, 일년에 평균 λ번 지진이 일어나는 경우, 지진이 일어날 때까지 걸리는 평균 시간은 $\frac{1}{\lambda}$년이라고 할 수 있다. 즉, 일년 동안 지진이 일어나는 횟수는 Pois(λ)를 따르고, 지진이 일어날 때까지 걸리는 평균 시간은 $EXP(\lambda)$를 따른다.

예제 3.17

어느 은행에서 일반적으로 손님이 창구 업무를 보기 위해 번호표를 뽑은 후 기다리는 시간을 X분이라고 할 때, X는 평균이 6인 지수분포를 따른다고 한다. 다음 물음에 답하시오.

(1) 어떤 한 손님이 은행에 도착하여 창구 업무를 보기까지 3분 이하로 기다릴 확률

(2) 이 은행에서 손님 50명을 무작위로 선택했을 때, 그 중 은행에 도착하여 창구 업무를 보기까지 3분 이하로 기다리는 손님 수의 기댓값

풀이: (1) $P(X \leq 3) = \displaystyle\int_0^3 f(x)\,dx = \int_0^3 \frac{1}{6}e^{-\frac{1}{6}x}\,dx = 1 - \frac{1}{\sqrt{e}} \approx 0.39347$이다.

(위 식의 값을 직접 구하고자 할 때는 Excel에서 함수 EXPON.DIST(3,1/6,TRUE)를 사용)

(2) 무작위로 선택한 손님 50명 중에 은행에 도착하여 창구 업무를 보기까지 5분 이하로 기다리는 손님의 수를 Y라고 하면, 위의 (2)의 결과에 의하여 $Y \sim B(50,\ 0.39347)$이다. 따라서 $E(Y) = 50 \times 0.39347 = 19.6735$이다. ♦

3.4.3 정규분포

정규분포는 가장 많이 사용되는 확률분포이며, 가우스(Gauss) 분포라고도 한다. 정규분포는 드무아브르(Abraham de Moivre)가 1733년 쓴 글에서 특정 이항 분포의 n이 클 때 그 분포의 근사치를 계산하는 것과 관련하여 처음 소개되었다. 뒤의 정리 3.19에서 다루게 될 중심극한 정리도 드무아브르에 의하여 증명되었는데, 이는 독립적인 확률변수들의 평균이 정규분포에 가까워지는 성질이 있다는 것이다. 이 성질을 바탕으로 수집된 자료의 분포를 근사하는 데에 정규분포가 자주 사용된다.

정의 3.11

확률변수 X의 확률밀도함수가 $f(x) = \dfrac{1}{\sigma\sqrt{2\pi}} e^{-\frac{(x-\mu)^2}{2\sigma^2}}$, $(-\infty < x < \infty)$일 때, X는 '모수 μ와 σ^2을 갖는 정규분포**(normal distribution)**를 따른다'고 하고, $X \sim N(\mu, \sigma^2)$으로 나타낸다. (단, $\sigma > 0$)

정규분포의 확률밀도함수의 그래프는 다음과 같이 $x = \mu$에서 최댓값을 가지고, 직선 $x = \mu$에 대하여 대칭인 종 모양을 나타내며, μ값이 일정할 때, σ가 작아지면 가운데로 모이고 커지면 양쪽으로 퍼진다.

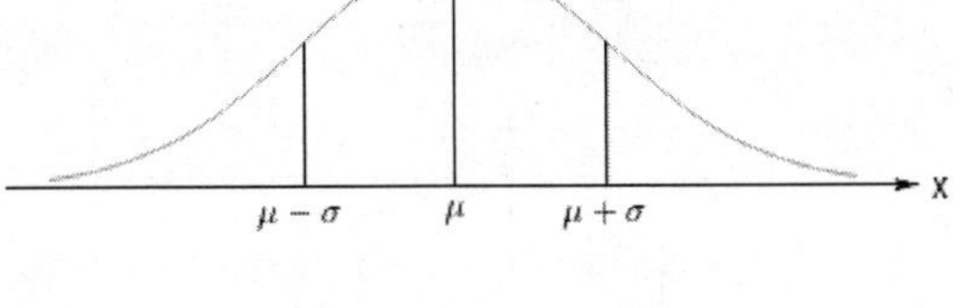

정규분포의 확률밀도함수의 기본 형태인 함수 e^{-x^2}는 가우스 함수**(Gaussian function)**라고 불리며, 이 함수의 구간 $(-\infty, \infty)$에서의 특이적분(가우스 적분)은 평면에서의 이중적분 계산을 통하여 다음과 같이 구해진다.

$$\int_{-\infty}^{\infty} e^{-x^2}\, dx = \sqrt{\pi} \tag{3.1}$$

이 적분을 바탕으로 치환적분을 하면 정규분포의 확률밀도함수에 대하여

$$\int_{-\infty}^{\infty} \frac{1}{\sigma\sqrt{2\pi}}\, e^{-\frac{(x-\mu)^2}{2\sigma^2}}\, dx = 1$$

임을 확인할 수 있다. 그리고 가우스 함수에 대하여 다음 두 성질이 성립하는 것은 함수의 대칭성과 부분적분을 이용하면 쉽게 확인된다.

$$\int_{-\infty}^{\infty} x\, e^{-x^2}\, dx = 0, \qquad \int_{-\infty}^{\infty} x^2\, e^{-x^2}\, dx = -\frac{1}{2}\int_{-\infty}^{\infty} x\left(e^{-x^2}\right)'\, dx = \frac{\sqrt{\pi}}{2} \tag{3.2}$$

따라서 정규분포의 확률밀도함수 $f(x)$에 대하여

$$\int_{-\infty}^{\infty} x\, f(x)\, dx = \int_{-\infty}^{\infty} [(x-\mu)+\mu] f(x)\, dx = \int_{-\infty}^{\infty} (x-\mu)\, f(x)\, dx + \int_{-\infty}^{\infty} \mu f(x)\, dx = \mu,$$

$$\int_{-\infty}^{\infty} x^2\, f(x)\, dx = \int_{-\infty}^{\infty} [(x-\mu)+\mu]^2 f(x)\, dx = \int_{-\infty}^{\infty} (x-\mu)^2\, f(x)\, dx + \int_{-\infty}^{\infty} \mu^2 f(x)\, dx = \sigma^2+\mu^2$$

이므로, 정규분포에 대하여 다음 정리가 성립한다.

정리 3.12

$X \sim N(\mu, \sigma^2)$일 때, $E(X) = \mu$, $V(X) = \sigma^2$이다.

평균 $\mu = 0$, 표준편차 $\sigma = 1$인 정규분포 $N(0,1)$을 표준정규분포**(standard normal distribution)**라고 하고, 그 확률변수를 Z로 나타낸다. 즉 $Z \sim N(0,1)$의 확률밀도함수는

$$f(z) = \frac{1}{\sqrt{2\pi}}\, e^{-\frac{z^2}{2}}$$

이고, y축에 대칭인 다음과 같은 그래프를 가진다.

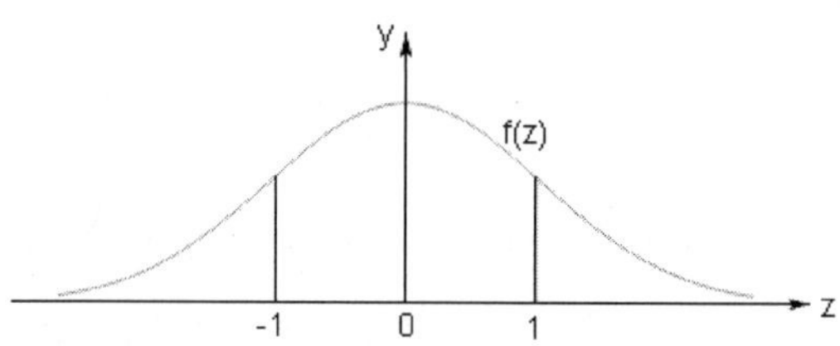

정리 3.13

$X \sim N(\mu, \sigma^2)$ 일 때, 확률변수를 $Z = \dfrac{X - \mu}{\sigma}$ 로 치환하면 $Z \sim N(0, 1)$ 이다.

위 정리를 이용하여 일반적인 정규분포에 대한 확률을 구할 때, 확률변수를 치환하여 표준정규분포의 확률로 구할 수 있다. 특히 $z = 0.00, 0.01, \cdots, 3.59$ 에 대해서는 이 책 뒤쪽 [부록 1]의 표준정규분포표에 제시된 확률값 $P(0 \le Z \le z)$을 활용할 수 있다.

$$P(0 \le Z \le z) = \int_0^z \frac{1}{\sqrt{2\pi}} e^{-\frac{t^2}{2}} \, dt$$

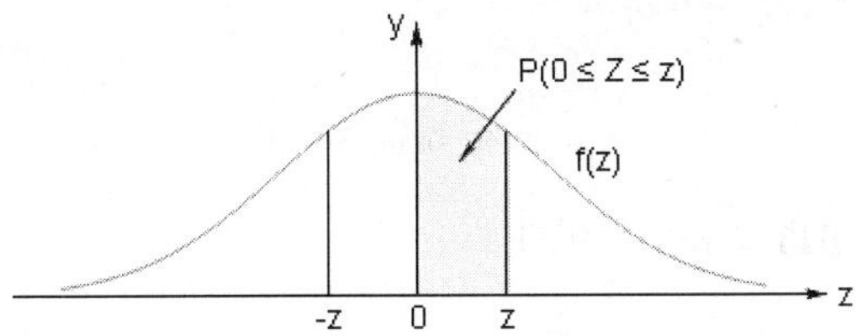

그리고 자주 쓰이는 α값에 대하여 $P(Z \ge z_\alpha) = \alpha$를 만족하는 z_α의 값은 다음의 표 3.1를 참고하도록 한다.

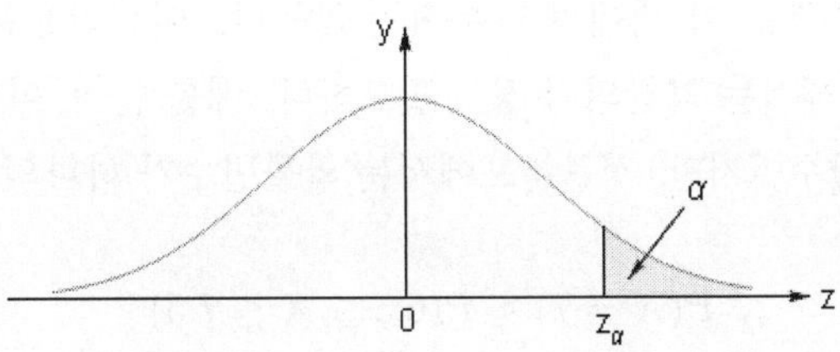

표 3.1. 표준정규분포에서 $P(Z \ge z_\alpha) = \alpha$를 만족하는 z_α의 값

α	0.25	0.23	0.11	0.1	0.05	0.04	0.025	0.01	0.005
z_α	0.674	0.739	1.227	1.282	1.645	1.751	1.960	2.326	2.576

예제 3.18

어느 대학 남학생 키가 평균 176 cm, 표준편차 6 cm인 정규분포를 이룬다고 할 때 다음 물음에 답하시오. (통계청 자료 참고)

(1) 무작위로 뽑은 한 남학생의 키가 170cm 이상 180cm 이하일 확률을 구하시오.

(2) 이 대학의 남학생 중에서 키가 상위 5% 안에 들어가려면 몇 cm 이상이어야 하는가?

풀이: (1) 무작위로 뽑은 한 남학생의 키를 X라고 하면 $X \sim N(176, 6^2)$이므로

$$\begin{aligned} P(170 \le X \le 180) &= P\left(\frac{170-176}{6} \le \frac{X-176}{6} \le \frac{180-176}{6}\right) \\ &= P(-1 \le Z \le 0.67) \\ &= P(-1 \le Z \le 0) + P(0 \le Z \le 0.67) \\ &= P(0 \le Z \le 1) + P(0 \le Z \le 0.67) \\ &\approx 0.3413 + 0.2486 \\ &= 0.5899 \end{aligned}$$

(2) 키 $x$cm 이상일 확률이 0.05인 x의 값을 구하려면

$$0.05 = P(X \ge x) = P\left(\frac{X-176}{6} \ge \frac{x-176}{6}\right) = P\left(Z \ge \frac{x-176}{6}\right)$$

을 만족해야 하므로, 표 3.1를 이용하여

$$\frac{x-176}{6} = z_{0.05} \approx 1.645$$

로부터 $x \approx 176 + 6 \times 1.645 = 185.87$이다. ♦

앞의 3.3.2절에서 n이 아주 크고 p가 아주 작은 경우 이항분포 $B(n, p)$가 근사적으로 푸아송분포 Pois(np)와 가깝다는 것을 살펴보았다. 한편, n이 아주 크고, $np > 5$, $n(1-p) > 5$인 경우에는 이항분포 $B(n, p)$가 근사적으로 정규분포 $N(np, np(1-p))$와 가깝다는 것을 보일 수 있는데, 그에 대한 증명은 이 책에서 다루지는 않는다. 이산확률분포를 연속확률분포와 근사적으로 비교하기 위해서는 약간의 수정이 필요하다. 예를 들어, 이항분포 $B(20, 0.5)$에서 $P(X = 7) \approx 0.074$로 양수이지만, 정규분포에서는 확률변수가 하나의 실수값일 확률은 항상 0이다. 이것을 고려하여

$$P(X = 7) \approx P(6.5 \le X \le 7.5)$$

로 수정하여 연속확률변수로 근사적 확률을 계산한다. 이러한 과정을 '이산확률변수의 연속확률변수로의 연속성 수정'이라고 한다. 구간에 대한 확률도 다음과 같이 연속성 수정을 하는 것이 일반적이다.

$$P(4 \le X \le 8) \approx P(3.5 \le X \le 8.5)$$

$$P(4 < X < 8) \approx P(4.5 \le X \le 7.5)$$

예제 3.19

한 개의 주사위를 1620번 던져서 5의 눈이 나온 횟수를 확률변수 X라고 할 때, 연속성 수정을 이용하여 다음 확률을 근사적으로 구하시오.

(1) 5의 눈이 정확히 260번 나올 확률

(2) 5의 눈이 260번 이상 280번 이하로 나올 확률

풀이 : 이항분포를 따르는 확률변수 $X \sim B\left(1620, \frac{1}{6}\right)$는 근사적으로 $\mu = np = 270$, $\sigma^2 = np(1-p) = 225 = 15^2$ 정규분포를 따른다. 즉, $X \sim N(270, 15^2)$이다. $Z = \frac{X - 270}{15}$를 이용하여 표준정규분포표를 이용하면

(1)

$$\begin{aligned} P(X = 260) &\approx P(259.5 \le X \le 260.5) \\ &\approx P(-0.7 \le Z \le -0.63) \\ &= P(0.63 \le Z \le 0.7) \\ &= P(0 \le Z \le 0.7) - P(0 \le Z \le 0.63) \\ &\approx 0.2580 - 0.2357 \\ &= 0.0223 \end{aligned}$$

(2)

$$\begin{aligned} P(260 \le X \le 280) &\approx P(259.5 \le X \le 280.5) \\ &\approx P(-0.7 \le Z \le 0.7) \\ &= 2\,P(0 \le Z \le 0.7) \\ &\approx 2 \times 0.2580 \\ &= 0.5160 \end{aligned}$$

(Excel 함수 NORM.S.DIST(0.7,True)는 누적확률인 $P(Z \le 0.7)$을 뜻한다. 따라서 위 식의 값 $P(0 \le Z \le 0.7)$을 구할 때는 '=NORM.S.DIST(0.7,True)-0.5' 로 입력하면 된다.) ♦

3.4.4 양자 역학에서의 확률분포

2.7에서 설명한 것과 같이 양자역학에서 파동함수 $\psi(\vec{r}, t)$는 시공간에서 입자의 양자상태를 나타내는 복소함수이다. 그리고 파동함수의 크기의 제곱인 $|\psi(\vec{r}, t)|^2$는 입자가 시간 t일 때 위치 $\vec{r}$에 위치할 확률밀도함수가 된다. 만약 파동함수를 $\psi(\vec{r}, t) = \Psi(\vec{r})\, e^{-iEt/\hbar}$로 나타낼 수 있다면 $f(\vec{r}) = |\Psi(\vec{r})|^2 = \Psi^*(\vec{r})\,\Psi(\vec{r})$는 입자가 공간적 위치 $\vec{r}$에 위치할 확률밀도함수가 된다. 어떤 영역 D에서 입자의 양자상태가 파동함수 $\Psi(\vec{r})$로 주어졌을 때 임의의 물리량 $g(\vec{r})$을 측정하여 얻은 기대값은 다음과 같이 구해진다.

$$\langle g \rangle = \int_D g(\vec{r})\, f(\vec{r})\, d\vec{r} = \int_D g(\vec{r})\, |\Psi(\vec{r})|^2\, d\vec{r}$$

예를 들어, $g(\vec{r}) = \vec{r}$이라고 하면 입자의 위치 $\vec{r}$에 대한 기댓값 또는 평균값은 다음과 같이 구할 수 있다.

$$\langle \vec{r} \rangle = \int_D \vec{r}\, f(\vec{r})\, d\vec{r} = \int_D \vec{r}\, |\Psi(\vec{r})|^2\, d\vec{r}$$

만약 영역 D가 3차원이라면 $\int_D d\vec{r}$은 삼중적분이 된다.

예제 3.20

예제 2.18의 1차원 무한포텐셜 우물 문제에서 파동의 마디 개수가 가장 작은 고유함수는 다음과 같이 구해졌다.

$$\Psi(x) = \sqrt{\frac{2}{L}} \sin \frac{\pi x}{L}$$

슈뢰딩거 방정식에 대입하면 마디의 개수가 작을수록 더 낮은 에너지 값을 가지기 때문에, 입자의 파동함수가 위와 같이 주어졌을 때 가장 낮은 에너지 상태에 머무는 것을 알 수 있다. 입자가 이와 같이 가장 낮은 에너지 상태에 있을 때,

(1) 위치 x에 대한 기댓값과 분산을 구하시오.

(2) 구간 $0 \le x \le \frac{L}{4}$에서 발견할 확률을 구하시오.

풀이: (1) 주어진 파동함수로부터 입자의 확률밀도함수는 $f(x) = \frac{2}{L}\sin^2\left(\frac{\pi x}{L}\right)$이 된다. 이를 이용하여 위치의 기댓값은

$$\begin{aligned}
\mu = E(X) = \langle x \rangle &= \int_0^L x f(x)\,dx = \frac{2}{L}\int_0^L x \sin^2\left(\frac{\pi x}{L}\right) dx \\
&= \frac{2L}{\pi^2}\int_0^\pi y \sin^2 y\,dy = \frac{L}{\pi^2}\int_0^\pi y(1-\cos 2y)\,dy \\
&= \frac{L}{\pi^2}\left[\frac{y^2}{2} - \frac{1}{2}y\sin 2y - \frac{1}{4}\cos 2y\right]_0^\pi = \frac{L}{2}
\end{aligned}$$

으로 구해진다. 이 결과는 입자의 평균적인 위치는 우물의 가운데 점이 된다는 것을 의미한다. 분산은 $\sigma^2 = \langle x^2 \rangle - \langle x \rangle^2$으로 구한다. 이때 x^2의 기대값은

$$\begin{aligned}
E(X^2) = \langle x^2 \rangle &= \int_0^L x^2 f(x)\,dx = \frac{2}{L}\int_0^L x^2 \sin^2\left(\frac{\pi x}{L}\right) dx \\
&= \frac{2L^2}{\pi^3}\int_0^\pi u^2 \sin^2 u\,du \qquad (u = \pi x/L) \\
&= \frac{L^2}{\pi^3}\int_0^\pi u^2(1-\cos 2u)\,du = \frac{L^2}{3} - \frac{L^2}{2\pi^2}
\end{aligned}$$

이므로, 분산은 $\sigma^2 = E(X^2) - \mu^2 = \frac{L^2}{3} - \frac{L^2}{2\pi^2} - \frac{L^2}{4} = \frac{L^2}{12} - \frac{L^2}{2\pi^2} \approx 0.0327 \times L^2$이다.

(2) 주어진 구간에 입자가 존재할 확률은 다음과 같이 구해진다.

$$P\left(0 \le x \le \frac{L}{4}\right) = \int_0^{L/4} f(x)\,dx = \frac{2}{L}\int_0^{L/4} \sin^2\left(\frac{\pi x}{L}\right) dx$$

$$
\begin{aligned}
&= \frac{2}{L}\int_0^{\pi/4} \sin^2 u\,du \quad (u = \pi x/L) \\
&= \frac{1}{L}\int_0^{\pi/4} (1-\cos 2u))\,dx = \frac{1}{L}\left[u - \frac{1}{2}\sin 2u\right]_0^{\pi/4} \\
&= \frac{1}{4} - \frac{1}{2\pi} \approx 0.090845
\end{aligned}
$$

♦

실습예제 **3.14**. 위의 확률밀도함수 $f(x) = \frac{2}{L}\sin^2\left(\frac{\pi x}{L}\right)$의 그래프와 여러 가지 적분, 계산을 Wolfram Cloud에서 다음과 같이 입력하여 구해보자.

풀이 :

```
f[x_]:=(2/L)(Sin[Pi x/L])^2
Plot[f[x]/.L->1,{x,0,1}]
Integrate[f[x],{x,0,L}]
Integrate[f[x],{x,0,L/4}]
N[%/.L->1]
Integrate[x f[x],{x,0,L}]
Integrate[x^2 f[x],x]
Integrate[x^2 f[x],{x,0,L}]
V=% – %%%^2
N[%/.L->1]
```

♦

예제 3.21

식 (2.28)과 식 (2.30)로부터 수소원자의 1s 오비탈 상태에 있는 전자의 파동함수는

$$\Psi(r,\theta,\phi) = \Psi_{100}(r,\theta,\phi) = \sqrt{\frac{1}{\pi a_0^3}}\, e^{-r/a_0}$$

으로 주어진다. 이를 이용하여 1s 오비탈 상태에 있는 전자가 원자핵으로부터 떨어져 있는 거리의 기대값 $E(R) = \langle r\rangle$을 구하시오.

풀이 : 주어진 파동함수로부터 확률 분포 함수는 $f(r,\theta,\phi) = |\Psi(r,\theta,\phi)|^2 = \frac{1}{\pi a_0^3}e^{-r/a_0}$가 된다. 이로부터 거리에 대한 기대값은

$$
\begin{aligned}
\langle r\rangle &= \iiint_{\mathbb{R}^3} r\,|\Psi(r,\theta,\phi)|^2\,dV = \frac{1}{\pi a_0^3}\int_{r=0}^{\infty}\int_{\phi=0}^{\pi}\int_{\theta=0}^{2\pi} r^3 e^{-2r/a_0}\sin\phi\,d\theta\,d\phi\,dr \\
&= \frac{1}{\pi a_0^3}\left(\int_0^{\infty} r^3 e^{-2r/a_0}\,dr\right)\left(\int_0^{\pi}\sin\phi\,d\phi\right)\left(\int_0^{2\pi} d\theta\right) \\
&= \frac{1}{\pi a_0^3}\left(\int_0^{\infty} r^3 e^{-2r/a_0}\,dr\right)\times(2)\times(2\pi) \\
&= \frac{4}{a_0^3}\int_0^{\infty} r^3 e^{-2r/a_0}\,dr = \frac{a_0}{4}\int_0^{\infty} u^3 e^{-u}\,du \qquad (u = 2r/a_0)
\end{aligned}
$$

$$
\begin{aligned}
&= \frac{a_0}{4}\cdot\left[-u^3e^{-u}\right]_0^\infty + \frac{3}{4}a_0\int_0^\infty u^2e^{-u}\,du \\
&= 0+\frac{3}{4}a_0\cdot\left[-u^2e^{-u}\right]_0^\infty + \frac{3}{2}a_0\int_0^\infty ue^{-u}\,du \\
&= 0+\frac{3}{2}a_0\cdot\left[-ue^{-u}\right]_0^\infty + \frac{3}{2}a_0\int_0^\infty e^{-u}\,du \\
&= 0+\frac{3}{2}a_0\cdot\left[-e^{-u}\right]_0^\infty = \frac{3}{2}a_0
\end{aligned}
$$

가 된다. ♦

예제 3.22

구면좌표계에서 주어진 파동함수 $\Psi(r,\theta,\phi)$에서 각도 θ와 ϕ에 대해 적분을 하면 다음과 같은 방사형 분포함수(radial distribution function) $P(r)$를 얻게 된다.

$$P(r)=\int_{\phi=0}^{\pi}\int_{\theta=0}^{2\pi}\left|\Psi(r,\theta,\phi)\right|^2 r^2\sin\phi\,d\theta\,d\phi$$

수소에서 전자가 1s 오피탈 상태에 머물 때 방사형 분포함수가 최댓값을 가지는 r의 값, 또는 전자를 발견할 확률이 가장 높은 반지름 r_{mp}을 구하여라.

풀이: 1s 오피탈의 파동함수 $\Psi(r,\theta,\phi)=\sqrt{\dfrac{1}{\pi a_0^3}}e^{-r/a_0}$로부터 방사형 분포함수는

$$P(r)=\int_{\phi=0}^{\pi}\int_{\theta=0}^{2\pi}\frac{1}{\pi a_0^3}e^{-2r/a_0}\,r^2\sin\phi\,d\theta\,d\phi=\frac{4}{a_0^3}\,r^2\,e^{-2r/a_0}$$

으로 구해진다. 함수 $P(r)$이 최댓값을 가지는 위치는 도함수 $\dfrac{d}{dr}P(r)$이 0이 되는 점들로부터 찾을 수 있다. 즉

$$\frac{d}{dr}\left(r^2e^{-2r/a_0}\right)=(2r-2r^2/a_0)\,e^{-2r/r_0}=0$$

으로부터 극값들은 $r=0$과 $r=a_0$을 얻게 된다. 여기서 $P(r)$이 그래프를 그려보거나 $P(r)$의 이계도함수를 이용하면 $P(0)$은 극솟값이며, $P(a_0)$이 극댓값임을 확인할 수 있다. 이로부터 1s 오비탈에 머무는 전자가 가장 높은 확률로 발견될 거리 r_{mp}는 보어 반지름 a_0이 됨을 알 수 있다. ♦

실습예제 **3.15**. 위 예제의 1s 원자궤도에 대한 기댓값 $E(R)$을 구하는 삼중적분과 방사형 분포함수 $P(r)$의 그래프, 미분, 방정식 풀이 등을 Wolfram Cloud에서 다음과 같이 입력하여 구해보자. (그리스 문자 등의 기호는 Wolfram Cloud의 상단 메뉴의 Insert에서 선택할 수 있다.)

풀이:

```
1/(π a^3) Integrate[r^3 Exp[-2r/a]
   Sin[φ], {θ,0,2π},{φ,0,π},{r,0,∞}]
g[r_]:=r^2 Exp[-k r]
Plot[g[r]/.k->1,{r,-0.3,10}]
```

```
D[g[r],r]
Simplify[%]
Solve[%%==0,r]
```

♦

3.4.5 기체 운동 이론의 확률분포

볼츠만 분포**(Boltzmann distribution)**에 따르면 임의의 물리계가 열역학적으로 어떤 상태나 위치 x에 머물 확률은 $e^{-E(x)/(k_B T)}$에 비례하게 된다. 여기서 $E(x)$은 상태 x의 에너지 값이며, k_B는 볼츠만 상수, T는 Kelvin 단위의 온도이다. 그리고 물리계가 모든 에너지 상태에 머물 확률들의 합이 1이 되어야 한다는 조건으로부터 볼츠만 분포는 다음과 같이 주어진다.

$$f(x) = \frac{1}{Z} e^{-E(x)/(k_B T)}$$

여기서 $Z = \displaystyle\int e^{-E(x)/(k_B T)} dx$는 분배함수**(partition function)**라 불리는 값으로, 분포함수에 대한 적분값이 1이 되게 하는 역할을 한다.

예를 들어, 실제 기체에서는 분자들이 움직이는 속도에 따라 결정되는 운동에너지와 분자들 사이의 거리에 따라 밀거나 당기게 해주는 위치에너지의 합으로 분자들의 (역학적) 에너지가 결정된다. 한편 헬륨과 같은 기체는 분자들 사이에 작용하는 위치에너지가 충분히 작아서 무시할 수 있는데, 이와 같이 분자들의 운동에너지만으로 에너지가 정의되는 기체를 이상 기체 **(ideal gas)**라고 한다. 만약 질량이 m인 이상 기체 분자가 1차원 x축 방향으로만 속도 v_x로 움직이고 있다면 그 분자의 운동에너지는 $E = -\frac{1}{2} m v_x^2$이 된다. 그리고 1차원에서 움직이는 기체 분자가 속도 v_x를 가질 확률 분포는 다음과 같이 주어진다.

$$f_1(v_x) = \frac{1}{Z} \exp\left(-E/(k_B T)\right) = \frac{1}{Z} \exp\left(-\alpha^2 v_x^2\right)$$

이때 $\alpha^2 = m/(2k_B T)$이다. 이 분포함수는 정규분포를 따르고 있고, 가우스 적분 $\displaystyle\int_{-\infty}^{\infty} e^{-x^2} dx = \sqrt{\pi}$를 이용하면 분배함수 값은

$$Z = \int_{-\infty}^{\infty} \exp\left(-\alpha^2 v_x^2\right) dv_x = \frac{1}{\alpha} \int_{-\infty}^{\infty} e^{-u^2} du = \frac{\sqrt{\pi}}{\alpha} \qquad (u = \alpha x)$$

로 구해진다. 이 확률 분포에 따라 움직이는 분자의 평균속도를 구하면 기함수의 적분 성질에 의해 다음과 같은 결과를 얻게 된다.

$$\langle v_x \rangle = \frac{\alpha}{\sqrt{\pi}} \int_{-\infty}^{\infty} v_x \exp\left(-\alpha^2 v_x^2\right) dv_x = 0$$

이는 분자가 x축의 양의 방향으로 움질일 확률 $f_1(v_x)$가 음의 방향으로 움직일 확률 $f_1(-v_x)$와 같아서 속도에 대한 기댓값이 0이 되는 것이다. 그리고 기체 분자 속도의 분산은 부분적분을 사용하여 다음과 같이 구해진다.

$$\begin{aligned}\sigma^2 = \langle v_x^2\rangle - \langle v_x\rangle^2 &= \frac{\alpha}{\sqrt{\pi}}\int_{-\infty}^{\infty} v_x^2 \exp\left(-\alpha^2 v_x^2\right) dv_x \\ &= \frac{1}{\sqrt{\pi}\alpha^2}\int_{-\infty}^{\infty} u^2 e^{-u^2} du \qquad (u = \alpha v_x) \\ &= \frac{1}{\sqrt{\pi}\alpha^2}\cdot\left[-\frac{1}{2}ue^{-u^2}\right]_{-\infty}^{\infty} + \frac{1}{\sqrt{\pi}\alpha^2}\cdot\frac{1}{2}\int_{-\infty}^{\infty} e^{-u^2} du \\ &= 0 + \frac{1}{2\alpha^2} = \frac{k_B T}{m}\end{aligned}$$

만약 같은 질량의 이상 기체 분자가 3차원 공간에서 속도 $\vec{v} = (v_x, v_y, v_z)$로 움직이고 있다면 그 확률 분포는

$$f(\vec{v}) = f_1(v_x)\cdot f_1(v_y)\cdot f_1(v_z) = \frac{\alpha^3}{\pi^{3/2}}\exp\Big[-\alpha^2(v_x^2+v_y^2+v_z^2)\Big]$$

으로 주어진다. 기체 분자의 속도를 구면좌표계에서 나타낸다면 $\vec{v} = (v, \theta, \phi)$가 되며, 이때 $v = \|\vec{v}\| = \sqrt{v_x^2+v_y^2+v_z^2}$는 기체 분자의 속력(speed)을 의미하게 된다. 그리고 기체 분자가 임의의 방향으로 향할 확률이 동일하다는 것을 고려하여 θ와 ϕ에 대한 적분을 하면 다음과 같은 맥스웰-볼츠만 속력 분포**(Maxwell-Boltzmann distribution of speed)** 함수를 얻는다.

$$\begin{aligned}P(v) &= \int_{\phi=0}^{\pi}\int_{\theta_0}^{2\pi} f(v,\theta,\phi)v^2\sin\phi\, d\theta d\phi = 4\pi\cdot\frac{\alpha^3}{\pi^{3/2}}v^2\exp(-\alpha^2 v^2) \\ &= 4\pi\left(\frac{m}{2\pi k_B T}\right)^{3/2} v^2\exp\left(-\frac{mv^2}{2k_B T}\right)\end{aligned}$$

> **예제 3.23**
>
> 맥스웰-볼츠만 속력 분포에 대하여 v의 평균속력 $v_{\text{mean}} = E(v)$와 근평균제곱속력(root-mean-square speed) $v_{\text{rms}} = \sqrt{E(v^2)}$, 그리고 v의 분산을 구하시오.

풀이: 먼저 기체 분자의 평균속력을 구하면 다음과 같다.

$$\begin{aligned}v_{\text{mean}} = \langle v\rangle &= \int_0^{\infty} vP(v)\, dv = \frac{4\alpha^3}{\sqrt{\pi}}\int_0^{\infty} v^3\exp\left(-\alpha^2 v^2\right) dv \\ &= \frac{2}{\sqrt{\pi}\alpha}\int_0^{\infty} ue^{-u}\, du \quad (u = \alpha^2 v^2) \\ &= -\frac{2}{\sqrt{\pi}\alpha}\Big[ue^{-u}\Big]_0^{\infty} + \frac{2}{\sqrt{\pi}\alpha}\int_0^{\infty} e^{-u}\, du\end{aligned}$$

$$= 0 - \frac{2}{\sqrt{\pi}\alpha}\left[e^{-u}\right]_0^\infty = \frac{2}{\sqrt{\pi}\alpha} = \left(\frac{8\,k_B\,T}{\pi\,m}\right)^{1/2}$$

다음으로

$$\begin{aligned}
\langle v^2\rangle &= \int_0^\infty v^2 P(v)\,dv = \frac{4\alpha^3}{\sqrt{\pi}}\int_0^\infty v^4\,\exp\left(-\alpha^2 v^2\right)\,dv \\
&= \frac{4}{\sqrt{\pi}\alpha^2}\int_0^\infty u^4\,e^{-u^2}\,du \qquad (u=\alpha v) \\
&= \frac{4}{\sqrt{\pi}\alpha^2}\cdot\left[-\frac{1}{2}u^3 e^{-u^2}\right]_0^\infty + \frac{6}{\sqrt{\pi}\alpha^2}\int_0^\infty u^2\,e^{-u^2}\,du \\
&= 0 + \frac{6}{\sqrt{\pi}\alpha^2}\cdot\left[-\frac{1}{2}ue^{-u^2}\right]_0^\infty + \frac{3}{\sqrt{\pi}\alpha^2}\int_0^\infty e^{-u^2}du \\
&= 0 + \frac{3}{\sqrt{\pi}\alpha^2}\cdot\frac{\sqrt{\pi}}{2} = \frac{3}{2\alpha^2} = \frac{3\,k_B\,T}{m}
\end{aligned}$$

로부터 $v_{\text{rms}} = \sqrt{\langle v^2\rangle} = \dfrac{\sqrt{3}}{\sqrt{2}\alpha} = \sqrt{\dfrac{3\,k_B\,T}{m}}$ 을 얻게 된다. 이것으로부터 하나의 기체 분자가 가지는 에너지의 평균값이 $E = \dfrac{1}{2}m\langle v^2\rangle = \dfrac{3}{2}k_B\,T$ 라는 것을 알 수 있다. 아보가드로 숫자 $(=N_A)$의 기체 분자로 이루어진 기체 1몰의 에너지는 $\dfrac{3}{2}RT$가 되며, 이때 $R = N_A\,k_B$를 기체 상수(**gas constant**)라고 한다. 그리고 v의 분산은

$$\sigma^2 = E(v^2) - \mu^2 = \frac{3\,k_B\,T}{m} - \frac{8\,k_B\,T}{\pi\,m} = \frac{k_B\,T}{m}\left(3 - \frac{8}{\pi}\right) \approx 0.4535\left(\frac{k_B\,T}{m}\right)$$

으로 구해진다. ◆

> **예제 3.24**
>
> 맥스웰-볼츠만 속력 분포에 대하여 가장 확률이 높은 속력, 즉 $P(v)$의 값이 최대가 되는 v의 값$(=v_{\text{mp}})$을 구하고, 앞에서 구한 v_{mean}, v_{rms}와 그 크기를 비교하라.

풀이: $P(v) = \dfrac{4\alpha^3}{\sqrt{\pi}}v^2\,e^{-\alpha^2 v^2}$ 의 값이 최대가 되는 v의 값은 $\dfrac{d}{dv}P(v) = 0$을 만족하는 극값으로부터 찾을 수 있다. 즉,

$$\frac{d}{dv}\left(v^2 e^{-\alpha^2 v^2}\right) = 2v(1-\alpha^2 v^2)e^{-\alpha^2 v^2} = 0$$

을 만족하는 v는 0과 $\dfrac{1}{\alpha}$ 이다. $P(v)$의 그래프를 그리거나 이계도함수를 구하여 확인하면 $v = 0$에서 $P(v)$는 극솟값을 가지며, $v = \dfrac{1}{\alpha}$ 에서 최댓값을 가진다. 따라서 $v_{\text{mp}} = \dfrac{1}{\alpha} = \left(\dfrac{2\,k_B\,T}{m}\right)^{1/2}$

이다. 앞에서 $v_{\text{mean}} = \dfrac{2}{\sqrt{\pi}\alpha} = \left(\dfrac{8\,k_B T}{\pi\,m}\right)^{1/2}$과 $v_{\text{rms}} = \dfrac{\sqrt{3}}{\sqrt{2}\alpha} = \left(\dfrac{3\,k_B T}{m}\right)^{1/2}$이었고, $1 < \dfrac{4}{\pi} < \dfrac{3}{2}$이므로

$$v_{\text{mp}} < v_{\text{mean}} < v_{\text{rms}}$$

가 됨을 알 수 있다. ♦

연습문제 3.4

1. X의 확률밀도함수가 $f(x) = \begin{cases} cx^2, & 0 < x < 3 \\ 0, & \text{그 이외의 경우} \end{cases}$ 로 주어졌을 때 다음을 구하시오.
   (1) 상수 c의 값 (2) $P(X \geq 1)$ (3) X의 분포함수
   (4) $E(X)$ (5) $V(X)$

2. 고속버스가 서울에서 천안까지 가는데 걸리는 시간이 70분에서 85분 사이에서 균등분포를 이룬다고 할 때, 다음을 구하시오.
   (1) 확률밀도함수
   (2) 승객의 여행시간이 75분 이하일 확률
   (3) 평균 여행시간과 여행시간의 표준편차

3. 어느 사무실에 전화가 평균적으로 10분당 세 번 걸려온다고 하자. 이 사무실에 전화가 걸려오고 나서 다음 전화가 올 때까지의 시간을 X분이라고 할 때, 다음을 구하시오.
   (1) 확률밀도함수
   (2) X의 기댓값과 표준편차
   (3) 다음 전화가 걸려올 때까지 걸린 시간이 5분 이상일 확률
   (4) 이 사무실에 무작위로 100번 들렀을 때, 도착하여 전화가 걸려오기까지 5분 이상 기다리는 횟수의 기댓값

4. 어느 고등학교 1학년의 1학기 수학 중간시험 점수가 평균 63, 표준편차 10인 정규분포를 따른다고 할 때,
   (1) 50점 이하의 점수를 얻은 학생은 몇 %인가?
   (2) 상위 4%가 1등급이라면, 몇 점 이상이어야 1등급을 받을 수 있는가? (표 3.1 이용)

5. 공공 보고서에 따르면 성인 남자의 키는 평균 175.3cm, 표준편차 7.1cm인 정규분포를 따른다고 한다. 한 의류회사에서 성인 남자의 키의 범위를 평균을 중심으로 전체의 80%의 사람이 속하도록 잡아서 의류를 생산하려고 할 때, 해당되는 키의 범위를 구하시오.

6. 확률변수 $X \sim B(150,\, 0.6)$ 에 대하여 연속성 수정을 이용하여 다음 확률을 근사적으로 구하시오.

(1) $P(82 \le X \le 101)$ (2) $P(X > 97)$

7. 구간 $0 \le x \le L$에 갇혀있는 최저 에너지 상태(lowest energy stste)의 입자를 구간 $\frac{L}{4} \le x \le \frac{L}{3}$에서 발견할 확률을 구하시오.

3.5 통계적 추론

모집단의 특성을 나타내는 값을 모수라고 하는데, 모집단의 크기 N이 아주 크며 정확히 알려져 있지도 않은 경우에 전수조사를 통하여 모수를 알아내기는 어렵고, 표본을 추출하여 얻은 정보로 모수를 추정하게 된다. 이때 n개의 표본을 무작위로 복원추출하여 얻은 자료값 X_1, $X_2, \cdots, X_n$은 각각 독립적인 확률변수이다. 그리고 비복원추출의 경우에는 엄밀하게는 서로 독립이 아니지만, 일반적으로 모집단의 크기가 표본의 크기에 비해 아주 크기 때문에 표본의 자료값들이 서로 독립이라고 가정한다.

3.5.1 표본분포

정리 3.16

서로 독립인 확률변수 $X_1, X_2, \cdots, X_n$에 대하여 기댓값과 분산은 다음 성질을 만족한다.

(1) $E(X_1 + X_2 + \cdots + X_n) = E(X_1) + E(X_2) + \cdots + E(X_n)$

(2) $V(X_1 + X_2 + \cdots + X_n) = V(X_1) + V(X_2) + \cdots + V(X_n)$

(3) $V(cX_k) = c^2\, V(X_k)$

증명: (1) 기댓값 E의 선형성에 의하여 성립한다.

(2) 서로 독립인 두 확률변수 X, Y에 대해서만 증명해보자.

$$\begin{aligned} V(X+Y) &= E\left((X+Y)^2\right) - E(X+Y)^2 \\ &= E\left(X^2 + 2XY + Y^2\right) - [E(X) + E(Y)]^2 \\ &= E(X^2) + 2E(XY) + E(Y^2) - [E(X)^2 + 2E(X)E(Y) + E(Y)^2] \\ &= [E(X^2) - E(X)^2] + [E(Y^2) - E(Y)^2] + 2E(XY) - 2E(X)E(Y) \end{aligned}$$

인데, 두 확률변수가 서로 독립이므로 $E(XY) = E(X)E(Y)$ 가 성립함을 이용하면 $V(X+Y) = V(X) + V(Y)$ 가 성립한다.

(3) $V(cX_k) = E\left(c^2 X_k^2\right) - E(cX_k)^2 = c^2 E\left(X_k^2\right) - [cE(X_k)]^2 = c^2\, V(X_k)$ □

정리 3.17

평균이 μ, 분산이 σ^2인 모집단에서 추출한 크기 n인 무작위 표본 X_1, X_2, $\cdots$, X_n의 표본평균 $\overline{X} = \dfrac{X_1 + X_2 + \cdots + X_n}{n}$에 대하여 다음이 성립한다.

$$E(\overline{X}) = \frac{1}{n}E(X_1 + X_2 + \cdots + X_n) = \mu, \qquad V(\overline{X}) = \frac{\sigma^2}{n}$$

증명 : 각 $k = 1, 2, \cdots, n$에 대하여 $E(X_k) = \mu$, $V(X_k) = \sigma^2$이다. 정리 3.16에 의하여

$$E(\overline{X}) = \frac{1}{n}E(X_1 + X_2 + \cdots + X_n) = \frac{1}{n}[E(X_1) + E(X_2) + \cdots + E(X_n)] = \frac{1}{n} \cdot n\mu = \mu$$

$$V(\overline{X}) = \frac{1}{n^2}V(X_1 + X_2 + \cdots + X_n) = \frac{1}{n^2}[V(X_1) + V(X_2) + \cdots + V(X_n)] = \frac{1}{n^2} \cdot n\sigma^2 = \frac{\sigma^2}{n}$$

이 성립한다. □

정리 3.18

정규모집단 $N(\mu, \sigma^2)$에서 추출한 크기 n인 무작위 표본 X_1, X_2, $\cdots$, X_n의 표본평균 $\overline{X}$는 다음과 같은 정규분포를 따른다.

$$\overline{X} \sim N\left(\mu, \frac{\sigma^2}{n}\right)$$

예제 3.25

어느 과수원에서 생산되는 사과의 무게가 평균 400 g, 표준편차 20 g인 정규분포를 따른다고 할 때, 무작위로 추출한 25개의 사과의 평균 무게 $\overline{X}$에 대하여 다음을 구하시오.

(1) $P\left(388 \le \overline{X} \le 408\right)$ (2) $P\left(\overline{X} > c\right) = 0.05$인 c의 값

풀이 : $\overline{X} \sim N\left(400, \dfrac{20^2}{25}\right) = N\left(400, 4^2\right)$이므로

(1) $P\left(388 \le \overline{X} \le 408\right) = P\left(\dfrac{388 - 400}{4} \le \dfrac{\overline{X} - 400}{4} \le \dfrac{408 - 400}{4}\right) = P\left(-3 \le Z \le 2\right)$

$\approx 0.4987 + 0.4772 = 0.9759$

(2) $P\left(\overline{X} > c\right) = P\left(Z > \dfrac{c - 400}{4}\right) = 0.05$로부터 $\dfrac{c - 400}{4} = z_{0.05} \approx 1.645$이므로

$c \approx 400 + 4 \times 1.645 = 406.58$ 이다. ♦

정리 3.18에 의하여 모집단이 정규분포인 경우에 표본평균 $\overline{X}$도 정규분포를 따른다. 그런데 모집단이 정규분포가 아닌 경우에도 표본의 크기가 충분히 크면 표본평균 $\overline{X}$가 근사적으로 정규분포를 따른다는 사실이 밝혀져 있다. 이런 이유로 정규분포가 통계적 추론에서 중요한 역할을 한다.

정리 3.19(중심극한정리(central limit theorem))

임의의 분포를 따르는 모집단의 평균이 μ, 분산이 σ^2일 때, n이 충분히 크면 무작위 표본 $X_1, X_2, \cdots, X_n$의 표본평균 $\overline{X} = \dfrac{X_1 + X_2 + \cdots + X_n}{n}$은 근사적으로 다음과 같은 정규분포를 따른다.

$$\overline{X} \approx N\left(\mu, \frac{\sigma^2}{n}\right)$$

중심극한정리에서 말하는 충분히 큰 n값은 모집단의 분포에 따라 달라지는데, 일반적으로 $n \geq 30$으로 적용한다.

3.5.2 모집단의 모수에 대한 추정(estimation)

평균이 μ, 분산이 σ^2인 모집단에서 무작위로 추출한 표본을 $X_1, X_2, \cdots, X_n$이라고 하자. 먼저, 정리 3.17에 의하여 표본평균 $\overline{X} = \dfrac{X_1 + X_2 + \cdots + X_n}{n}$의 기댓값은 모평균과 같다, 즉 $E\left(\overline{X}\right) = \mu$이다. 이때 표본평균은 모평균에 대한 편향되지 않은 추정량**(unbiased estimator)**이라고 한다.

이제 표본분산 $s^2 = \dfrac{1}{n-1}\displaystyle\sum_{k=1}^{n}\left(X_k - \overline{X}\right)^2$도 모분산에 대한 편향되지 않은 추정량, 즉 $E\left(s^2\right) = \sigma^2$임을 확인해보자.

$$\sum_{k=1}^{n}\left(X_k - \overline{X}\right)^2 = \sum_{k=1}^{n}\left(X_k^2 - 2\overline{X}X_k + \overline{X}^2\right) = \sum_{k=1}^{n}X_k^2 - 2\overline{X}\sum_{k=1}^{n}X_k + n\overline{X}^2 = \sum_{k=1}^{n}X_k^2 - n\overline{X}^2$$

이므로

$$\begin{aligned} E\left(\sum_{k=1}^{n}(X_k-\overline{X})^2\right) &= E\left(\sum_{k=1}^{n}X_k^2-n\overline{X}^2\right)=E\left(\sum_{k=1}^{n}X_k^2\right)-n\,E\left(\overline{X}^2\right) \\ &= \sum_{k=1}^{n}E\left(X_k^2\right)-n\,E\left(\overline{X}^2\right) \\ &= \sum_{k=1}^{n}\left(V(X_k)+E(X_k)^2\right)-n\left(V\left(\overline{X}\right)+E\left(\overline{X}\right)^2\right) \\ &= \sum_{k=1}^{n}\left(\sigma^2+\mu^2\right)-n\left(\frac{\sigma^2}{n}+\mu^2\right)=(n-1)\,\sigma^2 \end{aligned}$$

이다. 따라서 $E\left(s^2\right)=\sigma^2$이 성립한다.

- 정규모집단의 모평균에 대한 구간 추정

정규모집단 $N(\mu,\sigma^2)$에서 추출한 크기 n인 무작위 표본 $X_1,\ X_2,\ \cdots,\ X_n$의 표본평균 $\overline{X}$은 정규분포 $N\left(\mu,\dfrac{\sigma^2}{n}\right)$을 따르므로

$$\frac{\overline{X}-\mu}{\sigma/\sqrt{n}}\sim N(0,1)$$

이다.

(1) 모분산 σ^2을 알고 있는 경우,

$$P\left(-z_{\alpha/2}<\frac{\overline{X}-\mu}{\sigma/\sqrt{n}}<z_{\alpha/2}\right)=1-\alpha$$

즉,

$$P\left(\overline{X}-z_{\alpha/2}\frac{\sigma}{\sqrt{n}}<\mu<\overline{X}+z_{\alpha/2}\frac{\sigma}{\sqrt{n}}\right)=1-\alpha$$

로부터 모평균 μ에 대한 신뢰수준**(confidence level)** $100(1-\alpha)\%$의 신뢰구간**(confidence interval)**은 다음과 같다.

$$\left(\overline{X}-z_{\alpha/2}\frac{\sigma}{\sqrt{n}},\ \overline{X}+z_{\alpha/2}\frac{\sigma}{\sqrt{n}}\right)$$

이 신뢰구간을 $\mu=\overline{X}\pm z_{\alpha/2}\dfrac{\sigma}{\sqrt{n}}$으로 나타내기도 한다. 이 때 $\epsilon=z_{\alpha/2}\dfrac{\sigma}{\sqrt{n}}$가 모평균 μ를 신뢰수준 $100(1-\alpha)\%$로 추정할 때의 오차의 한계**(probable error)**이다.

예제 3.26

어느 과수원에서 생산되는 사과의 무게가 표준편차 20g인 정규분포를 따른다고 한다. 무작위로 추출한 25개의 사과를 추출하여 무게를 측정한 결과 평균이 380g이었다. 이때 모평균 μ에 대한 신뢰수준 95%의 신뢰구간을 구하시오.

풀이: 신뢰수준 $95\% = 100(1-\alpha)\%$로부터 $\alpha = 0.05$이고, $z_{\alpha/2} = z_{0.025} = 1.96$이므로

$$\epsilon = z_{\alpha/2}\frac{\sigma}{\sqrt{n}} \approx 1.96 \times \frac{20}{5} = 7.84$$

이다. 따라서 모평균 μ에 대한 95% 신뢰구간은 $(380-\epsilon,\ 380+\epsilon) = (372.16,\ 387.84)$이다. 또는 '신뢰수준 95%로 $\mu = 380 \pm 7.84$'라고 답해도 된다.

(Excel 함수 CONFIDENCE.NORM(0.05,20,25)를 이용하여 ϵ의 값을 구할 수 있다.) ♦

예제 3.27

어느 과수원에서 생산되는 사과의 무게가 표준편차 20g인 정규분포를 따른다고 한다. 이때 모평균 μ을 신뢰수준 95%로 추정할 때 오차의 한계를 5g 이하로 하기 위하여 필요한 표본의 크기의 최솟값을 구하시오.

풀이: $\epsilon = z_{\alpha/2}\frac{\sigma}{\sqrt{n}} \approx 1.96 \times \frac{20}{\sqrt{n}} \le 5$으로부터 $n \ge (1.96 \times 4)^2 \approx 61.5$이므로 $n \ge 62$이다. 따라서 표본의 크기는 최소 62개 이상이어야 한다. ♦

(2) 모분산 σ^2을 모르는 경우에는 대신 표본분산 s^2을 이용하는데, 이때는

$$\frac{\overline{X}-\mu}{s/\sqrt{n}} \sim t(n-1)$$

이라는 사실이 밝혀져 있다. 여기에서 $t(n-1)$은 자유도가 $n-1$인 t-분포(Student's t-distribution)이다.

정의 3.12

확률변수 X의 확률밀도함수 $f(x)$가

$$f(x) = c_n\left(1+\frac{x^2}{n}\right)^{-\frac{n+1}{2}}$$

일 때, X는 '자유도(degree of freedom)가 n인 **t**-분포를 따른다'고 하고

$$X \sim t(n)$$

으로 나타낸다. 여기에서 계수 c_n은 $\int_{-\infty}^{\infty} f(x)\,dx = 1$이 되도록 하는 상수이다.

t-분포는 1908년에 영국의 화학자 고셋(W. S. Gosset)이 스튜던트(Student)라는 필명으로 출간한 논문에서 소개되어 '스튜던트 **t-**분포'라고도 한다. 그가 기네스(Guinness) 맥주 양조장의 공정에 사용되는 보리의 질을 시험하기 위해 이 분포를 도입하였고, 경쟁사들에게 기네스의 획기적인 통계 기법을 숨기기 위해 필명을 사용하였다고 한다(참조: 위키백과 '스튜던트 t 분포'). 이 분포함수의 그래프는 표준정규분포의 그래프와 유사하며, 자유도 n이 커질수록 가까워져서 $t(\infty) = N(0, 1)$이 된다.

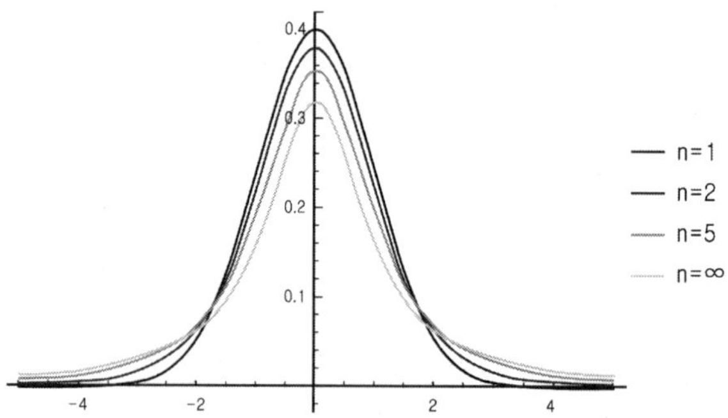

$X \sim t(n)$일 때 $P(X \geq x) = \alpha$를 만족하는 x의 값을 $t_\alpha(n)$으로 나타낸다. [부록 2]의 표에 자주 사용되는 $t_\alpha(n)$의 값을 제시하였다.

정규모집단 $N(\mu, \sigma^2)$에서 모분산 σ^2을 모르는 경우에는 n개의 표본의 표본평균 $\overline{X}$와 표본분산 s^2을 구하여 자유도가 $n-1$인 t-분포로 모평균 μ에 대한 신뢰구간을 구한다. 따라서 μ에 대한 $100(1-\alpha)\%$ 신뢰구간은

$$\left(\overline{X} - t_{\alpha/2}(n-1)\,\frac{s}{\sqrt{n}},\ \overline{X} + t_{\alpha/2}(n-1)\,\frac{s}{\sqrt{n}}\right)$$

이다.

예제 3.28

어느 과수원에서 생산되는 사과의 무게(g)가 정규분포를 따른다고 한다. 무작위로 사과 25개를 추출하여 측정한 무게가 다음과 같았다.

354, 384, 393, 346, 409, 352, 343, 378, 397, 403
407, 396, 396, 384, 378, 422, 434, 365, 385, 399
407, 449, 377, 406, 436

이때 과수원의 사과 전체에 대한 평균 무게 μ의 90% 신뢰구간을 구하시오.

풀이: 먼저 표본평균과 표본분산을 구하면 다음과 같다.

$$\overline{X} = \frac{1}{25}\sum_{k=1}^{25} X_k = \frac{9800}{25} = 392$$

$$s^2 = \frac{1}{24}\sum_{k=1}^{25}\left(X_i - \overline{X}\right)^2 = \frac{18096}{24} = 754, \qquad s = \sqrt{754} \approx 27.46$$

이제 신뢰수준 $90\% = 100(1-\alpha)\%$로부터 $\alpha = 0.1$이고, $t_{\alpha/2}(n-1) = t_{0.05}(24) = 1.711$ 이므로

$$\epsilon = t_{\alpha/2}(n-1)\,\frac{s}{\sqrt{n}} \approx 1.711 \times \frac{27.46}{5} \approx 9.4$$

이다. 따라서 모평균 μ에 대한 90% 신뢰구간은 $(392-\epsilon,\ 392+\epsilon) = (382.6,\ 401.4)$이다. (Excel 함수 CONFIDENCE.T(0.1,27.46,25)를 이용하여 ϵ의 값을 구할 수 있다.) ♦

- 임의의 모집단의 모평균에 대한 구간 추정 **(표본이 충분히 큰 경우)**

평균이 μ, 분산이 σ^2인 모집단이 정규분포는 아니지만 표본의 크기 n이 충분히 경우(일반적으로 $n \geq 30$)에는 중심극한정리(정리 3.19)에 의하여

$$\overline{X} \approx N\left(\mu, \frac{\sigma^2}{n}\right)$$

이므로, 정규모집단의 경우와 비슷하게 모평균 μ에 대한 구간추정을 할 수 있다. 이때 μ에 대한 $100(1-\alpha)\%$ 신뢰구간은 다음과 같이 구한다.

(1) σ^2을 알 때 : $\mu = \overline{X} \pm z_{\alpha/2}\,\dfrac{\sigma}{\sqrt{n}}$

(2) σ^2을 모를 때 : $\mu = \overline{X} \pm z_{\alpha/2}\,\dfrac{s}{\sqrt{n}}$ (s는 표본의 표준편차)

예제 3.29

어느 과수원에서 생산되는 사과 중에서 무작위로 100개를 추출하여 무게를 측정한 결과 평균이 $\overline{X} = 381$ g, 표준편차는 $s = 26$ g이었다. 이때 모평균 μ에 대한 신뢰수준 95%의 신뢰구간을 구하시오.

풀이: 신뢰수준 $95\% = 100(1-\alpha)\%$로부터 $\alpha = 0.05$이고, $z_{\alpha/2} = z_{0.025} = 1.96$이므로

$$\epsilon = z_{\alpha/2}\,\frac{s}{\sqrt{n}} \approx 1.96 \times \frac{26}{10} = 5.1$$

이다. 따라서 모평균 μ의 95% 신뢰구간은 $(381-\epsilon,\ 381+\epsilon) = (375.9,\ 386.1)$이다. ♦

3.5.3 모평균에 대한 가설의 검정(hypothesis testing)

모집단에서 추출된 표본으로부터 얻은 정보를 이용하여 모수에 대한 가설의 옳고 그름을 판정하는 과정을 통계적 가설 검정(**statistical hypothesis testing**)이라고 한다. 여기에서는 모평균에 대한 가설 검정을 살펴보기로 한다.

검증하고자 하는 내용을 나타내는 가설(귀무가설, 영 가설, **null hyphothesis**) $H_0 : \mu = \mu_0$ 에 대한 대립가설로 $H_1 : \mu > \mu_0$ 을 생각해보자. 검증을 하기 위해 추출한 표본의 평균 $\overline{X}$ 가 클수록 대립가설이 옳다는 확실한 증거가 되므로, 가설 H_0를 기각할 기각역은 $\overline{X} \ge c$의 형태로 정해진다. 그리고 유의수준 α를 정하여

$$P\left(\overline{X} \ge c \mid \mu = \mu_0\right) = \alpha$$

를 만족하는 c의 값을 찾아서 기각역 $\overline{X} \ge c$을 결정한다.

가설 $H_0 : \mu = \mu_0$ 에 대한 대립가설로 $H_1 : \mu < \mu_0$ 을 세운 경우에는 기각역의 형태가 $\overline{X} \le c$로 정해진다.

- 정규모집단의 모평균에 대한 가설 검정

(1) 모분산 σ^2을 알고 있는 경우, 가설 $H_0 : \mu = \mu_0,\quad H_1 : \mu > \mu_0$ 에 대한 기각역을 찾아보자. 정규모집단 $N(\mu, \sigma^2)$에서 추출한 크기 n인 무작위 표본의 표본평균 $\overline{X}$에 대하여 $Z = \dfrac{\overline{X} - \mu}{\sigma/\sqrt{n}} \sim N(0,1)$ 이므로

$$\alpha = P\left(\overline{X} \ge c \mid \mu = \mu_0\right) = P\left(\frac{\overline{X} - \mu_0}{\sigma/\sqrt{n}} \ge \frac{c - \mu_0}{\sigma/\sqrt{n}}\right) = P\left(Z \ge \frac{c - \mu_0}{\sigma/\sqrt{n}}\right) = P(Z \ge z_\alpha)$$

으로부터 $\dfrac{c - \mu_0}{\sigma/\sqrt{n}} = z_\alpha$ 이므로 $c = \mu_0 + z_\alpha \dfrac{\sigma}{\sqrt{n}}$ 이다. 이때 기각역의 조건 $\overline{X} \ge c$와 동치인 조건 $Z \ge z_\alpha$을 기각역으로 사용하면 편리하다.

가설 $H_0 : \mu = \mu_0,\quad H_1 : \mu < \mu_0$ 에 대해서는 기각역이 $Z \le -z_\alpha$ 형태가 된다.

예제 3.30

어느 음료를 만드는 공장에서 내용물 무게의 평균이 300 g, 표준편차는 10g인 정규분포를 따르도록 공정을 관리하고 있다. 한 소비자 단체에서 실제 음료의 내용물이 적게 들어 있다는 민원을 접수하고, 이를 확인하고자 25개의 표본을 추출하여 조사한 결과 표본평균이 $\overline{X} = 297$ g으로 나왔다. 소비자단체에서 이 민원이 타당하다고 판단할 수 있는지를 유의수준 5%에서 검정하시오.

풀이: 가설 $H_0 : \mu = 300,\quad H_1 : \mu < 300$에 대한 유의수준 $\alpha = 0.05$의 기각역은 $Z \leq -z_{0.05} = -1.645$이다. 그런데 관측된 값은

$$Z = \frac{\overline{X} - \mu_0}{\sigma/\sqrt{n}} = \frac{297 - 300}{10/\sqrt{25}} = -1.5$$

이므로 기각역에 속하지 않아서 H_0를 기각하지 않는다. 즉, 유의수준 5%에서 이 민원이 타당하다고 할 근거가 없다. ♦

(2) 모분산 σ^2을 모르는 경우에는 대신 표본분산 s^2을 이용하는 t-분포

$$\frac{\overline{X} - \mu}{s/\sqrt{n}} \sim t(n-1)$$

를 적용하여 가설 $H_0 : \mu = \mu_0,\quad H_1 : \mu > \mu_0$에 대한 유의수준 α의 기각역을

$$T = \frac{\overline{X} - \mu_0}{s/\sqrt{n}} \geq t_\alpha(n-1)$$

형태로 찾는다.

가설 $H_0 : \mu = \mu_0,\quad H_1 : \mu < \mu_0$에 대해서는 기각역이 $T \leq -t_\alpha(n-1)$ 형태가 된다.

예제 3.31

어느 회사에서 생산되는 에어컨 제품의 1시간 사용 시 소비전력량(Wh)이 정규분포를 따른다고 한다. 어느 소비자 단체에서 이 에어컨 제품의 1시간 사용 시 소비전력량의 평균이 600Wh를 초과한다고 주장하고 있다. 이에 대하여 확인하기 위하여 무작위로 10대의 에어컨 제품을 추출하여 측정한 1시간 사용 시 소비전력량(Wh)이 다음과 같았다.

608, 620, 601, 597, 610, 615, 618, 621, 591, 599

소비자 단체의 주장이 타당한지를 유의수준 5%에서 검정하시오.

풀이: 먼저 표본평균과 표본분산을 구하면 다음과 같다.

$$\overline{X} = \frac{1}{10}\sum_{k=1}^{10} X_k = \frac{6080}{10} = 608$$

$$s^2 = \frac{1}{9}\sum_{k=1}^{10}\left(X_i - \overline{X}\right)^2 = \frac{1006}{9} = 111.778, \qquad s = \frac{\sqrt{1006}}{3} \approx 10.573$$

가설 $H_0 : \mu = 600, \quad H_1 : \mu > 600$ 에 대한 유의수준 $\alpha = 0.05$ 의 기각역은 $T \geq t_{0.05}(9) = 1.833$ 이다. 그런데 관측된 값은

$$T = \frac{\overline{X} - \mu_0}{s/\sqrt{n}} = \frac{608 - 600}{10.5725/\sqrt{10}} = 2.393$$

이므로 기각역에 속해서 H_0를 기각한다. 즉, 유의수준 5%에서 소비자단체의 주장이 타당하다고 할 수 있다. ♦

- 임의의 모집단의 모평균에 대한 가설 검정 **(표본이 충분히 큰 경우)**

평균이 μ, 분산이 σ^2 인 모집단이 정규분포는 아니지만 표본의 크기 n이 충분히 경우(일반적으로 $n \geq 30$)에는 앞에서 살펴본 구간 추정 방법을 반영하여 가설 검정의 통계량을 다음과 같이 정한다.

(1) σ^2을 알 때 : $Z = \dfrac{\overline{X} - \mu_0}{\sigma/\sqrt{n}}$

(2) σ^2을 모를 때 : $Z = \dfrac{\overline{X} - \mu_0}{s/\sqrt{n}}$ (s는 표본의 표준편차)

> **예제 3.32**
>
> 어느 지역 고등학교 남학생의 키가 5년 전 조사결과에서 평균 168cm였다. 올해 100명을 임의로 추출하여 조사한 결과 평균 $\overline{X} = 169.3$cm, 표준편차 $s = 7$cm로 나타났다. 이 지역 고등학교 남학생의 평균 키가 5년 보다 커졌는지를 유의수준 5%에서 검정하시오.

풀이: 가설 $H_0 : \mu = 168, \quad H_1 : \mu \neq 168$ 에 대한 유의수준 $\alpha = 0.05$ 의 기각역은 $|Z| \geq z_{0.05} = 1.645$ 이다. 그런데 관측된 값은

$$Z = \frac{\overline{X} - \mu_0}{\sigma/\sqrt{n}} = \frac{169.3 - 168}{7/\sqrt{100}} = 1.857$$

이므로 기각역에 속하여 H_0를 기각한다. 즉, 유의수준 5%에서 이 지역 고등학교 남학생의 평균 키가 5년 전과 달라졌다고 할 수 있다. ♦

연습문제 3.5

1. 모집단이 평균 20, 표준편차 5인 정규분포를 따른다고 할 때, 표본의 크기가 6인 무작위 표본의 평균 $\overline{X}$과 분산 s^2에 대하여 다음을 구하시오.

   (1) $E\left(\overline{X}\right)$ (2) $sd\left(\overline{X}\right)$ (3) $\overline{X}$의 분포 (4) $P\left(15 \leq \overline{X} \leq 22\right)$ (5) $E(s^2)$

2. 평균 $\mu = 82$, 분산 $\sigma = 144$인 임의의 모집단에서 크기 n인 표본을 무작위로 추출했을 때, 표본평균이 구간 (80.8, 83.2)에 있을 확률을 $n = 64$, $n = 100$에 대하여 각각 구하시오.

3. 평균이 μ이고 표준편차가 $\sigma = 8$인 정규분포를 따르는 모집단에서 크기가 25인 표본을 추출하여 계산한 평균이 $\overline{X} = 42.7$이었을 때, μ에 대한 95% 신뢰구간을 구하시오.

4. 모집단이 평균이 μ이고 표준편차가 $\sigma = 10$인 정규분포를 따른다고 하자. 모평균 μ를 신뢰수준 95%로 추정할 때 오차의 한계를 3 이하로 하기 위하여 필요한 표본의 크기의 최솟값을 구하시오.

5. 정규분포를 따르는 모집단에서 추출한 크기 15인 표본의 평균이 39.3, 표준편차가 2.6일 때, 모평균 μ에 대한 90% 신뢰구간을 구하시오.

6. 어느 과수원에서 수확한 사과 전체의 평균 무게 μg을 추정하기 위하여 36개의 사과를 추출하여 무게를 측정했더니 평균이 $\overline{x} = 342$g, 표준편차 $s = 20$g이었다. 이때 μ의 99% 신뢰구간을 구하시오.

7. 어느 휴대전화 통신사 이용자의 한 달 통화시간은 표준편차 10분인 정규분포를 따른다고 한다. 이 통신사에서 36명의 이용자를 무작위 추출하여 한 달 통화시간을 조사한 결과 평균 82분으로 나타났다고 할 때, 이 통신사 이용자 전체의 한 달 통화시간의 평균 μ가 80분을 초과한다고 할 수 있는지 유의수준 5%로 검정하시오.

8. 어느 체중관리 프로그램에서 제공하는 방법을 이용하면 5주 동안 10kg 넘게 체중을 줄일 수 있다고 광고하는데, 56명을 대상으로 이 프로그램의 방법을 이용하여 5주 동안의 체중감소량을 조사했더니 평균이 10.5kg, 표준편차가 4.5kg이었다고 한다. 이 광고의 주장이 옳다고 할 수 있는지 유의수준 5%로 검정하시오.

9. 어느 전구 제품의 평균 수명을 추정하기 위하여 100개의 전구를 조사한 결과 평균 1950시간, 표준편차 80시간이었다고 할 때, 가설 $H_0 : \mu = 1965$, $H_1 : \mu \neq 1965$를 유의수준 5%로 검정하시오.

10. 어느 커피 기계에서 나오는 한 잔의 양은 정규분포를 따른다고 한다. 10잔을 뽑아서 그 양(mL)을 측정한 결과가 다음과 같았을 때, 아래 가설을 각각 검증하시오.

48.1 51.2 49.8 51.7 48.9 50.2 52.5 47.9 49.1 50.6

(1) $H_0 : \mu = 49$, $H_1 : \mu > 49$, 유의수준 1%

(2) $H_0 : \mu = 51.2$, $H_1 : \mu \neq 51.2$, 유의수준 5%

3.6 선형회귀분석

주어진 실험 데이터들을 나타낸 점들이 대략적으로 선형적인 관계에 가깝게 놓일 때, 이에 최적으로 가까운 선형함수의 식을 찾는 방법으로 최소제곱법을 소개한다. 독립변수가 하나인 경우에 선형함수의 그래프는 평면에서 직선으로 나타나며, 독립변수가 두 개인 경우에 선형함수의 그래프는 3차원 공간의 평면으로 나타난다.

어떤 실험 데이터들 자체가 선형적 관계(linear law)가 아니라 거듭제곱 관계(power law), 또는 지수적 관계(exponential law)에 있을 때에도 두 변수에 log를 취하여 얻은 log-log 그래프나, 두 변수 중 하나에 log를 취하여 얻은 semilog 그래프를 이용하여 선형적 관계로 변환한 후 최소제곱법을 적용할 수 있다.

한 실험에 대하여 데이터들 $(x_1, y_1), (x_2, y_2), \cdots, (x_n, y_n)$를 얻을 때, 먼저 실험의 조건을 독립변수 x_i로 정하고 그에 따른 실험결과값 y_i를 관측하게 된다. 이때 y_i는 실험의 결과값이 될 수 있는 모든 값들의 집합인 모집단에서의 확률변수 Y_i의 관측값이라고 볼 수 있다. 이러한 실험 데이터들을 표본자료라고 보고, 표본에 대한 선형함수를 구하여 그로부터 모집단에 대한 선형회귀모형을 추정하게 된다. 독립변수가 하나인 경우에는 단순선형회귀모형, 두 개 이상인 경우에는 다중선형회귀모형(multiple linear regression model)이라고 한다.

이 절에서는 단순선형회귀모형에 대한 최소제곱법과 통계적 추론을 다루고, 다중선형회귀모형에 대서는 최소제곱법만 소개하고, 통계적 분석은 생략한다.

정의 3.13

같은 모집단에 대한 확률변수 Y_i $(i = 1, 2, \cdots, n)$가 독립변수 x_i와 확률변수 ϵ_i에 대하여

$$Y_i = m_0\, x_i + b_0 + \epsilon_i, \qquad (i = 1, 2, \cdots, n)$$

형태의 관계를 만족시키는 미지의 모수 m_0, b_0가 존재한다고 하자. 이때 Y_i의 오차 **(error)**라고 부르는 확률변수 ϵ_i들이 서로 독립이며, 각각 평균이 0, 분산이 σ^2인 정규분포를 따른다고 가정하는 모델을 단순선형회귀모형**(simple linear regression model)**이라고 한다.

단순선형회귀모형에서 $i = 1, 2, \cdots, n$에 대하여 확률변수 ϵ_i들이 서로 독립이고, x_i의 값은 상수로 주어지므로, 확률변수 Y_i들도 서로 독립이다. 그리고 $\epsilon \sim N(0, \sigma^2)$이므로

$$Y_i \sim N\left(m_0\, x_i + b_0,\, \sigma^2\right)$$

이다. 표본자료 $(x_1, y_1), (x_2, y_2), \cdots, (x_n, y_n)$에 대한 선형관계의 기울기 m과 y절편 b를 구하여 이로부터 확률변수 Y_i의 모집단 전체의 분포에 대한 선형관계의 기울기 m_0와 y절편 b_0를 추정하게 된다.

3.6.1 최소제곱법

• 독립변수가 하나인 경우의 최소제곱법

각 표본자료 $(x_1, y_1), (x_2, y_2), \cdots, (x_n, y_n)$ 에 대하여 자료의 y 좌표 값과 직선 $y = mx + b$ 상의 y 값의 차

$$r_i = y_i - (mx_i + b)$$

를 잔차(**residual**)라고 부른다. 잔차는 모집단에 대한 선형회기모델의 Y_i 의 오차 ϵ_i 에 대한 추정량이라고 할 수 있다. 잔차들의 제곱의 합

$$E(m, b) = \sum_{i=1}^{n} r_i^2 = \sum_{i=1}^{n} [y_i - (mx_i + b)]^2$$

를 최소화하는 m, b 의 값을 찾는 방법이 최소제곱법(**least square method**)이다. 이 직선 $y = mx + b$ 를 주어진 자료에 대한 **least squares fit**이라고 부른다. 이변수함수 $E(m, b)$ 를 최소로 하는 m, b 의 값은 각 변수에 대한 편미분이 각각 0이라는 다음 두 식을 풀어서 구한다.

$$0 = \frac{\partial E}{\partial m} = -2\sum_{i=1}^{n} x_i[y_i - (mx_i + b)]$$
$$0 = \frac{\partial E}{\partial b} = -2\sum_{i=1}^{n} [y_i - (mx_i + b)]$$

위의 두 식을 정리하여 간단히 하면

$$\begin{aligned} 0 &= \sum_{i=1}^{n} x_i y_i - m\sum_{i=1}^{n} x_i^2 + b\sum_{i=1}^{n} x_i \\ 0 &= \sum_{i=1}^{n} y_i - m\sum_{i=1}^{n} x_i - nb \end{aligned} \tag{3.3}$$

이다. 여기에서 $\overline{x} = \frac{1}{n}\sum_{i=1}^{n} x_i$, $\overline{y} = \frac{1}{n}\sum_{i=1}^{n} y_i$ 에 대하여 (3.3)의 두 번째 식을

$$\overline{y} = m\overline{x} + b \tag{3.4}$$

로 나타낼 수 있다. 이 식으로부터 우리가 선형회귀분석에서 표본자료에 대하여 구하는 직선 $y = mx + b$ 는 항상 주어진 자료의 중심점(**center of mass**) $(\overline{x}, \overline{y})$ 을 지난다는 것을 알 수 있다. 회귀분석의 '회기'는 이 중심점으로 다시 돌아온다는 의미를 담고 있다.

이제 미지수 m, b 에 대한 일차연립방정식 (3.3)을 풀어 다음과 같이 해 m 을 구할 수 있다.

$$m = \frac{\sum_{i=1}^{n} x_i y_i - \frac{1}{n}\left(\sum_{i=1}^{n} x_i\right)\left(\sum_{i=1}^{n} y_i\right)}{\sum_{i=1}^{n} x_i^2 - \frac{1}{n}\left(\sum_{i=1}^{n} x_i\right)^2} = \frac{\sum_{i=1}^{n} x_i y_i - n\,\overline{x}\,\overline{y}}{\sum_{i=1}^{n} x_i^2 - n\,\overline{x}^2} = \frac{S_{xy}}{S_{xx}} \tag{3.5}$$

여기에서 표현을 간단하게 하기 위하여 다음과 같이 나타내었다.

$$S_{xx} = \sum_{i=1}^{n} (x_i - \overline{x})^2 = \sum_{i=1}^{n} x_i^2 - n\,\overline{x}^2, \qquad S_{yy} = \sum_{i=1}^{n} (y_i - \overline{y})^2 = \sum_{i=1}^{n} y_i^2 - n\,\overline{y}^2,$$

$$S_{xy} = \sum_{i=1}^{n} (x_i - \overline{x})(y_i - \overline{y}) = \sum_{i=1}^{n} x_i\, y_i - n\,\overline{x}\,\overline{y}$$

그리고 식 (3.4)를 이용하여 해 b의 값을 구한다.

예제 3.33

미지수 m, b에 대한 일차연립방정식 (3.3)를 풀어 그 해 m이 식 (3.5)와 같음을 보이시오.

예제 3.34

좌표평면에 5개의 데이터 값 (x_i, y_i) $(i = 1, \cdots, 5)$가 각각 $(1,2)$, $(2,2)$, $(3,3)$, $(4,6)$, $(5,6)$으로 주어졌을 때, 최소제곱법을 사용하여 **least squares fit**이 되는 직선의 방정식 $y = mx + b$를 구하고, 그 그래프를 그리시오.

풀이 : 식 (3.4), (3.5)의 m, b를 구하기 위하여 필요한 값들을 먼저 계산하면 다음과 같다.

$$\sum_{i=1}^{n} x_i = 1 + 2 + 3 + 4 + 5 = 15, \qquad \sum_{i=1}^{n} y_i = 2 + 2 + 3 + 6 + 6 = 19,$$

$$\overline{x} = \frac{15}{5} = 3, \qquad \overline{y} = \frac{19}{5}$$

$$\sum_{i=1}^{n} x_i^2 = 1 + 4 + 9 + 16 + 25 = 55, \qquad \sum_{i=1}^{n} x_i y_i = 2 + 4 + 9 + 24 + 30 = 69$$

따라서 식 (3.5)에 의하여

$$m = \frac{\sum_{i=1}^{n} x_i y_i - n\,\overline{x}\,\overline{y}}{\sum_{i=1}^{n} x_i^2 - n\,\overline{x}^2} = \frac{69 - 5 \cdot 3 \cdot \frac{19}{5}}{55 - 5 \cdot 3^2} = \frac{69 - 3 \cdot 19}{55 - 5 \cdot 9} = \frac{6}{5}$$

이고, 식 (3.4)에 의하여

$$b = \overline{y} - m\overline{x} = \frac{19}{5} - \frac{6}{5} \cdot 3 = \frac{1}{5}$$

이므로 **least squares fit**이 되는 직선의 방정식은

$$y = \frac{6}{5}x + \frac{1}{5}$$

이다.

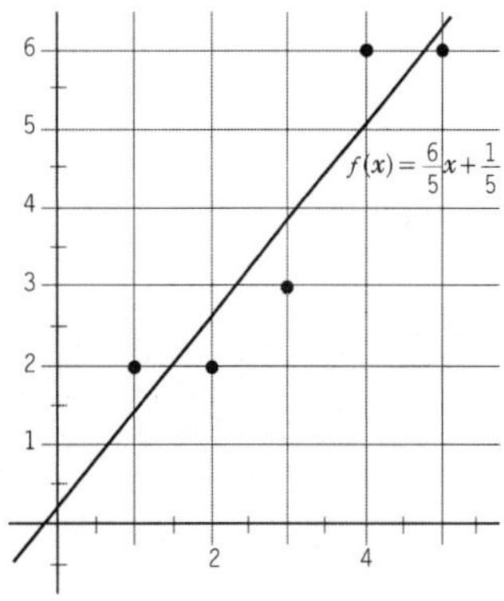

♦

실습예제 **3.20**. Wolfram Cloud를 이용하여 그림 3.1에서 얻어낸 다음 각 데이터에 대한 least squares fit을 찾고, 그래프를 그리시오.

(1) 여자 3-13세 신장(cm) 표준점수 중앙값

3	4	5	6	7	8	9	10	11	12	13
95.4	101.9	108.4	114.7	120.8	126.7	132.6	139.1	145.8	151.7	155.9

```
List1={{3,95.4},{4,101.9}, ···, {12,151.7},{13,155.9}};    (* 실제로는 모든 점 입력*)
g1=ListPlot[List1,PlotStyle->Red];
Fit[List1,{1,x},x]
g2=Plot[%,{x,0,15},PlotRange->{90,170}];
Show[g1,g2]
```

(2) 남자 3-15세 신장(cm) 표준점수 중앙값

3	4	5	6	7	8	9	10	11	12	13	14	15
96.5	103.1	109.6	115.9	122.1	127.9	133.4	138.8	144.7	151.4	158.6	165.0	169.2

실습예제 **3.21**. 클라이버(Kleiber)의 법칙은 동물의 기초대사량(BMR, basal metabolic rate)이 체중의 3/4제곱에 비례하는 경향이 있다는 것이다. 표 3.2의 몇 종의 조류에 대한 자료로부터 체중 x와 기초대사량 y에 대하여 $X = \log_{10} x$, $Y = \log_{10} y$로 두고 최소제곱법을 이용하여 least square fit이 되는 직선 $Y = mX + b$를 구하고, 또 이를 이용하여 관계식 $y = Cx^m$의 m, C의 값을 구하시오. 그리고 두 그래프를 각각 그리시오. (Wolfram Cloud 이용)

풀이: $X = \log_{10} x$, $Y = \log_{10} y$에 대하여 최소제곱법을 이용한 least square fit은 소수 첫째자리에서 반올림하여 $Y = 0.6X + 0.2$로 구해진다. 이로부터

$$\log_{10} y = 0.6\,(\log_{10} x) + 0.2 = \log_{10}\left(10^{0.2} \cdot x^{0.6}\right) \qquad \therefore\ y = 10^{0.2} \cdot x^{0.6} \approx 1.6\,x^{0.6}$$

로, 클라이버(Kleiber)의 법칙에서 $3/4 = 0.75$ 제곱에 비례한다는 주장과는 조금 다른 결과이다.

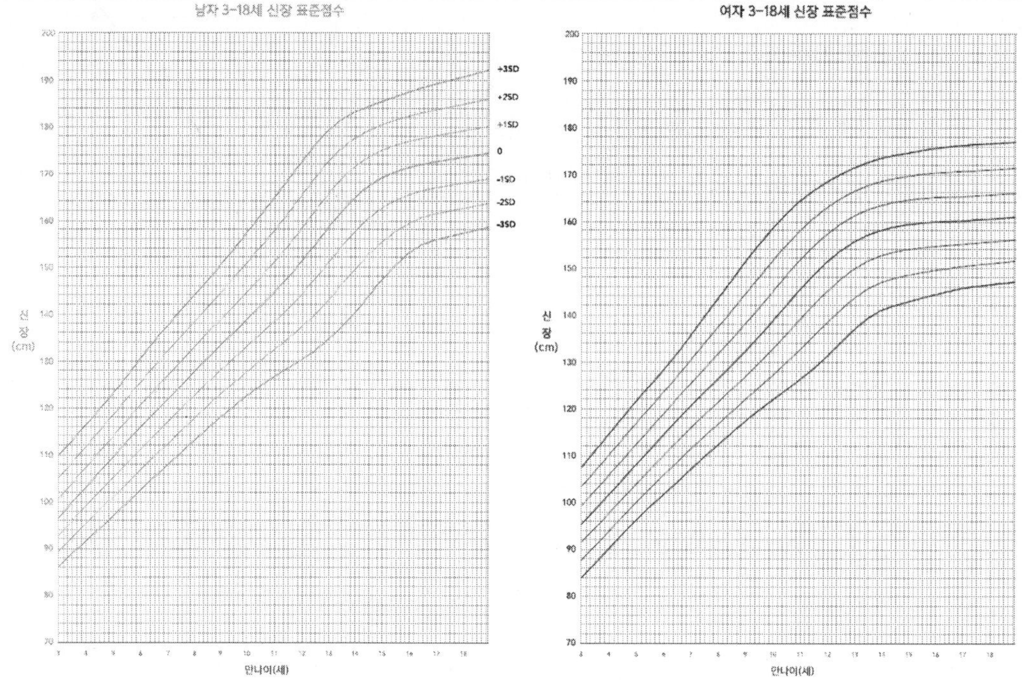

그림 **3.1.** 2017년 소아청소년 성장도표 (출처 : 질병관리본부)

표 **3.2.** 몇 종의 조류에 대한 체중과 기초대사량

종(species)	x 체중(g)	y BMR(Kcal/day)	X	Y
Trumpeter Swan(백조)	8900	418.3	3.949	2.621
Brown Pelican(펠리칸)	3500	262.5	3.544	2.419
Common Raven(까마귀)	850	91.8	2.929	1.963
American Kestrel(황조롱이)	110	17.27	2.041	1.237
White-crowned Sparrow(참새)	27	8.748	1.431	0.942
House Wren(굴뚝새)	11	6.479	1.041	0.816
Rufous Hummingbird(벌새)	3.5	5.6	0.544	0.748

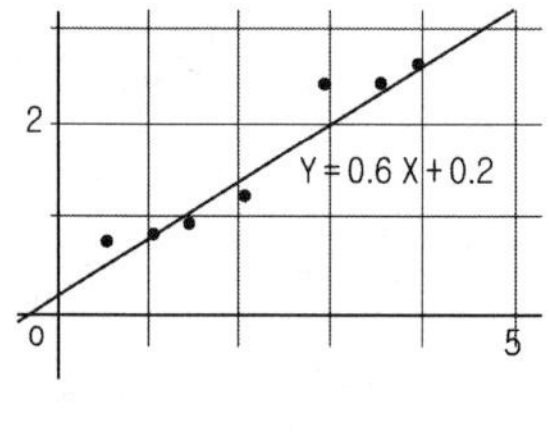

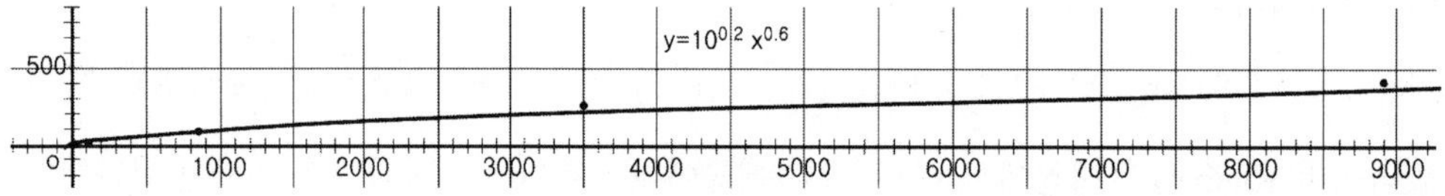

♦

• 독립변수가 여러 개인 경우의 최소제곱법

최소제곱법을 변수가 여러 개인 경우로 확장할 수 있다. 변수 X_1, X_2, $\cdots$, X_r과 함수 Y에 대하여 주어진 n개의 데이터 점들 $(X_{1,i}, X_{2,i}, \cdots, X_{r,i}, Y_i)$, $(i = 1, \cdots, n)$을 이용하여 최소제곱법으로 선형함수

$$Y = a_1X_1 + a_2X_2 + \cdots + a_rX_r + b$$

를 찾아내는 방법을 알아보자. $r = 1$인 경우에 이 선형함수는 좌표평면에서 직선을 나타내고, $r = 2$인 경우에는 좌표공간에서 평면을 나타낸다. 앞에서 살펴본 일변수 최소제곱법의 방법과 마찬가지로

$$E(a_1, a_2, \cdots, a_r, b) = \sum_{i=1}^{n} [Y_i - (a_1X_1 + a_2X_2 + \cdots + a_rX_r + b)]^2$$

을 최소화하는 a_1, a_2, $\cdots$, a_r, b의 값을 찾아서 주어진 데이터 점들의 분포에 최적으로 가까운 선형함수 $Y = a_1X_1 + a_2X_2 + \cdots + a_rX_r + b$를 찾고자 한다. 이러한 식에 기초한 방법을 다변량 (선형) 회귀분석(**multiple regression**, 또는 **multilinear regression**)이라고 부르고, 이때 구해진 선형함수를 주어진 데이터 분포의 **least squares fit**이라고 부른다. 다변수함수 $E(a_1, a_2, \cdots, a_r, b)$를 최소로 하는 a_1, a_2, $\cdots$, a_r, b의 값은 각 변수에 대한 편미분이 각각 0이라는 다음 식들을 풀어서 구하면 된다. 여기에서 식을 간단하게 나타내기 위해 $a_{r+1} = b$, $X_{r+1,i} = 1$, $(i = 1, \cdots, n)$이라고 생각하자.

$$0 = \frac{\partial E}{\partial a_j} = -2\sum_{i=1}^{n} X_{j,i}[Y_i - (a_1X_{1,i} + a_2X_{2,i} + \cdots + a_{r+1}X_{r+1,i})], \qquad (j = 1, \cdots, r+1).$$

위의 일차연립방정식을 다음과 같이 나타낼 수 있다.

$$\begin{aligned}
a_1\sum_{i=1}^{n} X_{1,i}X_{1,i} + a_2\sum_{i=1}^{n} X_{1,i}X_{2,i} + a_{r+1}\sum_{i=1}^{n} X_{1,i}X_{r+1,i} &= \sum_{i=1}^{n} X_{1,i}Y_i \\
a_1\sum_{i=1}^{n} X_{2,i}X_{1,i} + a_2\sum_{i=1}^{n} X_{2,i}X_{2,i} + a_{r+1}\sum_{i=1}^{n} X_{2,i}X_{r+1,i} &= \sum_{i=1}^{n} X_{2,i}Y_i \\
\vdots \qquad &= \quad \vdots \\
a_1\sum_{i=1}^{n} X_{r+1,i}X_{1,i} + a_2\sum_{i=1}^{n} X_{r+1,i}X_{2,i} + a_{r+1}\sum_{i=1}^{n} X_{r+1,i}X_{r+1,i} &= \sum_{i=1}^{n} X_{r+1,i}Y_i
\end{aligned} \tag{3.6}$$

이 일차연립방정식을 행렬을 이용하여 좀 더 간단히 표현하기 위하여

$$M = \begin{bmatrix} X_{1,1} & X_{2,1} & \cdots & X_{r+1,1} \\ X_{1,2} & X_{2,2} & \cdots & X_{r+1,2} \\ \vdots & \vdots & \cdots & \vdots \\ X_{1,n} & X_{2,n} & \cdots & X_{r+1,n} \end{bmatrix}, \qquad \mathbf{a} = \begin{bmatrix} a_1 \\ a_2 \\ \vdots \\ a_{r+1} \end{bmatrix}, \qquad \mathbf{Y} = \begin{bmatrix} Y_1 \\ Y_2 \\ \vdots \\ Y_n \end{bmatrix}$$

으로 두자. 여기에서 M과 $\mathbf{Y}$는 주어진 데이터 점들의 좌표를 나열하며 만드는 상수 행렬들이고, $\mathbf{a}$는 우리가 구하고자 하는 미지수 행렬이다. 이제 행렬 M의 행과 열의 위치를 서로 바꾸어 만든 행렬을 M^T로 나타내면, 식 (3.6)는 다음과 같이 표현할 수 있다.

$$M^T M\mathbf{a} = M^T\mathbf{Y} \tag{3.7}$$

이 행렬방정식의 해 $\mathbf{a}$를 계산하면 **least squares fit**이 되는 선형함수 $Y = a_1X_1 + a_2X_2 + \cdots + a_rX_r$를 구하게 된다. 만일 M^TM이 역행렬을 가진다면 식 (3.7)의 해를 다음과 같이 계산하여 구할 수 있다.

$$\mathbf{a} = \left(M^TM\right)^{-1} M^T\mathbf{Y} \tag{3.8}$$

> **예제 3.35**
> 좌표공간에 5개의 데이터 값 $(X_{1,i}, X_{2,i}, Y_i)$ $(i = 1, \cdots, 5)$가 각각 $(1,0,2)$, $(2,1,1)$, $(3,2,2)$, $(4,3,3)$, $(5,5,4)$로 주어졌을 때, 최소제곱법을 사용하여 **least squares fit**이 되는 평면의 방정식 $Y = a_1X_1 + a_2X_2 + b$를 구하고, 그 그래프를 그리시오.

풀이:

$$M^T = \begin{bmatrix} 1 & 2 & 3 & 4 & 5 \\ 0 & 1 & 2 & 3 & 5 \\ 1 & 1 & 1 & 1 & 1 \end{bmatrix}, \qquad \mathbf{Y^T} = \begin{bmatrix} 2 & 1 & 2 & 3 & 4 \end{bmatrix}$$

$$M^TM = \begin{bmatrix} 55 & 45 & 15 \\ 45 & 39 & 11 \\ 15 & 11 & 5 \end{bmatrix}, \qquad \left(M^TM\right)^{-1} = \frac{1}{2}\begin{bmatrix} \frac{37}{5} & -6 & -9 \\ -6 & 5 & 7 \\ -9 & 7 & 6 \end{bmatrix}$$

$$M^T\mathbf{Y} = \begin{bmatrix} 42 \\ 34 \\ 12 \end{bmatrix}, \qquad \therefore\ \mathbf{a} = \left(M^TM\right)^{-1} M^T\mathbf{Y} = \begin{bmatrix} -\frac{3}{5} \\ 1 \\ 2 \end{bmatrix}$$

이므로 **least squares fit**이 되는 평면의 방정식은 $Y = -\frac{3}{5}X_1 + X_2 + 2$이고, 그 그래프는 다음과 같은 평면이 된다.

표 **3.3.** 체질량지수(BMI, kg/m^2), 피하지방 두께 측정치(Skin Fold measurement), 체지방률 데이터

체질량지수	19.36	19.24	20.76	21.43	18.72	18.85	21.84	19.90	21.35	24.98	24.46	24.19
피하지방 두께	86.0	94.5	105.3	91.5	75.2	93.2	156.0	75.1	119.8	169.3	170.0	148.2
체지방률	19.3	22.2	24.3	17.1	19.6	23.9	29.5	24.1	26.2	33.7	36.2	31.0

```
Plot3D[-3/5 x1 + x2 + 2, {x1, 0, 5}, {x2, 0, 4}]
```

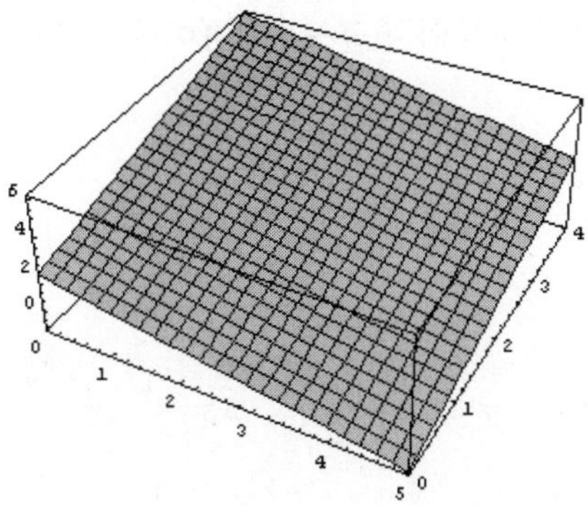

```
ListPlot3D[{{1, 0, 2}, {2, 1, 1},
  {3, 2, 2}, {4, 3, 3}, {5, 5, 4}}]
```

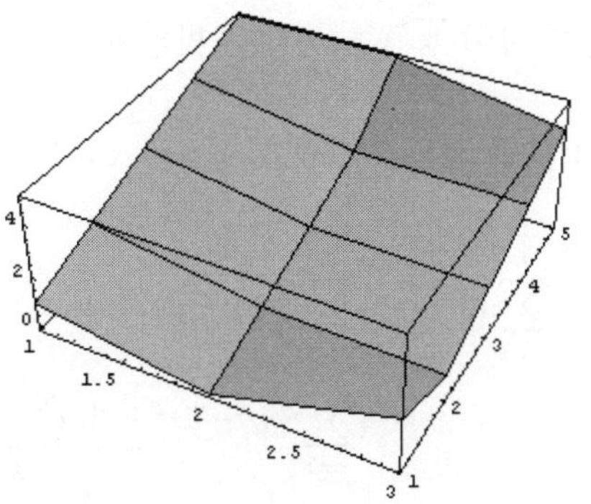

♦

실습예제 **3.22**. Wolfram Cloud를 이용하여 표 3.3의 데이터에 대한 least squares fit을 찾아보자. 체질량지수(BMI; Body Mass Index)는 몸무게를 키의 제곱으로 나눈 값이다. 1990년대 초 보편적으로 사용되기 시작했고, 이후 체질량지수가 체지방을 측정하지는 못하지만, 과체중과 비만에 대한 기준은 될 수 있다고 인정되고 있다. 피하지방 두께 측정치는 집게 모양의 측정 도구로 정해진 측정부위를 재어 얻는 값이다. Sparling 등은 이 두 가지 값, 즉 체질량지수(X_1)와 피하지방 두께 측정치(X_2)로부터 체지방률(Y)을 예측하고자 다음과 같은 선형 관계식을 제안했다.

$$Y = a_1X_1 + a_2X_2 + b$$

최소제곱법을 사용하여 표3.3의 데이터에 대한 a_1, a_2, b의 값을 구하는 것을 Wolfram Cloud에서 다음과 같이 입력하여 실습한다.

```
List2={{19.36,86.0,19.3},···,{24.19,148.2,31.0}};   (* 실제로 모든 점 입력*)
g3=ListPointPlot3D[List2,PlotStyle->Large];
Fit[List2,{1,x,y},{x,y}]
g4=Plot3D[%,{x,18,25},{y,85,170},PlotStyle->Opacity[0.2], PlotRange->{17,37}];
Show[g3,g4]
```

♦

3.6.2 단순선형회귀모형에 대한 통계적 추론

• 모집단의 회귀모형에 대한 오차분산 추정

표본자료의 회기직선에 대한 잔차 $r_i = y_i - (mx_i + b)$는 모집단의 회귀모형 $Y_i = m_0\, x_i + b_0 + \epsilon_i$ 의 오차 $\epsilon_i \sim N(0, \sigma^2)$의 추정량이다. 모집단의 오차분산 σ^2의 추정량을 구할 때, 미지의 확률변수인 오차 ϵ_i 대신 관측값인 잔차 r_i를 사용한다. 먼저, 식 (3.4)의 관계 $\overline{y} = m\overline{x} + b$로부터 잔차들의 합이 $\sum_{i=1}^{n} r_i = 0$ 임을 확인할 수 있고, 따라서 잔차들의 평균도 $\overline{r} = 0$이다. 그리고 식 (3.5)의 관계 $m = \dfrac{S_{xy}}{S_{xx}}$ 를 이용하면

$$\begin{aligned}
\sum_{i=1}^{n} r_i^2 &= \sum_{i=1}^{n} [(y_i - \overline{y}) - m(x_i - \overline{x})]^2 \\
&= \sum_{i=1}^{n} (y_i - \overline{y})^2 - 2m\sum_{i=1}^{n} (y_i - \overline{y})(x_i - \overline{x}) + m^2\sum_{i=1}^{n} (x_i - \overline{x})^2 \\
&= S_{yy} - 2mS_{xy} + m^2 S_{xx} \;=\; S_{yy} - 2\left(\frac{S_{xy}}{S_{xx}}\right) S_{xy} + \left(\frac{S_{xy}}{S_{xx}}\right)^2 S_{xx} \\
&= S_{yy} - \frac{(S_{xy})^2}{S_{xx}}
\end{aligned}$$

이다. 이러한 성질을 만족하는 잔차의 표본분산인 s^2을 다음과 같이 정의하여 모집단의 오차분산 σ^2의 추정량으로 사용한다.

$$s^2 = \frac{1}{n-2}\sum_{i=1}^{n} (r_i - \overline{r})^2 = \frac{1}{n-2}\sum_{i=1}^{n} r_i^2 = \frac{1}{n-2}\left(S_{yy} - \frac{(S_{xy})^2}{S_{xx}}\right)$$

앞의 119쪽에서 표본분산을 구할 때 제곱의 합을 $n-1$로 나누었지만, 오차분산의 추정량 s^2을 구할 때는 $n-2$로 나눈다. 그 이유는 n개의 자료로부터 두 개의 모수 m_0와 b_0를 추정하고 남은 $n-2$가 잔차의 제곱의 합의 자유도이기 때문인데, 여기에서 자세한 설명은 생략한다.

실습예제 **3.23.** 어떤 실험에서 5-13세 여자 어린이 각각 한 명씩을 뽑아 키를 재어 다음과 같은 자료를 얻었다고 하자. 이 자료에 대한 least squares fit을 구하고, 예측값, 잔차, 오차분산 σ^2의 추정량 s^2을 구하시오.

나이 x_i	5	6	7	8	9	10	11	12	13
키 y_i	109.2	114.1	123.7	123.1	130.5	140.5	142.8	155.1	157.3

풀이: Wolfram Cloud에서 least squares fit을 구하면 $y = mx + b = 6.18333x + 77.2722$ 이다.

예측값 $mx_i + b$	108.189	114.372	120.556	126.739	132.922	139.106	145.289	151.472	157.655
잔차 r_i	1.011	-0.272	3.144	-3.639	-2.422	1.394	-2.489	3.628	-0.355

위 표에서 잔차의 합이 0임을 확인할 수 있다. 그리고 오차분산의 추정량을 구하면

$$s^2 = \frac{1}{n-2}\sum_{i=1}^{n} r_i^2 = \frac{51.5189}{9-2} \approx 7.35984$$

이다. 위의 계산을 Wolfram Cloud에서 다음과 같은 명령을 써서 시행할 수 있다.

```
Clear[x,y,X,Y]
X={5,6,7,8,9,10,11,12,13};
Y={109.2,114.1,123.7,123.1,130.5,140.5,
    142.8,155.1,157.3};
Length[X]
Length[Y]
XY=Table[{X[[i]],Y[[i]]},{i,1,Length[X]}]
f=Fit[XY,{1,x},x]
fY=f/.x->X
r=Y-fY
Total[r^2]
ss=Total[r^2]/(Length[X]-2)
g1=ListPlot[XY,DataRange->{4,14},
    PlotStyle->Red];
g2=Plot[f,{x,4,14},PlotRange->{100,165}];
Show[g2,g1]
```

♦

• 최소제곱법에서의 오차 전파

측정값이나 예측값등을 이용하여 추가적인 연산을 하게 되면 그 과정에서 오차도 포함되어 계산되는데, 이를 오차전파**(error propagation)**라고 한다. 최소제곱법에서 y_i 값의 오차가 기울기 m과 y절편 b 값의 오차에 반영되는 원리를 살펴보자. 단, 독립변수 x_i의 측정오차는 무시할 만큼 작은 수준이라고 생각하고 반영하지 않기로 한다.

최소제곱법에서 m과 b의 값을 결정할 때 사용하는 확률변수 Y_i $(i = 1, 2, \cdots, n)$는 서로 독립이고, Y_i의 관측값 y_i와 주어진 독립변수의 값 x_i (주어진 상수들)에 대하여 앞의 식 (3.5)으로부터

$$m = m(y_1, y_2, \cdots, y_n) = \frac{\displaystyle\sum_{i=1}^{n} x_i y_i - n\,\overline{x}\,\overline{y}}{\displaystyle\sum_{i=1}^{n} x_i^2 - n\,\overline{x}^2} = \frac{S_{xy}}{S_{xx}} \tag{3.9}$$

이다. 따라서 기울기 $m = m(y_1, y_2, \cdots, y_n)$에 전파되는 잔차의 크기 r_m은 다음과 같이 나타난다.

$$r_m = \left[\sum_{i=1}^{n}\left(\frac{\partial m}{\partial y_i}\right)^2 (\Delta y_i)^2\right]^{1/2} = \left[\sum_{i=1}^{n}\left(\frac{\partial m}{\partial y_i}\right)^2 r_i^2\right]^{1/2}$$

여기에서 잔차 r_i는 모집단의 확률변수 Y_i의 오차 ϵ_i의 관측값이다. 만일 $i = 1, 2, \cdots, n$에 대하여 ϵ_i^2의 기댓값 $E(\epsilon_i^2)$이 알려져 있고, 그 값이 모두 같다고, 즉 $E(\epsilon_i^2) = \epsilon_y^2$ (ϵ_y는 양의 상수)라고 가정하면, 그 관측값인 r_i에 대해서도 $E(r_i^2) = \epsilon_y^2$이라고 할 수 있다. 따라서 기울기 m에 전파되는 오차의 크기의 기댓값 $\epsilon_m = E(r_m)$을 다음과 같이 구할 수 있다.

$$\epsilon_m = \left[\sum_{i=1}^{n}\left(\frac{\partial m}{\partial y_i}\right)^2 \epsilon_y^2\right]^{1/2} = \left[\sum_{i=1}^{n}\left(\frac{\partial m}{\partial y_i}\right)^2\right]^{1/2} \epsilon_y$$

여기에서 식 (3.9)로부터

$$\frac{\partial m}{\partial y_i} = \frac{x_i - \overline{x}}{S_{xx}}$$

이므로

$$\epsilon_m = \frac{1}{S_{xx}} \left[\sum_{i=1}^{n} (x_i - \overline{x})^2 \right]^{1/2} \epsilon_y = \frac{\epsilon_y}{\sqrt{S_{xx}}}$$

이다. 마찬가지로 y 절편 $b = b(y_1, y_2, \cdots, y_n)$에 전파되는 오차의 크기의 기댓값 ϵ_b에 대해서는 $\overline{y} = m\overline{x} + b$로부터

$$\frac{\partial b}{\partial y_i} = \frac{\partial \overline{y}}{\partial y_i} - \overline{x}\,\frac{\partial m}{\partial y_i} = \frac{1}{n} - \frac{\overline{x}\,(x_i - \overline{x})}{S_{xx}}$$

이므로

$$\begin{aligned}
\epsilon_b &= \left[\sum_{i=1}^{n} \left(\frac{\partial b}{\partial y_i} \right)^2 \right]^{1/2} \epsilon_y = \left[\sum_{i=1}^{n} \left(\frac{1}{n^2} - \frac{2\,\overline{x}\,(x_i - \overline{x})}{nS_{xx}} + \frac{\overline{x}^2\,(x_i - \overline{x})^2}{S_{xx}^2} \right) \right]^{1/2} \epsilon_y \\
&= \left[\frac{1}{n} - \frac{2\,\overline{x}}{nS_{xx}} \sum_{i=1}^{n} (x_i - \overline{x}) + \frac{\overline{x}^2}{S_{xx}^2} \sum_{i=1}^{n} (x_i - \overline{x})^2 \right]^{1/2} \epsilon_y \\
&= \left[\frac{1}{n} + \frac{\overline{x}^2}{S_{xx}} \right]^{1/2} \epsilon_y = \left[\frac{S_{xx} + n\,\overline{x}^2}{nS_{xx}} \right]^{1/2} \epsilon_y = \left[\frac{\Sigma x_i^2}{nS_{xx}} \right]^{1/2} \epsilon_y
\end{aligned}$$

이다.

실습예제 **3.24**. 어떤 실험 데이터가 다음 표와 같고, y_i의 오차의 크기의 기댓값이 모두 $\epsilon_y = 4$로 알려져 있다고 가정할 때, 이 데이터에 대한 least squares fit을 구하고, 기울기 m과 y절편 b의 오차의 크기의 기댓값 ϵ_m과 ϵ_b를 각각 구하시오.

x_i	0	5	10	15	20	25	30	35	40	45
y_i	41	54	62	77	83	94	102	109	116	125

풀이: Wolfram Cloud에서 least squares fit을 구하면 $y = mx + b = 1.83152x + 45.0909$이고,

$\overline{x} = 22.5, \quad S_{xx} = \sum_{i=1}^{n} x_i^2 - n\,\overline{x}^2 = 2062.5$이므로

$$\epsilon_m = \frac{\epsilon_y}{\sqrt{S_{xx}}} = 0.0880771, \qquad \epsilon_b = \left[\frac{1}{n} + \frac{\overline{x}^2}{S_{xx}} \right]^{1/2} \epsilon_y = 2.35102$$

이다. 위의 계산을 Wolfram Cloud에서 다음과 같은 명령을 써서 시행할 수 있다.

```
Clear[x,y,X,Y]
X={0,5,10,15,20,25,30,35,40,45};
Y={41,54,62,77,83,94,102,109,116,125};
Length[X]
Length[Y]
XY=Table[{X[[i]],Y[[i]]},{i,1,Length[X]}]
f=Fit[XY,{1,x},x]
g1=ListPlot[XY,DataRange->{0,50},
    PlotStyle->Red];
g2=Plot[f,{x,-5,50},PlotRange->{35,130}];
Show[g2,g1]
xb=N[Total[X]/Length[X]]
Sxx=Total[X^2]-Length[x]*xb^2
ey=4;
ey/Sqrt[Sxx]
ey Sqrt[1/Length[x]+xb^2/Sxx]
```
♦

• 모집단의 회기직선의 m_0와 b_0에 대한 추론

정리 3.25

모집단의 확률변수 Y_i의 오차가 $\epsilon_i \sim N(0, \sigma^2)$인 단순선형회귀모형

$$Y_i = m_0 x_i + b_0 + \epsilon_i, \qquad (i = 1, 2, \cdots, n)$$

에서 n개의 표본자료에 대한 회기직선의 기울기 m과 y절편 b는 각각 다음과 같은 정규분포를 따른다.

$$m \sim N\left(m_0, \frac{\sigma^2}{S_{xx}}\right), \qquad b \sim N\left(b_0, \left[\frac{1}{n} + \frac{\overline{x}^2}{S_{xx}}\right]\sigma^2\right)$$

여기에서 $\dfrac{\sigma}{\sqrt{S_{xx}}}$과 $\left[\dfrac{1}{n} + \dfrac{\overline{x}^2}{S_{xx}}\right]^{1/2} \sigma$를 각각 m과 b의 표준오차라고 부른다.

만일 모집단의 오차분산 σ^2의 값이 알려져 있다면 표준정규분포를 이용하여 모집단의 회기곡선의 m_0, b_0에 대한 추론을 해야 한다. 그러나 실제로 모집단의 오차분산 σ^2이 알려져 있는 경우는 거의 없고, 대신 그에 대하여 표본자료를 이용하여 구하는 추정량으로 앞의 174쪽에서 소개한

$$s^2 = \frac{1}{n-2}\left(S_{yy} - \frac{(S_{xy})^2}{S_{xx}}\right)$$

을 사용하는데, 이때는 표준정규분포가 아니라 t-분포가 되어

$$\frac{m - m_0}{s/S_{xx}} \sim t(n-2), \qquad \frac{b - b_0}{s\sqrt{\dfrac{1}{n} + \dfrac{\overline{x}^2}{S_{xx}}}} \sim t(n-2)$$

라는 사실이 밝혀져 있다. 여기에서 $t(n-2)$는 자유도가 $n-2$인 t-분포이다. 따라서 m_0에 대한 $100(1-\alpha)\%$ 신뢰구간은

$$m \pm t_{\alpha/2}(n-2) \cdot \frac{s}{\sqrt{S_{xx}}}$$

이고, 어떤 값 m_{00}을 기준으로 하는 가설 $H_0 : m_0 = m_{00}$, $H_1 : m_0 > m_{00}$에 대하여 유의수준 α로 검정할 때의 기각역은

$$T = \frac{m - m_{00}}{s/\sqrt{S_{xx}}} \geq t_\alpha(n-2)$$

이다. 가설 $H_0 : m_0 = m_{00}$, $H_1 : m_0 < m_{00}$에 대해서는 기각역이 $T \leq -t_\alpha(n-2)$ 형태가 된다.

b_0에 대한 신뢰구간과 가설검정의 기각역도 b의 t-분포를 이용하여 마찬가지 방법으로 구한다.

실습예제 **3.26**. 어떤 실험에서 커피를 마신 양 x_i (잔)와 그 효과가 유지되는 시간 y_i에 대하여 다음 표와 같은 자료를 얻었다고 하자. 이 자료에 대한 least squares fit을 구하고, $\overline{x}$, $\overline{y}$, S_{xx}, S_{yy}, S_{xy}를 구하여 오차분산 σ^2의 추정량인 s^2을 구하시오.

x_i	1	1	2	2	3	3	4	4	5	6
y_i	1	2	3	5	4	5	5	6	7	8

풀이: Wolfram Cloud에서 least squares fit을 구하면 $y = mx + b = 1.22088x + 0.815261$이고, $\overline{x} = 3.1$, $\overline{y} = 4.6$이며,

$$S_{xx} = \sum_{i=1}^{n} x_i^2 - n\,\overline{x}^2 = 24.9, \quad S_{yy} = \sum_{i=1}^{n} y_i^2 - n\,\overline{y}^2 = 42.4, \quad S_{xy} = \sum_{i=1}^{n} x_i y_i - n\,\overline{x}\,\overline{y} = 30.4$$

이므로

$$s^2 = \frac{1}{n-2}\left(S_{yy} - \frac{(S_{xy})^2}{S_{xx}}\right) = \frac{1}{8}\left(42.4 - \frac{(30.4)^2}{24.9}\right) = 0.660643$$

이다. 위의 계산을 Wolfram Cloud에서 다음과 같은 명령을 써서 시행할 수 있다.

```
Clear[x,y,X,Y]
X={1,1,2,2,3,3,4,4,5,6};
Y={1,2,3,5,4,5,5,6,7,8};
Length[X]
Length[Y]
XY=Table[{X[[i]],Y[[i]]},{i,1,Length[X]}]
f=Fit[XY,{1,x},x]
xb=N[Total[X]/Length[X]]
yb=N[Total[Y]/Length[Y]]
Sxx=X.X-Length[X]*xb^2
Syy=Y.Y-Length[Y]*yb^2
Sxy=X.Y-Length[X]*xb*yb
ss=(Syy-(Sxy)^2/Sxx)/(Length[X]-2)
Sqrt[ss]
```

♦

예제 3.36

앞의 실습예제 3.26의 자료를 이용하여 모집단의 회기직선의 기울기 m_0와 y-절편 b_0의 95% 신뢰구간을 각각 구하시오.

풀이: t-분포표로부터 $t_{\alpha/2}(n-2) = t_{0.025}(8) = 2.306$ 이고, 실습예제 3.26으로부터 $m = 1.22088$, $b = 0.815261$, $\overline{x} = 3.1$, $S_{xx} = 24.9$, $s = \sqrt{0.660643} \approx 0.812799$ 이므로, m_0의 95% 신뢰구간은

$$1.22088 \pm 2.306 \times \frac{0.812799}{\sqrt{24.9}} \approx 1.22088 \pm 0.375615, \text{ 또는 } (0.845265, 1.59649)$$

이다. 이로부터 커피를 한 잔 더 마시면 평균적으로 증가되는 효과유지시간은 0.845265 시간에서 1.59649 시간 중의 한 값이라고 신뢰수준 95%에서 말할 수 있다.

그리고 b_0의 95% 신뢰구간은

$$0.815261 \pm 2.306 \times 0.812799 \times \sqrt{\frac{1}{10} + \frac{(3.1)^2}{24.9}} \approx 0.815261 \pm 1.30658, \text{ 또는 } (-0.491317, 2.12184)$$

이다. ♦

예제 3.37

앞의 실습예제 3.26의 자료를 이용하여 마시는 커피의 잔수를 증가시키면 효과유지시간도 증가하는 지 유의수준 5%로 검정하시오.

풀이: 만약 증가하는 관계에 있다면 모집단의 회기직선의 기울기가 $m_0 > 0$ 이어야 한다. 따라서 검정하고자 하는 가설은 $H_0 : m_0 = 0, \quad H_1 : m_0 > 0$ 이고, 이에 대하여 유의수준 5%로 검정할 때의 기각역은 $T \geq t_{0.05}(8) = 1.860$ 이다. 실습예제 3.26으로부터

$$T = \frac{m - 0}{s/\sqrt{S_{xx}}} = \frac{1.22088 - 0}{2.26879/\sqrt{24.9}} \approx 7.49531$$

이므로 기각역에 속한다. 따라서 유의수준 5%로 H_0를 기각할 수 있다. 즉, 자료에서 나타난 커피의 잔수 범위 안에서 잔수를 증가시키면 효과유지시간도 증가한다는 뚜렷한 증거가 있다고 할 수 있다. ♦

예제 3.38

앞의 실습예제 3.26의 자료를 이용하여 $b_0 = 0$ 인지에 대하여 유의수준 5%로 검정하시오.

풀이: 앞의 예제 3.36에서 구한 b_0의 95% 신뢰구간 $(-2.83183, 4.46235)$ 안에 $b_0 = 0$이 포함되어 있으므로, 유의수준 5%로 $b_0 = 0$인 가설을 기각할 수 없다는 것을 알 수 있다. 이와 같이 양측검정을 해야하는 $b_0 = b_{00}$ 형태의 가설에 대한 검정은 값 b_{00}가 대응되는 수준의 신뢰구간에 들어 있는지를 살펴보면 된다.

한편, 다음과 같이 직접 검정통계량을 구하여 가설을 검정해도 같은 결과를 얻는다.

검정하고자 하는 가설은 $H_0 : b_0 = 0,\ \ H_1 : b_0 \neq 0$이고, 이에 대하여 유의수준 5%로 검정할 때의 기각역은 $|T| \geq t_{0.025}(8) = 2.306$이다. 실습예제 3.26으로부터

$$T = \frac{b-0}{s\sqrt{1/n + \overline{x}^2/S_{xx}}} \approx \frac{0.815261 - 0}{0.812799\sqrt{1/10 + (3.1)^2/24.9}} \approx 1.43887$$

이므로 기각역에 속하지 않는다. 따라서 유의수준 5%로 H_0를 기각할 수 없다. ♦

연습문제 3.6

1. 좌표평면에 7개의 데이터 값 (x_i, y_i) $(i = 1, \cdots, 5)$가 각각 $(1,5)$, $(2,5)$, $(3,3)$, $(4,1)$, $(5,0)$, $(6,-1)$, $(7,-3)$으로 주어졌을 때, 최소제곱법을 사용하여 least squares fit이 되는 직선의 방정식 $y = mx + b$를 구하시오.

2. 좌표공간에 5개의 데이터 값 $(X_{1,i}, X_{2,i}, Y_i)$ $(i = 1, \cdots, 5)$가 각각 $(1,-1,0)$, $(2,0,-1)$, $(3,0,1)$, $(4,-2,0)$, $(5,-1,-3)$으로 주어졌을 때, 최소제곱법을 사용하여 least squares fit이 되는 평면의 방정식 $Y = a_1X_1 + a_2X_2 + b$를 구하시오.

3. 본문의 예제 3.34의 자료에 대하여 잔차의 제곱의 합을 구하고, 이를 이용하여 오차분산의 추정량인 s^2을 구하시오.

4. 본문의 예제 3.34의 자료에 대하여 다음을 구하시오.

   (1) $\overline{x} = 3$ (2) $\overline{y} = 3$ (3) $S_{xx} = \sum_{i=1}^{n} x_i^2 - n\,\overline{x}^2$

   (4) $S_{yy} = \sum_{i=1}^{n} y_i^2 - n\,\overline{y}^2$ (5) $S_{xy} = \sum_{i=1}^{n} x_i y_i^2 - n\,\overline{x}\,\overline{y}$

5. 본문의 예제 3.34의 자료에 대하여 오차분산 σ^2의 추정량인 $s^2 = \dfrac{1}{n-2}\left(S_{yy} - \dfrac{(S_{xy})^2}{S_{xx}}\right)$을 구하시오.

6. 본문의 예제 3.34의 자료에 대하여 y_i의 오차의 크기의 기댓값이 모두 $\epsilon_y = 1/2$로 알려져 있다고 가정할 때, 다음을 구하시오.

   (1) 기울기 m의 오차의 크기의 기댓값 ϵ_m (2) y절편 b의 오차의 크기의 기댓값 ϵ_b

7. 본문의 예제 3.34의 자료를 이용하여 모집단의 회기직선의 기울기 m_0와 y-절편 b_0의 90% 신뢰구간을 각각 구하시오.

8. 본문의 예제 3.34의 자료를 이용하여 x_i를 1만큼 증가시키면 y_i는 1보다 크게 증가하는지 유의수준 10%로 검정하시오.

9. 본문의 예제 3.34의 자료를 이용하여 $b_0 = 0$인지에 대하여 유의수준 10%로 검정하시오.

4

연습문제 해답

연습문제 1.1

1. (1) π, (2) 0, (3) $\frac{1}{e^2}$, (4) 0, (5) $\ln 2$, (6) 1
2. (1) 순감소, (2) 순감소, (3) 궁극적 순감소, (4) 순증가
3. (1) 0으로 수렴, (2) 3으로 수렴, (3) 2로 수렴,

   (4) $a_n = \lambda^n$이 주어진 점화식을 만족한다고 하면 $(\lambda^2 - \lambda - 1)\lambda^n = 0$이고 $\lambda \neq 0$이므로 $\lambda = \frac{1 \pm \sqrt{5}}{2}$이다. 따라서 일반항

   $$a_n = p(\frac{1-\sqrt{5}}{2})^n + q(\frac{1+\sqrt{5}}{2})^n$$

   형태이고 $a_0 = 1$, $a_1 = 1$로부터 p, q에 대한 연립방정식을 풀면

   $$a_n = \frac{1}{\sqrt{5}}\left(-(\frac{1-\sqrt{5}}{2})^{n+1} + (\frac{1+\sqrt{5}}{2})^{n+1}\right)$$

   이다. 이로부터 주어진 수열은 무한대로 발산한다.
4. 문제에 제시된 적분을 계산하면

   $$n(\ln n - 1) + 1 < \ln n! < (n+1)(\ln(n+1) - 1) + 1$$

   이고 이로부터

   $$\frac{n^n}{e^{n-1}} < n! < \frac{(n+1)^{n+1}}{e^n}$$

   을 얻는다. 세 변에 $\sqrt[n]{\ }$를 취하면

   $$\frac{n}{e^{\frac{n-1}{n}}} < \sqrt[n]{n!} < \frac{(n+1)^{\frac{n+1}{n}}}{e}$$

   이고 세 변을 n으로 나누면

   $$\frac{1}{e^{\frac{n-1}{n}}} < \frac{\sqrt[n]{n!}}{n} < \frac{\frac{(n+1)}{n}(n+1)^{1/n}}{e}$$

   가 성립한다.

   $$\lim_{n\to\infty} \frac{1}{e^{\frac{n-1}{n}}} = \frac{1}{e}, \quad \lim_{n\to\infty} \frac{\frac{(n+1)}{n}(n+1)^{1/n}}{e} = \frac{1}{e}$$

   이므로 squeezing 정리를 사용하면 $\lim_{n\to\infty} \frac{\sqrt[n]{n!}}{n} = \frac{1}{e}$이다.

5. $f'(x) = 2x$이므로 $x_1 = 1 - \frac{-1}{2} = \frac{3}{2} = 1.5$, $x_2 = \frac{3}{2} - \frac{9/4-2}{3} = \frac{17}{12} = 1.4166\cdots$, $x_3 = \frac{577}{408} = 1.414215\cdots$, $x_4 = \frac{665857}{470832} = 1.414213562\cdots$ 등으로 $\sqrt{2} = 1.414213562\cdots$ 로 수렴함을 볼 수 있다.

연습문제 1.2

1. (1) $\frac{3}{4}$로 수렴, (2) $\frac{5^3}{3} > 1$이므로 발산, (3) n항까지의 부분합 $S_n = 1 - \frac{1}{\sqrt{n+1}}$ 이므로 1로 수렴, (4) $\displaystyle\lim_{n\to\infty} \frac{\sqrt{n}}{\sqrt{n}+5} = 1 \neq 0$이므로 일반항 판정법에 의하여 발산.

2. (1) $\frac{3}{2}$, (2) 적분판정법에 의해 발산, (3) 적분판정법에 의해 수렴, (4) 적분판정법에 의해 수렴

3.
$$\int_3^\infty \frac{1}{x\ln x(\ln(\ln(x)))^p}dx = \begin{cases} \frac{\ln\ln 3}{p-1}, & p > 1 \\ +\infty, & p \leq 1 \end{cases}$$
이므로 $p > 1$이면 수렴

4. (1) 비교판정법에 의해 발산, (2) 극한비교판정법에 의해 수렴, (3) 비율판정법에 의해 수렴, (4) 극한비교판정법에 의해 발산, (5) 비율판정법에 의해 수렴 , (6) 멱근판정법에 의해 수렴

5. (1) $\frac{\ln n}{n^2} < \frac{\sqrt{n}}{n^2} = n^{-3/2}$이고 우변은 p-급수판정법에 의해 수렴하므로 비교판정법을 사용하면 수렴.
(2) $\frac{1}{(\ln n)^2} > \frac{1}{n}$이고 우변은 적분판정법에 의해 발산하므로 비교판정법에 의해 발산

6. (1) 일반항 판정법에 의해 발산, (2) 조건수렴, (3) 절대수렴, (4) 절대수렴

연습문제 1.3

1. (1) 수렴반경 1, 수렴구간 $-4 < x < -2$, (2) 수렴반경 0, 수렴구간 $x = 0$, (3) 수렴반경 1, 수렴구간 $3 \leq x \leq 5$, (4) 수렴반경 1, 수렴구간 $2 \leq x < 4$

2. (1) $\displaystyle\sum_{n=0}^{\infty} x^{2n}$, 수렴구간 $-1 < x < 1$,
(2) $\displaystyle\sum_{n=0}^{\infty} 2^n x^n$, 수렴구간 $-1/2 < x < 1/2$,
(3) $\displaystyle\sum_{n=0}^{\infty} 4^n x^{2n+2}$, 수렴구간 $-1/2 < x < 1/2$,
(4) $\displaystyle\sum_{n=0}^{\infty} (-1)^n(1 - \frac{1}{2^{n+1}})x^n$, 수렴구간 $-1 < x < 1$

3. (1) $\frac{\frac{1}{x}}{1-\frac{1}{x}} = \frac{1}{x-1}$, $|x| > 1$
(2) $\frac{x}{1-x^3} + \frac{x^2}{1-x^3} - \frac{x^3}{1-x^3}$, $-1 < x < 1$
(3) $\frac{d}{dx}\frac{1}{1-x} = \frac{1}{(1-x)^2}$, $-1 < x < 1$

4. (1) $\sum_{n=0}^{\infty}(-1)^n 2x^{2n+1}, -1 < x < 1$

(2) $\dfrac{2x}{(1+x^2)^2} = \dfrac{d}{dx}\dfrac{-1}{1+x^2} = \dfrac{d}{dx}\sum_{n=0}^{\infty}(-1)^{n+1}x^{2n} = \sum_{n=0}^{\infty}(-1)^n 2(n+1)x^{2n+1}, -1 < x < 1$

5. (1) 2, (2) 4, (3) $\ln 2$, (4) $\frac{\sqrt{3}\pi}{6}$

연습문제 1.4

1. (1) $(x-1)^2 + 3(x-1) + 3$,

(2) $\sum_{n=0}^{\infty}\dfrac{(-1)^n 2^n}{(2n)!}(x-\pi)^{2n}$

(3) $\sum_{n=0}^{\infty}\dfrac{(-1)^n (x-1)^{n+1}}{n+1}$

(4) $\sum_{n=0}^{\infty}\dfrac{2^n \cdot e}{n!}\left(x - \dfrac{1}{2}\right)^n$

2. (1) $\sum_{n=0}^{\infty}\dfrac{(-x/2)^n}{n!}$

(2) $\sum_{n=0}^{\infty}\dfrac{(-1)^n x^{4(2n+1)}}{(2n+1)!}$

(3) $\sum_{n=1}^{\infty}\dfrac{(-1)^{n+1}}{n}x^{2n+2}$

(4) $\sin^2 x = \dfrac{1}{2} - \dfrac{\cos 2x}{2} = \dfrac{1}{2} - \dfrac{1}{2}\sum_{n=0}^{\infty}\dfrac{(-1)^n (2x)^{2n}}{(2n)!}$

3. (1) $f^{(n)}(x) = \frac{1}{2}\left(\frac{1}{2}-1\right)\left(\frac{1}{2}-2\right)\cdots\left(\frac{1}{2}-(n-1)\right)(1+x)^{1/2-n} = n!\binom{1/2}{n}(1+x)^{1/2-n}$ 이므로 $x = 0$에서의 매클로린 급수는

$$\sum_{n=0}^{\infty}\frac{f^{(n)}(0)}{n!}x^n = \sum_{n=0}^{\infty}\binom{1/2}{n}x^n$$

이다.

(2) $\sum_{n=0}^{\infty}\binom{1/4}{n}x^n$, 비율판정법을 적용하면

$$\lim_{n\to\infty}\left|\frac{\binom{1/4}{n+1}}{\binom{1/4}{n}}x\right| = \lim_{n\to\infty}\left|\frac{\frac{1}{4}(\frac{1}{4}-1)(\frac{1}{4}-2)\cdots(\frac{1}{4}-n+1)(\frac{1}{4}-n)\,n!}{\frac{1}{4}(\frac{1}{4}-1)(\frac{1}{4}-2)\cdots(\frac{1}{4}-n+1)\,(n+1)!}x\right| = \lim_{n\to\infty}\left|\frac{(\frac{1}{4}-n)}{n+1}x\right|$$

$= |x| < 1$이면 급수가 수렴한다.

4. (1) $\frac{1}{2}$, (2) $\frac{1}{120}$

연습문제 1.5

1. $p_2(x) = 2 + \frac{1}{12}(x-8) - \frac{1}{288}(x-8)^2$, $|R_2(c)| \le \left|\frac{f'''(c)}{3!}(c-8)^3\right| \le \frac{10}{27\cdot 3! 7^{8/3}} < 3.5 \times 10^{-4}$

2. $e^{-x^2} = \displaystyle\sum_{n=0}^{\infty} \frac{(-1)^n x^{2n}}{n!}$ 로부터 $p_k(x) = \displaystyle\sum_{n=0}^{k} \frac{(-1)^n x^{2n}}{n!}$ 라 두면

$$\left|\int_0^1 e^{-x^2} - p_k(x)dx\right| \le \int_0^1 \frac{x^{2k+2}}{(k+1)!}dx = \frac{1}{(k+1)!(2k+3)} < 0.01$$

로부터 $k \ge 3$이면 된다. 따라서 구하고자 하는 근삿값은

$$\int_0^1 p_3(x)dx = 1 - \frac{1}{3} + \frac{1}{10} - \frac{1}{42} = \frac{107}{140}$$

이다.

3. (1) $\frac{1}{6}e^2(x-2)^3 + \frac{1}{2}e^2(x-2)^2 + e^2(x-2) + e^2$
(2) $-\left(x - \frac{\pi}{2}\right) + \frac{1}{6}\left(x - \frac{\pi}{2}\right)^3$

4. (1) $p_1(x) = 1 + \frac{x}{2}$, $M = \max\{|f''(x)| \mid 0 \le x \le 0.1\} = \frac{1}{4}$이므로 $|R_1(x)| \le \frac{1}{8}\cdot(0.1)^2$이다.
(2) $p_3(x) = \frac{8}{81}(x-1)^3 - \frac{2}{9}(x-1)^2 + \frac{2(x-1)}{3} + \ln(3)$, $M = \max\{|f^{(4)}(x)| \mid 0.5 \le x \le 1.5\} = 6$ 이므로 $|R_3(x)| \le \frac{M}{4!}(0.5)^4 = \frac{1}{64}$
(3) $p_4(x) = x^2 - \frac{x^4}{6}$, $|R_4(x)| \le \frac{1}{120}$

5. $(1+x)^{-1/2} = \displaystyle\sum_{k=0}^{\infty}\binom{-1/2}{k}x^k = 1 - \frac{1}{2}x + \frac{1\cdot 3}{2\cdot 4}x^2 - \frac{1\cdot 3\cdot 5}{2\cdot 4\cdot 6}x^3 + \cdots$ 이므로

$$T = 4\sqrt{\frac{L}{g}}\int_0^{\pi/2}\frac{1}{\sqrt{1-k^2\sin^2\theta}}d\theta = 4\sqrt{\frac{L}{g}}\int_0^{\pi/2}\left(1 + \frac{1}{2}k^2\sin^2\theta + \frac{1\cdot 3}{2\cdot 4}k^4\sin^4\theta + \cdots\right)d\theta$$

로부터 피적분함수의 1차 근사다항식의 적분은 $4\sqrt{\frac{L}{g}}\int_0^{\pi/2} 1\,d\theta = 2\pi\sqrt{\frac{L}{g}}$ 이고, 이때 오차를 살펴보면 $|\sin x| \le 1$ 로부터

$$\left|4\sqrt{\frac{L}{g}}\int_0^{\pi/2}\left(\frac{1}{2}k^2\sin^2\theta + \frac{1\cdot 3}{2\cdot 4}k^4\sin^4\theta + \cdots\right)d\theta\right| \le 4\sqrt{\frac{L}{g}}\int_0^{\pi/2}\left(\frac{1}{2}k^2 + \frac{1\cdot 3}{2\cdot 4}k^4 + \cdots\right)d\theta$$

$$\le 4\sqrt{\frac{L}{g}}\int_0^{\pi/2}\left(k^2 + k^4 + \cdots\right)d\theta = 2\pi\sqrt{\frac{L}{g}}\frac{k^2}{1-k^2}$$

이다.

6. $e^{-x^2/2} = \displaystyle\sum_{n=0}^{\infty}(-1)^n\frac{x^{2n}}{2^n\cdot n!}$ 으로부터 $p_{10}(x) = \displaystyle\sum_{n=0}^{5}(-1)^n\frac{x^{2n}}{2^n\cdot n!}$ 이고, 이를 적분하면

$$\frac{1}{\sqrt{2\pi}}\int_0^2 p_{10}(x)\,dx = \frac{1}{\sqrt{2\pi}}\frac{12322}{10395} \approx 0.4729$$

이다. 오차는 $\frac{1}{\sqrt{2\pi}}\int_0^2\left|e^{-x^2/2} - p_{10}(x)\right|dx = \frac{1}{\sqrt{2\pi}}\int_0^2\left|\sum_{n=6}^{\infty}(-1)^n\frac{x^{2n}}{2^n\cdot n!}\right|dx \le \frac{1}{\sqrt{2\pi}}\int_0^2\frac{x^{12}}{2^6\cdot 6!}dx = \frac{1}{\sqrt{2\pi}}\frac{2^{13}}{13\cdot 2^6\cdot 6!} \approx 0.00546$ 이내이다.

연습문제 1.6

1. $\left(y-\frac{y^3}{6}\right)+x\left(1-\frac{y^2}{2}\right)+x^2\left(-\frac{y}{2}\right)+x^3\left(-\frac{1}{6}\right)$
2. $(y-1)-\frac{1}{2}(y-1)^2+\frac{1}{3}(y-1)^3+(x-1)-\frac{1}{2}(x-1)^2+\frac{1}{3}(x-1)^3$
3. $(x-1)^2(1+(y-1))+(x-1)\left(3+4(y-1)+(y-1)^2\right)+3+3(y-1)+(y-1)^2$
4. 식 $f(tx,ty)=t^2f(x,y)$ 의 우변을 t에 대하여 두 번 미분하면 $2f(x,y)$이므로, 이때 좌변을 t에 대하여 두 번 미분하여 $\frac{d^2}{dt^2}f(tx,ty)=D_1^2f(tx,ty)\,x^2+2D_1D_2f(tx,ty)\,xy+D_2^2f(tx,ty)\,y^2=2f(x,y)$을 얻는다. 여기에 $t=0$을 대입하면 문제의 결론을 얻게 된다.

연습문제 1.7

1. $a_0=\frac{1}{2\pi}\int_{-\pi}^{\pi}f(x)dx=\frac{1}{2}$, $a_n=\frac{1}{\pi}\int_{-\pi}^{\pi}f(x)\cos(nx)dx=0$, $b_n=\frac{1}{\pi}\int_{-\pi}^{\pi}f(x)\sin(nx)dx=-\frac{1}{n\pi}(1-(-1)^n)$
2. $a_0=\frac{1}{2\pi}\int_{-\pi}^{\pi}f(x)dx=\frac{1}{2}$, $a_n=\frac{1}{\pi}\int_0^{\pi}\cos(nx)dx=0$, $b_n=\frac{1}{\pi}\int_0^{\pi}\sin(nx)dx=\frac{1}{n\pi}(1-(-1)^n)$
3. $a_0=\frac{1}{2\pi}\int_{-\pi}^{\pi}f(x)dx=1$, $a_n=\frac{1}{\pi}\int_{-\pi}^{\pi}f(x)\cos(nx)dx=0$, $b_n=\frac{1}{\pi}\int_{-\pi}^{\pi}f(x)\sin(nx)dx=0$
4. $a_0=0$, $a_n=0$, $b_n=\frac{2}{n\pi}(1-(-1)^n)$
5. $f(x)=\frac{1}{2}-\frac{2}{\pi}\left(\sin x+\frac{1}{3}\sin(3x)+\frac{1}{5}\sin(5x)+\cdots\right)$이므로 $0=f(\frac{\pi}{2})=\frac{1}{2}-\frac{2}{\pi}\left(1-\frac{1}{3}+\frac{1}{5}-\cdots\right)$이다.
6. 주어진 주기함수의 푸리에 급수는

$$f(x)=a_0+\sum_{n=1}^{\infty}(a_n\cos nx+b_n\sin nx),\ a_0=\frac{\pi}{4},\ a_n=\begin{cases}0, & n\text{짝수}\\ -\frac{2}{\pi n^2}, & n\text{홀수}\end{cases},\ b_n=\begin{cases}-\frac{1}{n}, & n\text{짝수}\\ \frac{1}{n}, & n\text{홀수}\end{cases}$$

   에 $x=0$을 대입

연습문제 2.2

1. (1) 1계, 비선형 미분방정식
   (2) 1계, 비선형 미분방정식
   (3) 1계, 선형 미분방정식
   (4) 2계, 비선형 미분방정식
   (5) 1계, 선형 미분방정식

연습문제 2.3

1. (1) $y' = xy^2 \Rightarrow \dfrac{dy}{dx} = xy^2 \Rightarrow \dfrac{dy}{y^2} = xdx \Rightarrow \displaystyle\int \frac{dy}{y^2} = \int xdx$

$\Rightarrow -\dfrac{1}{y} = \dfrac{x^2}{2} + C \Rightarrow y = \dfrac{-2}{x^2+K}(K = 2C)$

(2) $(x+1)y' = xy \Rightarrow (x+1)\dfrac{dy}{dx} = xy \Rightarrow \dfrac{dy}{y} = \dfrac{dx}{x+1} \Rightarrow \displaystyle\int \frac{dy}{y} = \int \frac{dx}{x+1}$

$\Rightarrow \ln|y| = \ln|x+1| + C \Rightarrow y = \pm e^{\ln|x+1|+C}$

$\Rightarrow y = K|x+1|(K = \pm e^C)$

(3) $y' = y\cos x \Rightarrow \dfrac{dy}{y} = \cos xdx \Rightarrow \displaystyle\int \frac{dy}{y} = \int \cos xdx$

$\Rightarrow \ln|y| = \sin x + C \Rightarrow y = \pm e^{\sin x + C} = Ke^{\sin x}(K = \pm e^C)$

(4) $y' = \dfrac{x+\sqrt{x}}{y+\sqrt{y}} \Rightarrow (y+\sqrt{y})dy = (x+\sqrt{x})dx$

$\Rightarrow \displaystyle\int (y+\sqrt{y})dy = \int (x+\sqrt{x})dx$

$\Rightarrow \dfrac{1}{2}y^2 + \dfrac{2}{3}y^{3/2} = \dfrac{1}{2}x^2 + \dfrac{2}{3}x^{3/2} + C$

(5) $y' + xy + y = 0 \Rightarrow y' + y(x+1) = 0 \Rightarrow \dfrac{dy}{y} = -(x+1)dx$

$\Rightarrow \displaystyle\int \frac{dy}{y} = -\int (x+1)dx \Rightarrow \ln|y| = -\frac{x^2}{2} - x + C$

$\Rightarrow y = Ke^{-x^2/2-x}(K = \pm e^C)$

(6) $y' = 1 + x + y + xy = (1+x)(1+y) \Rightarrow \dfrac{dy}{1+y} = (1+x)dx$

$\Rightarrow \displaystyle\int \frac{dy}{1+y} = \int (1+x)dx \Rightarrow \ln|y+1| = \frac{x^2}{2} + x + C$

$\Rightarrow y + 1 = e^{x^2/2+x+C} = Ke^{x^2/2+x} \Rightarrow y = Ke^{x^2/2+x} - 1(K = \pm e^C)$

(7) $(x^2+1)y' = xy \Rightarrow \dfrac{dy}{y} = \dfrac{x}{x^2+1}$

$\Rightarrow \displaystyle\int \frac{dy}{y} = \int \frac{x}{x^2+1} = \int \frac{dt}{2t}(t = x^2+1)$

$\Rightarrow \ln|y| = \dfrac{1}{2}\ln|t| + C = \dfrac{1}{2}\ln(x^2+1) + C$

$\Rightarrow y = \pm e^{(1/2)\ln(x^2+1)+C} = K\sqrt{x^2+1}(K = e^C)$

(8) $y' = \dfrac{x\sqrt{1+x^2}}{ye^y} \Rightarrow ye^y dy = x\sqrt{1+x^2}dx \Rightarrow \displaystyle\int ye^y dy = \int x\sqrt{1+x^2}dx$

$\displaystyle\int ye^y dy = ye^y - e^y$

$\displaystyle\int x\sqrt{1+x^2}dx = \frac{1}{2}\int t^{1/2}dt = \frac{1}{3}t^{3/2} + C(t = 1+x^2)$

$\therefore (y-1)e^y = \dfrac{1}{3}(1+x^2)^{3/2} + C$

(9) $xy\dfrac{dy}{dx} = 1 - y^2 \;\Rightarrow\; \dfrac{ydy}{1-y^2} = \dfrac{dx}{x} \;\Rightarrow\; -\dfrac{dt}{2t} = \dfrac{dx}{x}(t = 1 - y^2)$

$\Rightarrow\; -\ln|2t| = \ln|x| + C \;\Rightarrow\; 2t = \pm e^{-\ln|x|+C}$

$\Rightarrow\; y^2 = \dfrac{K}{|x|} + 1 \;\Rightarrow\; y = \sqrt{\dfrac{K}{|x|} + 1}\,(K = \pm\dfrac{1}{2}e^C)$

2. (1) $\dfrac{dx}{dt} = \dfrac{3t^2 - 1}{4x - 1} \;\Rightarrow\; (4x-1)dx = (3t^2 - 1)dt \;\Rightarrow\; 2x^2 - x = t^3 - t + C$

$x(0) = 1 \;\Rightarrow\; 2 - 1 = 0 - 0 + C \;\Rightarrow\; C = 1$

$\therefore 2x^2 - x = t^3 - t + 1$

(2) $\dfrac{dy}{dx} = y + 1 \;\Rightarrow\; \dfrac{dy}{y+1} = dx \;\Rightarrow\; \displaystyle\int \frac{dy}{y+1} = \int dx \;\Rightarrow\; \ln(y+1) = x + C$

$y(1) = 2 \;\Rightarrow\; \ln(0+1) = 1 + C \;\Rightarrow\; C = -1$

$\therefore\; y = e^{x-1} - 1$

(3) $xe^x = (2y + \cos y)y' \;\Rightarrow\; \displaystyle\int (2y + \cos y)dy = \int xe^x dx$

$\Rightarrow\; y^2 + \sin y = (x-1)e^x + C$

$y(0) = 0 \;\Rightarrow\; 0 + \sin 0 = (0-1)e^0 + C \;\Rightarrow\; C = 1$

$\therefore\; y^2 + \sin y = (x-1)e^x$

(4) $xy' + y = y^2 \;\Rightarrow\; x\dfrac{dy}{dx} = y^2 - y \;\Rightarrow\; \displaystyle\int \frac{dy}{y^2 - y} = \int \frac{dx}{x}$

$\Rightarrow\; \displaystyle\int \left(\frac{1}{y-1} - \frac{1}{y}\right) dy = \int \frac{dx}{x}$

$\Rightarrow\; \ln|y-1| - \ln|y| = \ln|x| + C$

$y(1) = 2 \;\Rightarrow\; \ln(2-1) - \ln 2 = \ln 1 + C \;\Rightarrow\; C = -\ln 2$

$\ln\dfrac{y-1}{y} = \ln\dfrac{x}{2} \;\Rightarrow\; \dfrac{y-1}{y} = 1 - \dfrac{1}{y} = \dfrac{x}{2} \;\Rightarrow\; y = \dfrac{2}{2-x}$

(5) $\dfrac{du}{dt} = \dfrac{2t + \ln t}{2u} \;\Rightarrow\; \displaystyle\int 2udu = \int (2t + \ln t)dt$

$\Rightarrow\; u^2 = t^2 + t(\ln t - 1) + C$

$u(1) = 3 \;\Rightarrow\; 3 = 1 + 1(\ln 1 - 1) + C \;\Rightarrow\; 3$

$\therefore\; u(t) = \sqrt{t^2 + t\ln t - t + 3}$

3. $\dfrac{dP}{dt} = \sqrt{Pt} \;\Rightarrow\; \dfrac{dP}{\sqrt{P}} = \sqrt{t}dt \;\Rightarrow\; \displaystyle\int P^{-1/2}dP = \int t^{1/2}dt$

$\Rightarrow\; 2P^{1/2} = \dfrac{2}{3}t^{3/2} + C \;\Rightarrow\; P(t) = \left[\dfrac{1}{3}t^{3/2} + C\right]^2$

$P(4) = 0 \;\Rightarrow\; \dfrac{1}{3}4^{3/2} + C = 0 \;\Rightarrow\; C = -\dfrac{8}{3} \;\Rightarrow\; P(t) = \dfrac{1}{9}(t^{3/2} - 8)^2$

$\therefore\; P(0) = \dfrac{64}{8}$

연습문제 2.4

1. (1) $3xy' + 2(1+y) = 0 \Rightarrow y' + \frac{2}{3x}y = -\frac{2}{3x}$

$I(x) = e^{\int (2/3x)dx} = e^{(2/3)\ln x} = x^{2/3}$

$[Iy]' = [x^{2/3}y]' = x^{2/3}y' + \frac{2}{3}x^{-1/3}y = x^{2/3}\left(-\frac{2}{3x}\right) = -\frac{2}{3}x^{-1/3}$

$x^{2/3}y = \int \frac{2}{3}x^{-1/3}dx \Rightarrow y = -x^{-2/3}(x^{2/3} + C) = Cx^{-2/3} + 1$

(2) $x^2y' - 2xy = \frac{1}{x} \Rightarrow y' = -\frac{2}{x}y = \frac{1}{x^3}$ $I = e^{-\int (2/x)dx} = e^{-2\ln x} = x^{-2}$

$[Iy]' = [x^{-2}y]' = x^{-2}(y' - 2x^{-1}y) = x^{-5}$

$x^{-2}y = \int x^{-5}dx = -\frac{1}{4}x^{-4} + C \Rightarrow y = \frac{1}{4}x^{-2} + Cx^2$

(3) $y + xy' = -2x \Rightarrow I(x) = e^{\int xdx} = e^{x^2/2}$

$[Iy]' = \left[e^{x^2/2}y\right]' = e^{x^2/2}(y' + xy) = e^{x^2/2}(-2x)$

$e^{x^2/2}y = -\int 2xe^{x^2/2}dx = -\int te^t dt(t = x^2/2)$

$= -(t-1)e^t + C = (1 - \frac{x^2}{2})e^{x^2/2} + C$

$\therefore\ y = 1 - \frac{x^2}{2} + Ce^{-x^2/2}$

(4) $y' + y = e^x \Rightarrow I(x) = e^{\int 1dx} = e^x$

$[Iy]' = \left[e^x y\right]' = e^x(y' + y) = e^{2x}$

$e^x y = \int e^{2x}dx = \frac{1}{2}e^{2x} + C \Rightarrow y = \frac{1}{2}e^x + C^{-x}$

(5) $xy' + y = x\ln x \Rightarrow y' + \frac{1}{x}y = \ln x \Rightarrow I(x) = e^{\int \frac{1}{x}dx} = e^{\ln x} = x$

$[Iy] = [xy]' = x(y' + \frac{1}{x}y) = x\ln x$

$xy = \int x\ln x dx = \frac{x^2}{2}\ln x - \int \frac{1}{2}dx = \frac{1}{2}(x^2\ln x - x) + C$

$\therefore\ y = \frac{1}{2}(x\ln x - 1 + C)$

(6) $y' - y = x \Rightarrow I(x) = e^{-\int 1dx} = e^{-x}$

$[Iy]' = \left[e^{-x}y\right]' = e^{-x}(y' - y) = xe^{-x}$

$e^{-x}y = \int xe^{-x}dx = -xe^{-x} + \int e^{-x}dx = -(x+1)e^{-x} + C \therefore\ y = -x - 1 + Ce^x$

(7) $y' = 1 - x + y - xy \Rightarrow y' + (x-1)y = 1 - x \Rightarrow I(x) = e^{\int (x-1)dx} = e^{x^2/2 - x}$

$[Iy]' = \left[e^{x^2/2-x}y\right]' = e^{x^2/2-x}(y' + (x-1)y) = (1-x)e^{x^2/2-x}$

$e^{x^2/2-x}y = \int (1-x)e^{x^2/2-x}dx = -\int te^t dt = (1-t)e^t + C(t = x^2/2 - x)$

$y = 1 - t + Ce^{-t} = 1 + x - \frac{x^2}{2} + Ce^{-x^2/2+x}$

(8) $tx' + x = \sin t \Rightarrow x' + \frac{1}{t}x = \frac{1}{t}\sin t \Rightarrow I(t) = e^{\int (1/t)dt} = e^{\ln t} = t$

$[Ix]' = [tx]' = t(x' + \frac{1}{t}x) = \sin t$

$tx = \int \sin t dt = -\cos t + C \Rightarrow x = \frac{C - \cos t}{t}$

(9) $xy' + y = 2 \Rightarrow y' + \frac{1}{x}y = \frac{2}{x} \Rightarrow I(x) = e^{\int (1/x)dx} = e^{\ln x} = x$

$[Iy]' = [xy]' = x(y' + \frac{1}{x}y) = 2$

$xy = \int 2dx = 2x + C \Rightarrow y = 2 + \frac{C}{x}$

2. (1) $y' + 2y = e^{-2x} \Rightarrow I(x) = e^{\int 2dx} = e^{2x}$

$[Iy]' = [e^{2x}y]' = e^{2x}(y' + 2y) = e^{2x}e^{-2x} = 1$

$e^{2x}y = \int dx = x + C \Rightarrow y(x) = e^{-2x}(x + C)$

$y(0) = e^0(0 + C) = 1 \Rightarrow C = 1 \Rightarrow y(x) = e^{-2x}(x + 1)$

(2) $xy' + y = 3x \Rightarrow {}' + \frac{1}{x}y = 3 \Rightarrow I(x) = e^{\int (1/x)dx} = e^{\ln x} = x$

$[Iy]' = [xy]' = x\left(y' + \frac{1}{x}y\right) = x(3x) = 3x^2 \; xy = \int 3x^2 dx = x^3 + C \Rightarrow y(x) = x^2 + \frac{C}{x}$

$y(4) = 4^2 + \frac{C}{4} = 20 \Rightarrow C = 16 \Rightarrow y(x) = x^2 + \frac{16}{x}$

(3) $t\frac{dx}{dt} + x = t^2 \Rightarrow x' + \frac{1}{t}x = t \Rightarrow I(t) = e^{\int (1/t)dt} = e^{\ln t} = t$

$[Ix]' = [tx]' = t(x' + \frac{1}{t}x) = t \cdot t = t^2$

$tx = \int t^2 dx = \frac{1}{3}t^3 + C \Rightarrow x(t) = \frac{1}{3}t^2 + \frac{C}{t}$

$x(1) = \frac{1}{3} + \frac{C}{1} = 0 \Rightarrow C = -\frac{1}{3} \Rightarrow x(t) = \frac{t^2}{3} + \frac{1}{3t}$

(4) $xy' = y + x^2 \cos x \Rightarrow y' + \frac{1}{x}y = x\cos x \Rightarrow I(x) = e^{\int (1/x)dx} = e^{\ln x} = x$

$[Iy]' = [xy]' = x(y' + \frac{1}{x}y) = x(x\cos x) = x^2 \cos x$

$xy = \int x^2 \cos x dx = x^2 \sin x - \int 2x \sin x dx = x^2 \sin x + 2x\cos x - \int 2\cos x dx$

$= x^2 \sin x + 2x\cos x - 2\sin x + C \Rightarrow y(x) = x\sin x + 2\cos x - \frac{2}{x}\sin x + C$

$y(\pi) = \pi \sin \pi + 2\cos \pi - \frac{2}{\pi}\sin \pi + C = -2 + C = 0 \Rightarrow C = 2$

$\therefore \; y(x) = x\sin x + 2\cos x - \frac{2}{x}\sin x + 2$

3. $xy'' + 2y' = 12x^2 = 12x^2 \Rightarrow xu' + 2u = 1 \Rightarrow u' + \frac{2}{x}u = \frac{1}{x}$

$\Rightarrow I(x) = e^{\int (2/x)dx} = e^{2\ln x} = x^2$

$[Iu]' = [x^2u]' = x^2(u' + \frac{2}{x}u) = x^2 \cdot \frac{1}{x} = x$

$$x^2u = \int x dx = \frac{x^2}{2} + C_1 \Rightarrow u(x) = 1 + \frac{C_1}{x^2}$$
$$y(x) = \int u(x) dx = \int \left(1 + \frac{C_1}{x^2}\right) dx = x - \frac{C_1}{x} + C_2$$

연습문제 2.5

1. (1) $y'' - 2y' - 8y = 0 \Rightarrow r^2 - 2r - 8 = (r-4)(r+2) = 0 \Rightarrow r = 4,\ -2$

$\therefore\ y(x) = c_1 e^{4x} + c_2 e^{-2x}$

(2) $y'' - 4y' + 4y = 0 \Rightarrow r^2 - 4r + 4 = (r-2)^2 = 0 \Rightarrow r = 2$ (중근)

$\therefore\ y(x) = c_1 e^{2x} + c_2 x e^{2x}$

(3) $9y'' + y = 0 \Rightarrow 9r^2 + 1 = 0 \Rightarrow r = \pm\frac{i}{3}$

$\therefore\ y(x) = c_1 \cos\frac{x}{3} + c_2 \sin\frac{x}{3}$

(4) $9y'' - 16y = 0 \Rightarrow 9r^2 - 16 = 0 \Rightarrow r = \pm\frac{4}{3}$

$\therefore\ y(x) = c_1 e^{4x/3} + c_2 e^{-4x/3}$

(5) $y' = 3y'' \Rightarrow 3y'' - y' = 0 \Rightarrow 3r^2 - r = 0 \Rightarrow r = 0, \frac{1}{3}$

$\therefore\ y(x) = c_1 + c_2 e^{x/3}$

(6) $u'' - 4u' + 3u = 0 \Rightarrow r^2 - 4r + 3 = (r-1)(r-3) = 0 \Rightarrow r = 1,\ 3$

$\therefore\ u(t) = c_1 e^t + c_2 e^{3t}$

(7) $y'' - 2y' + 3y = 0 \Rightarrow r^2 - 2r + 3 = 0 \Rightarrow r = 1 \pm i\sqrt{2}$

$\therefore\ y(x) = c_1 e^x \cos\sqrt{2}x + c_2 e^x \sin\sqrt{2}x$

(8) $y'' + 2y' = 0 \Rightarrow r^2 + 2r = 0 \Rightarrow r = 0,\ -2$

$\therefore\ y(x) = c_1 + c_2 e^{-2x}$

(9) $2P'' + P' - P = 0 \Rightarrow 2r^2 + r - 1 = (2r-1)(r+1) = 0 \Rightarrow r = \frac{1}{2},\ -1$

$\therefore\ P(t) = c_1 e^{x/2} + c_2 e^{-x}$

(10) $8y'' + 12y' + 5y = 0 \Rightarrow 8r^2 + 12r + 5 = 0 \Rightarrow r = -6 \pm \sqrt{36-40} = -6 \pm i2$

$\therefore\ y(x) = c_1 e^{-6x} \cos 2x + c_2 e^{-6x} \sin 2x$

2. (1) $2y' + 5y' + 3y = 0 \Rightarrow 2r^2 + 5r + 3 = (2r+3)(r+1) = 0 \Rightarrow r = -1,\ -\frac{3}{2}$

$\Rightarrow\ y(x) = c_1 e^{-x} + c_2 e^{-3x/2}$

$y(0) = 1 = c_1 + c_2, y'(0) = 2 = -c_1 - \frac{3}{2}c_2 \Rightarrow c_1 = 7,\ c_2 = -6$

$\therefore\ y(x) = 7e^{-x} - 6e^{-3x/2}$

(2) $y'' + 4y = 0 \Rightarrow r^2 + 4 = 0 \Rightarrow r = \pm 2i$

$\Rightarrow\ y(x) = c_1 \cos 2x + c_2 \sin 2x$

$y(0) = c_1 = 3\ \ y'(0) = 2c_2 = 1 \Rightarrow c_2 = \frac{1}{2}$

$\therefore\ y(x) = 3\cos 2x + \frac{1}{2}\sin 2x$

(3) $y'' + 2y' = 0 \Rightarrow r^2 + 2r = 0 \Rightarrow r = 0,\ -2 \Rightarrow y(x) = c_1 + c_2 e^{-2x}$

$y(0) = c_1 + c_2 = 0,\ \ y'(1) = c_2 e^{-2} = -2 \Rightarrow c_1 = -e^2,\ c_2 = e^2$

$\therefore\ y(x) = -e^2 + e^{-2x+2}$

(4) $4y'' - 4y' + y = 0 \Rightarrow 4r^2 - 4r + 1 = 0 \Rightarrow r = \frac{1}{2}$(중근)

$\Rightarrow\ y(x) = c_1 e^{x/2} + c_2 x e^{x/2}$

$y(0) = c_1 = 1,\ \ y(1) = c_1 e^{1/2} + c_2 e^{x/2} = 0 \Rightarrow c_2 = -1$

$\therefore\ y(x) = e^{x/2} - x e^{x/2}$

연습문제 2.8

1. (1) $\mathbf{r}(t) = \begin{bmatrix} x(t) \\ y(t) \end{bmatrix}$, $A = \begin{bmatrix} 1 & 2 \\ 3 & 2 \end{bmatrix}$라고 하면 연립미분방정식은 $\frac{d\mathbf{r}}{dt} = A\mathbf{r}$으로 표현된다. $\mathbf{r}(t) = \mathbf{u}e^{rt}$라고 가정하면 $r\mathbf{r} = A\mathbf{r} \Rightarrow \det(A - rI) = 0 \Rightarrow \det\begin{bmatrix} 1-r & 2 \\ 3 & 2-r \end{bmatrix} = (1-r)(2-r) - 6 = r^2 - 3r - 4 = (r-4)(r+1) = 0$에서 $r = 4,\ -1$이 구해진다. 행렬 A의 고유벡터들을 $\mathbf{u} = \begin{bmatrix} a \\ b \end{bmatrix}$라고 한다면, $r_1 = 4$일 때 $A\mathbf{u}_1 = 4\mathbf{u}_1 \Rightarrow a + 2b = 4a \Rightarrow 3a = 2b \Rightarrow a = 2, b = 3 \Rightarrow \mathbf{u}_1 = \begin{bmatrix} 2 \\ 3 \end{bmatrix}$이 된다. $r_2 = -1$일 때 $A\mathbf{u}_2 = -\mathbf{u}_2 \Rightarrow a + 2b = -a \Rightarrow a = -b \Rightarrow a = 1, b = -1 \Rightarrow \mathbf{u}_2 = \begin{bmatrix} 2 \\ 3 \end{bmatrix}$이 된다. 따라서 일반해는 $\mathbf{r}(t) = c_1\mathbf{u}_1 e^{r_1 t} + c_2 \mathbf{u}_2 e^{r_2 t}$ 또는

$$\begin{bmatrix} x(t) \\ y(t) \end{bmatrix} = c_1 \begin{bmatrix} 2e^{4t} \\ 3e^{4t} \end{bmatrix} + c_2 \begin{bmatrix} e^{-t} \\ -e^{-t} \end{bmatrix}$$

으로 나타낼 수 있다.

(2) $\mathbf{r}(t) = \begin{bmatrix} x(t) \\ y(t) \end{bmatrix}$, $A = \begin{bmatrix} 4 & 1 \\ 6 & 3 \end{bmatrix}$, $\mathbf{b} = \begin{bmatrix} 2 \\ 0 \end{bmatrix}$라고 하면 연립 미분방정식은 $\frac{d\mathbf{r}}{dt} = A\mathbf{r} + \mathbf{b}$로 표현된다. 미분방정식은 1계 선형 비제차의 형태를 가지고 있으며, 그 일반해는 $\mathbf{r}(t) = \mathbf{r}_c(t) + \mathbf{r}_p$로 표현된다. 이때 $\mathbf{r}_c(t)$는 제차 미분방정식 $\frac{d\mathbf{r}}{dt} = A\mathbf{r}$의 일반해이다. $\mathbf{r}(t) = \mathbf{u}e^{rt}$라고 가정하면 $r\mathbf{r} = A\mathbf{r} \Rightarrow \det(A - rI) = 0 \Rightarrow \det\begin{bmatrix} 4-r & 1 \\ 6 & 3-r \end{bmatrix} = (4-r)(3-r) - 6 = r^2 - 7r + 6 = (r-1)(r-6) = 0 \Rightarrow r = 1, 6$이 구해진다. 행렬 A의 고유벡터들을 $\mathbf{u} = \begin{bmatrix} a \\ b \end{bmatrix}$라고 한다면, $r_1 = 1$일 때 $A\mathbf{u}_1 = \mathbf{u}_1 \Rightarrow 4a + b = a \Rightarrow 3a = -b \Rightarrow a = 1, b = -3 \Rightarrow \mathbf{u}_1 = \begin{bmatrix} 1 \\ -3 \end{bmatrix}$이 된다. $r_2 = 6$일 때 $A\mathbf{u}_2 = 6\mathbf{u}_2 \Rightarrow 4a + b = 6a \Rightarrow b = 2a \Rightarrow a = 1, b = 2 \Rightarrow \mathbf{u}_2 = \begin{bmatrix} 1 \\ 2 \end{bmatrix}$이 된다. 이로부터 $\mathbf{r}_c = c_1\mathbf{u}_1 e^{t} + c_2\mathbf{u}_2 e^{6t}$로 구해진

다. 비제차 미분방정식의 특수해는 $\mathbf{r}_p = -A^{-1}\mathbf{b} = -\dfrac{1}{4\cdot 3 - 1\cdot 6}\begin{bmatrix} 3 & -1 \\ -6 & 4 \end{bmatrix}\begin{bmatrix} 2 \\ 0 \end{bmatrix} = \begin{bmatrix} -1 \\ 2 \end{bmatrix}$가 된다.

따라서 일반해는 $\mathbf{r}(t) = \mathbf{r}_c(t) + \mathbf{r}_p = c_1 e^t \begin{bmatrix} 1 \\ -3 \end{bmatrix} + c_2 e^{6t}\begin{bmatrix} 1 \\ 2 \end{bmatrix} + \begin{bmatrix} -1 \\ 2 \end{bmatrix}$이다. 주어진 초기조건으로부터 $x(0) = 1 = c_1 + c_2 - 1$, $y(0) = 1 = -3c_1 + 2c_2 + 2$이므로 $c_1 = 1$, $c_2 = 1$이다. 따라서 특수해는 $\begin{bmatrix} x(t) \\ y(t) \end{bmatrix} = e^t\begin{bmatrix} 1 \\ -3 \end{bmatrix} + e^{6t}\begin{bmatrix} 1 \\ 2 \end{bmatrix} + \begin{bmatrix} -1 \\ 2 \end{bmatrix}$이다.

(3) $x(t) = \cos 2t - \frac{1}{2}\sin 2t,\ \ y(t) = -\cos 2t - 2\sin 2t$

(4) $x(t) = -e^{-2t} - 3te^{-2t} + 2,\ \ y(t) = -2e^{-2t} + 3te^{-2t} - 2$

(5) 행렬 $A = \begin{bmatrix} 5 & -2 \\ -2 & 5 \end{bmatrix}$의 고유벡터를 구하면 $\mathbf{u}_1(t) = \begin{bmatrix} 1 \\ 1 \end{bmatrix}$, $\mathbf{u}_2(t) = \begin{bmatrix} 1 \\ -1 \end{bmatrix}$이고, 이에 대응하는 고유값 $\lambda = r^2$는 각각 -3, -7이므로, 주어진 2계 연립 미분방정식의 일반해는

$$\begin{bmatrix} x(t) \\ y(t) \end{bmatrix} = \left(C_1 e^{\sqrt{3}t} + C_2 e^{-\sqrt{3}t}\right)\begin{bmatrix} 1 \\ 1 \end{bmatrix} + \left(C_3 e^{\sqrt{7}t} + C_4 e^{-\sqrt{7}t}\right)\begin{bmatrix} 1 \\ -1 \end{bmatrix}$$

형태로 얻어진다. 이 때,

$$\begin{bmatrix} x'(t) \\ y'(t) \end{bmatrix} = \sqrt{3}\left(C_1 e^{\sqrt{3}t} - C_2 e^{-\sqrt{3}t}\right)\begin{bmatrix} 1 \\ 1 \end{bmatrix} + \sqrt{7}\left(C_3 e^{\sqrt{7}t} - C_4 e^{-\sqrt{7}t}\right)\begin{bmatrix} 1 \\ -1 \end{bmatrix}$$

이고, 주어진 초기조건으로부터

$$x(0) = 0 = C_1 + C_2 + C_3 + C_4, \qquad y(0) = 1 = C_1 + C_2 - C_3 - C_4$$

$$x'(0) = 0 = \sqrt{3}(C_1 - C_2) + \sqrt{7}(C_3 - C_4), \qquad y'(0) = 0 = \sqrt{3}(C_1 - C_2) - \sqrt{7}(C_3 - C_4)$$

이므로 $C_1 = C_2 = \frac{1}{4}$, $C_3 = C_4 = -\frac{1}{4}$이다. 따라서 특수해는

$$x(t) = \frac{1}{4}\left(e^{\sqrt{3}t} + e^{-\sqrt{3}t} - e^{\sqrt{7}t} - e^{-\sqrt{7}t}\right), \qquad y(t) = \frac{1}{4}\left(e^{\sqrt{3}t} + e^{-\sqrt{3}t} + e^{\sqrt{7}t} + e^{-\sqrt{7}t}\right)$$

이다.

(6) 행렬 $A = \begin{bmatrix} -5 & 2 \\ 2 & -5 \end{bmatrix}$의 고유벡터를 구하면 $\mathbf{u}_1(t) = \begin{bmatrix} 1 \\ 1 \end{bmatrix}$, $\mathbf{u}_2(t) = \begin{bmatrix} 1 \\ -1 \end{bmatrix}$이고, 이에 대응하는 고유값 $\lambda = r^2$는 각각 -3, -7이므로, 주어진 2계 연립 미분방정식의 일반해는

$$\begin{bmatrix} x(t) \\ y(t) \end{bmatrix} = \left(C_1 \cos\sqrt{3}\,t + C_2 \sin\sqrt{3}\,t\right)\begin{bmatrix} 1 \\ 1 \end{bmatrix} + \left(C_3 \cos\sqrt{7}\,t + C_4 \sin\sqrt{7}\,t\right)\begin{bmatrix} 1 \\ -1 \end{bmatrix}$$

형태로 얻어진다. 이 때,

$$\begin{bmatrix} x'(t) \\ y'(t) \end{bmatrix} = \left(-C_1\sqrt{3}\,\sin\sqrt{3}\,t + C_2\sqrt{3}\,\cos\sqrt{3}\,t\right)\begin{bmatrix} 1 \\ 1 \end{bmatrix}$$

$$+\left(-C_3\sqrt{7}\sin\sqrt{7}\,t + C_4\sqrt{7}\cos\sqrt{7}\,t\right)\begin{bmatrix} 1 \\ -1 \end{bmatrix}$$

이고, 주어진 초기조건으로부터

$$x(0) = 0 = C_1 + C_3, \qquad y(0) = 0 = C_1 - C_3$$

$$x'(0) = 1 = C_2\sqrt{3} + C_4\sqrt{7}, \qquad y'(0) = 0 = C_2\sqrt{3} - C_4\sqrt{7}$$

이므로 $C_1 = C_3 = 0,\ C_2 = \dfrac{\sqrt{3}}{6},\ C_4 = \dfrac{\sqrt{7}}{14}$ 이다. 따라서 특수해는

$$x(t) = \frac{\sqrt{3}}{6}\sin\sqrt{3}\,t + \frac{\sqrt{7}}{14}\sin\sqrt{7}\,t, \qquad y(t) = \frac{\sqrt{3}}{6}\sin\sqrt{3}\,t - \frac{\sqrt{7}}{14}\sin\sqrt{7}\,t$$

이다.

(7) $x(t) = \frac{1}{2}(e^t + \cos t - \sin t),\ y(t) = \frac{1}{2}(e^t - \cos t + \sin t)$

(8) $x(t) = -\frac{1}{30}e^{-3t}(7 - 12e^{5t} + 5e^{6t}),\ y(t) = \frac{1}{15}e^{-3t}(7 + 3e^{5t} + 5e^{6t})$

연습문제 3.1

1. (1) 58.62 (2) 63.5 (3) 95
2. $\overline{x} = \dfrac{48}{9} = \dfrac{16}{3} \approx 5.333,\ s^2 = 6.25,\ s = 2.5,\ CV = \dfrac{s}{\overline{x}} = \dfrac{2.5}{16/3} = \dfrac{7.5}{16} = \dfrac{15}{32} = 0.46875$
3. 22.8, 5.7
4. 255, 2.5
5. 319
7. (1) 100 (2) 160 (3) 원점수 평균도 낮고, 표준편차도 작다.
   (4) A연도 가형 : 134.409, A연도 나형 : 148.787, B연도 가형 : 132.954, B연도 나형 : , 139.462

연습문제 3.2

1. 처음 두 번 동안은 $P(R) = P(L) = \dfrac{1}{2}$ 이고, 세 번째 통과할 때는 $P(R) = \dfrac{1}{3},\ P(L) = \dfrac{2}{3}$ 이다.
   (1) $A = \{RRL,\ LRR\},\ P(A) = \dfrac{1}{2}\cdot\dfrac{1}{2}\cdot\dfrac{2}{3} + \dfrac{1}{2}\cdot\dfrac{1}{2}\cdot\dfrac{1}{3} = \dfrac{2}{12} + \dfrac{1}{12} = \dfrac{1}{4}$
   (2) $B = \{LLL\},\ P(B) = \dfrac{1}{2}\cdot\dfrac{1}{2}\cdot\dfrac{2}{3} = \dfrac{1}{6}$
   (3) $P(C) = \dfrac{1}{2}$
   (4) $P(D) = \dfrac{1}{2}$
2. (1) 가능한 모든 유전자형은 AB, AB, AO, AO이므로 자손에서 A형의 비율은 $\dfrac{2}{4} = \dfrac{1}{2}$, B형의 비율은 0, AB형의 비율은 $\dfrac{2}{4} = \dfrac{1}{2}$, O형의 비율은 0이다.
   (2) 가능한 모든 유전자형은 AB, BO, AO, OO이므로 자손에서 O형의 비율은 $\dfrac{1}{4}$ 이다.

3. 대립형질 A, B, O가 전체 대립형질에서 차지하는 비율은 각각 $p = 0.24$, $q = 0.23$, $r = 0.53$이다.

4. $\nu^{(0)} = \begin{bmatrix}0.85 & 0.15\end{bmatrix}$, $P = \begin{bmatrix}0.93 & 0.07\\0.01 & 0.99\end{bmatrix}$,

$$\nu^{(1)} = \nu^{(0)}P = \begin{bmatrix}0.85 & 0.15\end{bmatrix}\begin{bmatrix}0.93 & 0.07\\0.01 & 0.99\end{bmatrix} = \begin{bmatrix}0.792 & 0.208\end{bmatrix}$$

$$\nu^{(2)} = \nu^{(1)}P = \begin{bmatrix}0.792 & 0.208\end{bmatrix}\begin{bmatrix}0.93 & 0.07\\0.01 & 0.99\end{bmatrix} = \begin{bmatrix}0.73864 & 0.26136\end{bmatrix}$$

$$\nu^{(3)} = \nu^{(2)}P = \begin{bmatrix}0.73864 & 0.26136\end{bmatrix}\begin{bmatrix}0.93 & 0.07\\0.01 & 0.99\end{bmatrix} = \begin{bmatrix}0.68955 & 0.31045\end{bmatrix}$$

따라서 3년 후에는 68.955%의 주민이 도시에 살고 있을 것이다.

5. 동전을 던져서 집에서 공부하게 될 확률은 $P(S) = \frac{1}{2}$이고, 이때 B과목을 공부하게 될 확률은 $P(B \mid S) = \frac{1}{3}$이다. 따라서 $P(B \cap S) = P(S)\,P(B \mid S) = \frac{1}{2} \times \frac{1}{3} = \frac{1}{6}$이다.

6. 이 회사의 자동차 중에서 무작위로 한 대 추출했을 때 엔진이 불량일 사건을 F로 나타내면 $P(F \mid A) = 0.02$, $P(F \mid B) = 0.01$, $P(F \mid C) = 0.05$이므로, $P(F) = P(A)\,P(F \mid A) + P(B)\,P(F \mid B) + P(C)\,P(F \mid C) = 0.3 \times 0.02 + 0.5 \times 0.01 + 0.2 \times 0.05 = 0.021$이다.

7. $E =$세 자녀 중 아들이 2명인 사건$= \{BBG,\ BGB,\ GBB\}$,

$F =$세 자녀 중 첫 번째 자녀가 아들인 사건$= \{BBB,\ BBG,\ BGB,\ BGG\}$,

$E \cap F = \{BBG,\ BGB\}$, $P(E \mid F) = \dfrac{P(E \cap F)}{P(F)} = \dfrac{2/8}{4/8} = \dfrac{1}{2}$

8. (1) $P(E) = \displaystyle\sum_{j=1}^{5} P(A_j)\,P(E \mid A_j) = 0.01 \times (27 + 0 + 2 + 0 + 2) = 0.31$

(2) $P(A_j \mid E) = \dfrac{P(A_j)\,P(E \mid A_j)}{P(E)} = \dfrac{0.3 \times 0.9}{0.31} = \dfrac{27}{31} = 0.87$

연습문제 3.3

1. $E = 0 \cdot \frac{1}{8} + 1 \cdot \frac{3}{8} + 2 \cdots \frac{3}{8} + 3 \cdot \frac{1}{8} = \frac{12}{8} = \frac{3}{2} = 1.5$

2. $E(X) = \displaystyle\sum_x d\,p(x) = 2.0$, $V(X) = E\left[(X - \mu)^2\right] = \displaystyle\sum_x (x - \mu)^2 p(x) = 1.2$

3. 혼합색 꽃을 피우는 완두콩 다섯 포기를 자가수분하여 얻은 완두콩 다섯 포기 중 빨간색 꽃 포기의 수를 X라고 하면 $X \sim B(5, 0.25)$이다.

(1) $P(X = 0) = \dbinom{5}{0}(0.25)^0(0.75)^5 = 0.237$

(2) $P(X \geq 4) = P(X = 4) + P(X = 5) = \dbinom{5}{4}(0.25)^4(0.75)^4 + \dbinom{5}{5}(0.25)^5(0.75)^0 = 0.015 + 0.001 = 0.016$

4. (1) 73, 5.6562 (2) 5, 2.2317

5. (1) 28, 4.2661 (2) 150, 0.4

6. 푸아송분포 Pois(λ)를 이용한다.

(1) 한 달 평균이 $\lambda = 24$이므로 $p(20) = \dfrac{24^{20} \times e^{-24}}{20!} \approx 0.0623782$

(2) 하루 평균이 $\lambda = 24/30 = 0.8$이고, $p(0) = \dfrac{0.8^0 \times e^{-0.8}}{0!} \approx 0.449329$,

$p(1) = \dfrac{0.8^1 \times e^{-0.8}}{1!} \approx 0.359463$이므로 $P(X \ge 2) = 1 - p(0) - p(1) \approx 0.191208$이다.

연습문제 3.4

1. (1) $\displaystyle\int_{-\infty}^{\infty} f(x)\,dx = \int_0^3 cx^2\,dx = 9c = 1$이므로 $c = \dfrac{1}{9}$이다.

(2) $P(X \ge 1) = \displaystyle\int_1^{\infty} f(x)\,dx = \int_1^3 \frac{1}{9}x^2\,dx = \frac{26}{27}$

(3) x의 범위에 따라 $F(x) = \displaystyle\int_{-\infty}^{x} f(t)\,dt$를 구하면 $F(x) = \begin{cases} 0, & x \le 0 \\ \dfrac{x^3}{27}, & 0 < x < 3 \\ 1, & x \ge 3 \end{cases}$ 이다.

(4) $\mu = E(X) = \displaystyle\int_{-\infty}^{\infty} x\,f(x)\,dx = \int_0^3 \frac{1}{9}x^3\,dx = \frac{9}{4}$

(5) $E(X^2) = \displaystyle\int_{-\infty}^{\infty} x^2\,f(x)\,dx = \int_0^3 \frac{1}{9}x^4\,dx = \frac{27}{5}$ 이므로

$V(X) = E(X^2) - \mu^2 = \dfrac{27}{5} - \dfrac{81}{16} = \dfrac{27}{80}$이다.

2. 승객의 여행시간을 X분이라고 하면 $X \sim U(70, 85)$이다.

(1) $f(x) = \dfrac{1}{15}$, $(70 \le x \le 85)$

(2) $P(70 \le X \le 75) = \displaystyle\int_{70}^{75} \frac{1}{15}\,dx = \frac{1}{3}$

(3) $E(X) = \dfrac{70+85}{2} = \dfrac{155}{2} = 77.5$, $V(Y) = \dfrac{15^2}{12} = \dfrac{75}{4} = 18.75$, $sd(X) = \sqrt{V(X)} \approx 4.33$ 이다.

3. (1) 평균 1분에 $\lambda = \dfrac{3}{10}$회 꼴로 전화가 오므로, $X \sim EXP(0.3)$이다. 따라서 확률밀도함수는 $f(x) = 0.3\,e^{-0.3\,x}$ $(x \ge 0)$이다.

(2) $E(X) = \dfrac{1}{\lambda} = \dfrac{1}{0.3} = \dfrac{10}{3}$, $V(X) = \dfrac{1}{\lambda^2}$ 이므로 $sd(X) = \sqrt{V(X)} = \dfrac{10}{3}$ 이다.

(3) $P(X \ge 5) = \displaystyle\int_5^{\infty} f(x)\,dx = \int_5^{\infty} 0.3\,e^{-0.3\,x}\,dx = e^{-1.5} \approx 0.22313$이다.

(4) 이 사무실에 무작위로 100번 들렀을 때, 도착하여 전화가 걸려오기까지 5분 이상 기다리는 횟수를 Y라고 하면, 위의 (2)의 결과에 의하여 $Y \sim B(100,\ 0.22313)$이다. 따라서 기댓값은 $E(Y) = 100 \times 0.22313 = 22.313$번이다.

4. 수학 중간시험 점수를 X라고 하면 $Z = \dfrac{X-63}{10} \sim N(0,1)$이다.

(1) $P(X \le 50) = P\left(Z \le \dfrac{50-63}{10}\right) = P(Z \le -1.3) = 0.0968 = 9.68\%$

(2) x점 이상에 1등급을 부여한다고 하면 $P(X \ge x) = 0.04$를 만족해야 한다. 따라서 $P\left(Z \le \dfrac{x-63}{10}\right) =$ 0.04로부터 $\dfrac{x-63}{10} = z_{0.04} = 1.751$이므로 $x = 80.51$

5. 166.21cm ~ 184.39cm

6. 근사적으로 $X \sim N(np, np(1-p)) = N(90, 36)$이다. 따라서 $Z = \dfrac{X-90}{6}$를 이용하여 표준정규분포표를 이용하면

(1) $P(82 \le X \le 101) \approx P(81.5 \le X \le 101.5) = P(-1.42 \le Z \le 1.92) = 0.4222 + 0.4726 = 0.8948$

(2)$P(X > 97) \approx P(X \ge 97.5) = P(Z \ge 1.25) = 0.5 - 0.3944 = 0.1056$

7. $P\left(\dfrac{L}{4} \le x \le \dfrac{L}{3}\right) = \displaystyle\int_{L/4}^{L/3} f(x)\,dx = \dfrac{2}{L}\int_0^{L/4} L/3 \sin^2\left(\dfrac{\pi x}{L}\right) dx$

$= \dfrac{1}{L}\displaystyle\int_{L/4}^{L/3} \left(1 - \cos\left(\dfrac{2\pi x}{L}\right)\right) dx = \dfrac{1}{L}\left[x - \dfrac{L}{2\pi}\sin\left(\dfrac{2\pi x}{L}\right)\right]_{L/4}^{L/3}$

$= \dfrac{1}{12} + \dfrac{1}{2\pi}\left(1 - \dfrac{\sqrt{3}}{2}\right) \approx 0.104656$

연습문제 3.5

1. (1) 20 (2) 2.0412 (3) $N(20,\ 20.0412^2)$ (4) 0.8294 (5) $E(s^2) = \sigma^2 = 25$

2. 표본의 크기 $n = 64$, $n = 100$은 충분히 커서 중심극한정리를 적용할 수 있으므로, 근사적으로 $\overline{X} \sim N\left(\mu, \dfrac{\sigma^2}{n}\right)$으로 둘 수 있다.

   (1) 0.5762 (2) 0.6826

3. 42.7 ± 3.14 또는 (39.56, 45.84)

4. 43

5. 포본의 크기가 30 미만이므로 t-분포를 이용한다. $t_{\alpha/2}(n-1) = t_{0.05}(14) = 1.761$, 신뢰구간은 39.3 ± 1.18 또는 (38.12, 40.48).

6. 포본의 크기가 30 이상이므로 표준정규분포를 이용한다. $z_{\alpha/2} = z_{0.005} = 2.576$, 신뢰구간은 342 ± 8.59 또는 (333.41, 350.59).

7. 가설 $H_0 : \mu = 80,\quad H_1 : \mu > 80$에 대한 유의수준 $\alpha = 0.05$의 기각역은 $Z > z_{0.05} = 1.645$이다. 그런데 관측된 값은 $Z = 1.2$ 이므로 기각역에 속하지 않아서 H_0를 기각하지 않는다. 즉, 유의수준 5%에서 μ가 80분을 초과한다고 할 근거가 없다.

8. 포본의 크기가 30 이상이므로 표준정규분포를 이용한다. 가설 $H_0 : \mu = 10,\ \ H_1 : \mu > 10$에 대한 유의수준 $\alpha = 0.05$의 기각역은 $Z > z_{0.05} = 1.645$이다. 그런데 관측된 값은 $Z = \dfrac{10.5-10}{4.5/\sqrt{56}} = 0.83$이므로 기각역에 속하지 않아서 H_0를 기각하지 않는다. 즉, 유의수준 5%에서 이 광고의 주장이 타당하다고 할 근거가 없다.

9. 포본의 크기가 30 이상이므로 표준정규분포를 이용한다. $H_0 : \mu = 1965,\ \ H_1 : \mu \neq 1965$에 대한 유의수준 $\alpha = 0.05$의 기각역은 $|Z| > z_{\alpha/2} = z_{0.025} = 1.96$이다. 그런데 관측된 값은 $Z = \dfrac{1950-1965}{80/\sqrt{100}} = -1.875$이므로 기각역에 속하지 않아서 H_0를 기각하지 않고 채택한다.

10. (1) 포본의 크기가 30 미만이므로 t-분포를 이용한다. $\overline{X} = 500/10 = 50,\ s = 1.53$, 유의수준 $\alpha = 0.01$의 기각역은 $T \geq t_\alpha(n-1) = t_{0.01}(9) = 2.8214$, 관측값 $T = \dfrac{\overline{X}-\mu_0}{s/\sqrt{n}} = \dfrac{50-49}{1.53/\sqrt{10}} \approx 2.067$. 따라서 H_0 채택.

(2) 유의수준 $\alpha = 0.05$의 기각역은 $|T| \geq t_{\alpha/2}(n-1) = t_{0.025}(9) = 2.2622$, 관측값 $T = \dfrac{\overline{X}-\mu_0}{s/\sqrt{n}} = \dfrac{50-51.2}{1.53/\sqrt{10}} \approx -2.48$. 따라서 H_0 기각.

연습문제 3.6

1. $y = -\dfrac{39}{28}x + 7$

2. $Y = -\dfrac{8}{15}X_1 - \dfrac{1}{6}X_2 + \dfrac{13}{15}$

3. $\displaystyle\sum_{i=1}^{5} r_i^2 = 2.4,\ \ s^2 = \frac{1}{5-2}\sum_{i=1}^{5} r_i^2 = 0.8$

4. (1) 3 (2) 3.8 (3) 10 (4) 16.8 (5) 12

5. $s^2 = 0.8$

6. (1) $\epsilon_m = \dfrac{\epsilon_y}{\sqrt{S_{xx}}} = \dfrac{1/2}{\sqrt{10}} \approx 0.158114$

(2) $\epsilon_b = \left[\dfrac{1}{n} + \dfrac{\overline{x}^2}{S_{xx}}\right]^{1/2}\epsilon_y = \dfrac{1}{2}\left[\dfrac{11}{10}\right]^{1/2} = 0.524404$

7. t-분포표로부터 $t_{\alpha/2}(n-2) = t_{0.05}(3) = 2.3534$이고, 예제 3.34으로부터 $m = 1.2, b = 0.2, \overline{x} = 3$, $S_{xx} = 10,\ s = \sqrt{0.8} \approx 0.894427$이므로, m_0의 90% 신뢰구간은 $1.2 \pm 2.3534 \times \dfrac{0.894427}{\sqrt{10}} \approx 1.2 \pm 0.665642$, 또는 $(0.534358,\ 1.86564)$이다.

그리고 b_0의 90% 신뢰구간은 $0.2 \pm 2.3534 \times 0.894427 \times \sqrt{\dfrac{1}{5} + \dfrac{(3)^2}{10}} \approx 0.2 \pm 2.20768$, 또는 $(-2.00768,\ 2.40768)$이다.

8. 조건을 만족하려면 모집단의 회기직선의 기울기가 $m_0 > 1$ 이어야 한다. 따라서 검정하고자 하는 가설은 $H_0 : m_0 = 1, \quad H_1 : m_0 > 1$ 이고, 이에 대하여 유의수준 10%로 검정할 때의 기각역은 $T \geq t_\alpha(n-2) = t_{0.1}(3) = 1.6377$ 이다. 앞의 문제 7로부터 $T = \dfrac{m-0}{s/\sqrt{S_{xx}}} = \dfrac{1.2-1}{0.894427/\sqrt{10}} \approx 0.707107$ 이므로 기각역에 속하지 않는다. 따라서 유의수준 10%로 H_0를 기각할 수 없다. 즉, 자료에서 나타난 x_i의 범위 안에서 x_i를 1만큼 증가시키면 y_i가 1보다 크게 증가한다고 볼 수 없다.

9. 앞의 문제 7에서 구한 b_0의 90% 신뢰구간 $(-2.00768,\ 2.40768)$ 안에 $b_0 = 0$이 포함되어 있으므로, 유의수준 10%로 $b_0 = 0$인 가설을 기각할 수 없다는 것을 알 수 있다.

   한편, 다음과 같이 직접 검정통계량을 구하여 가설을 검정해도 같은 결과를 얻는다.

   검정하고자 하는 가설은 $H_0 : b_0 = 0, \quad H_1 : b_0 \neq 0$ 이고, 이에 대하여 유의수준 10%로 검정할 때의 기각역은 $|T| \geq t_{\alpha/2}(n-2) = t_{0.05}(3) = 2.3534$ 이다. 앞의 문제 7로부터 $T = \dfrac{b-0}{s\sqrt{1/n + \overline{x}^2/S_{xx}}} \approx \dfrac{0.2-0}{0.894427\sqrt{1/5+9/10}} \approx 0.213201$ 이므로 기각역에 속하지 않는다. 따라서 유의수준 10%로 H_0를 기각할 수 없다.

[부록 1] 표준정규분포표 $P(0 \le Z \le z) = \int_0^z \frac{1}{\sqrt{2\pi}} e^{-\frac{t^2}{2}} dt$

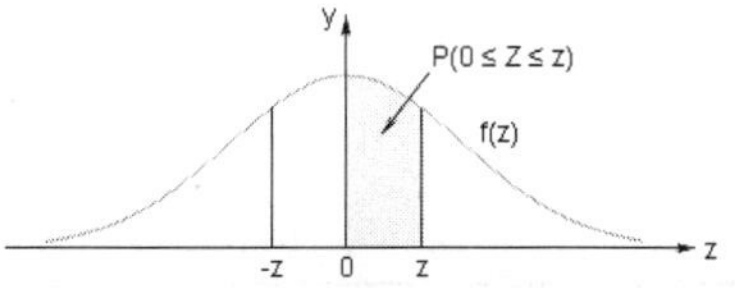

z	0.00	0.01	0.02	0.03	0.04	0.05	0.06	0.07	0.08	0.09
0.0	0.0000	0.0040	0.0080	0.0120	0.0160	0.0199	0.0239	0.0279	0.0319	0.0359
0.1	0.0398	0.0438	0.0478	0.0517	0.0557	0.0596	0.0636	0.0675	0.0714	0.0753
0.2	0.0793	0.0832	0.0871	0.0910	0.0948	0.0987	0.1026	0.1064	0.1103	0.1141
0.3	0.1179	0.1217	0.1255	0.1293	0.1331	0.1368	0.1406	0.1443	0.1480	0.1517
0.4	0.1554	0.1591	0.1628	0.1664	0.1700	0.1736	0.1772	0.1808	0.1844	0.1879
0.5	0.1915	0.1950	0.1985	0.2019	0.2054	0.2088	0.2123	0.2157	0.2190	0.2224
0.6	0.2257	0.2291	0.2324	0.2357	0.2389	0.2422	0.2454	0.2486	0.2517	0.2549
0.7	0.2580	0.2611	0.2642	0.2673	0.2704	0.2734	0.2764	0.2794	0.2823	0.2852
0.8	0.2881	0.2910	0.2939	0.2967	0.2995	0.3023	0.3051	0.3078	0.3106	0.3133
0.9	0.3159	0.3186	0.3212	0.3238	0.3264	0.3289	0.3315	0.3340	0.3365	0.3389
1.0	0.3413	0.3438	0.3461	0.3485	0.3508	0.3531	0.3554	0.3577	0.3599	0.3621
1.1	0.3643	0.3665	0.3686	0.3708	0.3729	0.3749	0.3770	0.3790	0.3810	0.3830
1.2	0.3849	0.3869	0.3888	0.3907	0.3925	0.3944	0.3962	0.3980	0.3997	0.4015
1.3	0.4032	0.4049	0.4066	0.4082	0.4099	0.4115	0.4131	0.4147	0.4162	0.4177
1.4	0.4192	0.4207	0.4222	0.4236	0.4251	0.4265	0.4279	0.4292	0.4306	0.4319
1.5	0.4332	0.4345	0.4357	0.4370	0.4382	0.4394	0.4406	0.4418	0.4429	0.4441
1.6	0.4452	0.4463	0.4474	0.4484	0.4495	0.4505	0.4515	0.4525	0.4535	0.4545
1.7	0.4554	0.4564	0.4573	0.4582	0.4591	0.4599	0.4608	0.4616	0.4625	0.4633
1.8	0.4641	0.4649	0.4656	0.4664	0.4671	0.4678	0.4686	0.4693	0.4699	0.4706
1.9	0.4713	0.4719	0.4726	0.4732	0.4738	0.4744	0.4750	0.4756	0.4761	0.4767
2.0	0.4772	0.4778	0.4783	0.4788	0.4793	0.4798	0.4803	0.4808	0.4812	0.4817
2.1	0.4821	0.4826	0.4830	0.4834	0.4838	0.4842	0.4846	0.4850	0.4854	0.4857
2.2	0.4861	0.4864	0.4868	0.4871	0.4875	0.4878	0.4881	0.4884	0.4887	0.4890
2.3	0.4893	0.4896	0.4898	0.4901	0.4904	0.4906	0.4909	0.4911	0.4913	0.4916
2.4	0.4918	0.4920	0.4922	0.4925	0.4927	0.4929	0.4931	0.4932	0.4934	0.4936
2.5	0.4938	0.4940	0.4941	0.4943	0.4945	0.4946	0.4948	0.4949	0.4951	0.4952
2.6	0.4953	0.4955	0.4956	0.4957	0.4959	0.4960	0.4961	0.4962	0.4963	0.4964
2.7	0.4965	0.4966	0.4967	0.4968	0.4969	0.4970	0.4971	0.4972	0.4973	0.4974
2.8	0.4974	0.4975	0.4976	0.4977	0.4977	0.4978	0.4979	0.4979	0.4980	0.4981
2.9	0.4981	0.4982	0.4982	0.4983	0.4984	0.4984	0.4985	0.4985	0.4986	0.4986
3.0	0.4987	0.4987	0.4987	0.4988	0.4988	0.4989	0.4989	0.4989	0.4990	0.4990
3.1	0.4990	0.4991	0.4991	0.4991	0.4992	0.4992	0.4992	0.4992	0.4993	0.4993
3.2	0.4993	0.4993	0.4994	0.4994	0.4994	0.4994	0.4994	0.4995	0.4995	0.4995
3.3	0.4995	0.4995	0.4995	0.4996	0.4996	0.4996	0.4996	0.4996	0.4996	0.4997
3.4	0.4997	0.4997	0.4997	0.4997	0.4997	0.4997	0.4997	0.4997	0.4997	0.4998
3.5	0.4998	0.4998	0.4998	0.4998	0.4998	0.4998	0.4998	0.4998	0.4998	0.4998
3.6	0.4998	0.4998	0.4999	0.4999	0.4999	0.4999	0.4999	0.4999	0.4999	0.4999

[부록 2] $t_\alpha(n)$-분포표

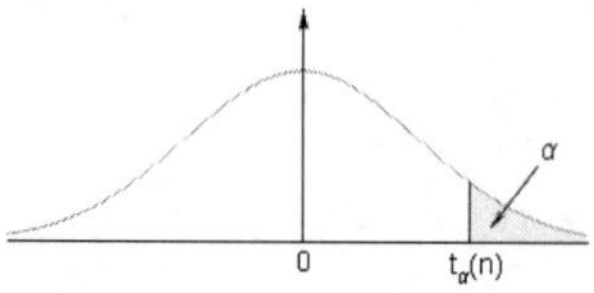

n	α						
	0.25	0.10	0.05	0.025	0.010	0.005	0.0025
1	1.0000	3.0777	6.3138	12.7062	31.8205	63.6567	127.3213
2	0.8165	1.8856	2.9200	4.3027	6.9646	9.9248	14.0890
3	0.7649	1.6377	2.3534	3.1824	4.5407	5.8409	7.4533
4	0.7407	1.5332	2.1318	2.7764	3.7469	4.6041	5.5976
5	0.7267	1.4759	2.0150	2.5706	3.3649	4.0321	4.7733
6	0.7176	1.4398	1.9432	2.4469	3.1427	3.7074	4.3168
7	0.7111	1.4149	1.8946	2.3646	2.9980	3.4995	4.0293
8	0.7064	1.3968	1.8595	2.3060	2.8965	3.3554	3.8325
9	0.7027	1.3830	1.8331	2.2622	2.8214	3.2498	3.6897
10	0.6998	1.3722	1.8125	2.2281	2.7638	3.1693	3.5814
11	0.6974	1.3634	1.7959	2.2010	2.7181	3.1058	3.4966
12	0.6955	1.3562	1.7823	2.1788	2.6810	3.0545	3.4284
13	0.6938	1.3502	1.7709	2.1604	2.6503	3.0123	3.3725
14	0.6924	1.3450	1.7613	2.1448	2.6245	2.9768	3.3257
15	0.6912	1.3406	1.7531	2.1314	2.6025	2.9467	3.2860
16	0.6901	1.3368	1.7459	2.1199	2.5835	2.9208	3.2520
17	0.6892	1.3334	1.7396	2.1098	2.5669	2.8982	3.2224
18	0.6884	1.3304	1.7341	2.1009	2.5524	2.8784	3.1966
19	0.6876	1.3277	1.7291	2.0930	2.5395	2.8609	3.1737
20	0.6870	1.3253	1.7247	2.0860	2.5280	2.8453	3.1534
21	0.6864	1.3232	1.7207	2.0796	2.5176	2.8314	3.1352
22	0.6858	1.3212	1.7171	2.0739	2.5083	2.8188	3.1188
23	0.6853	1.3195	1.7139	2.0687	2.4999	2.8073	3.1040
24	0.6848	1.3178	1.7109	2.0639	2.4922	2.7969	3.0905
25	0.6844	1.3163	1.7081	2.0595	2.4851	2.7874	3.0782
26	0.6840	1.3150	1.7056	2.0555	2.4786	2.7787	3.0669
27	0.6837	1.3137	1.7033	2.0518	2.4727	2.7707	3.0565
28	0.6834	1.3125	1.7011	2.0484	2.4671	2.7633	3.0469
29	0.6830	1.3114	1.6991	2.0452	2.4620	2.7564	3.0380
30	0.6828	1.3104	1.6973	2.0423	2.4573	2.7500	3.0298
31	0.6825	1.3095	1.6955	2.0395	2.4528	2.7440	3.0221
32	0.6822	1.3086	1.6939	2.0369	2.4487	2.7385	3.0149
33	0.6820	1.3077	1.6924	2.0345	2.4448	2.7333	3.0082
34	0.6818	1.3070	1.6909	2.0322	2.4411	2.7284	3.0020
35	0.6816	1.3062	1.6896	2.0301	2.4377	2.7238	2.9960
40	0.6807	1.3031	1.6839	2.0211	2.4233	2.7045	2.9712
50	0.6794	1.2987	1.6759	2.0086	2.4033	2.6778	2.9370
60	0.6786	1.2958	1.6706	2.0003	2.3901	2.6603	2.9146
70	0.6780	1.2938	1.6669	1.9944	2.3808	2.6479	2.8987
80	0.6776	1.2922	1.6641	1.9901	2.3739	2.6387	2.8870
90	0.6772	1.2910	1.6620	1.9867	2.3685	2.6316	2.8779
100	0.6770	1.2901	1.6602	1.9840	2.3642	2.6259	2.8707
110	0.6767	1.2893	1.6588	1.9818	2.3607	2.6213	2.8648
120	0.6765	1.2886	1.6577	1.9799	2.3578	2.6174	2.8599
∞	0.6745	1.2816	1.6449	1.9600	2.3263	2.5758	2.8070

참고 문헌

[1] J. Stewart, **Essential Calculus early transcendentals**, 2nd editioon, Brooks/Cole, 2013

[2] E. Herman & G. Strang, **Calculus volume 2**, OpenStar, 2017

[3] R. Mortimer , **Mathematics for Physical Chemistry**, 4th edition, Elsevier, 2013.

[4] 김진경 외 5인, 통계학-엑셀을 이용한 분석, 개정증보판, 자유아카데미, 2019.

[5] 강봉주, 파이썬 기반의 **AI**를 위한 기초수학, 확률 및 통계, 자유아카데미, 2020.

[6] 김대식, 김윤경, 기초확률과 통계학, 경문사, 2019.

찾아보기

저자와의
협의하에
인지를
생략합니다

이공계 수학 수정판

지은이 심성아 · 윤기헌 · 이철우 · 조명원 · 백영빈
펴낸이 조경희
펴낸곳 경문사
펴낸날 2020년 9월 1일 1판 1쇄
2024년 6월 17일 1판 4쇄
등 록 1979년 11월 9일 제1979-000023호
주 소 04057, 서울특별시 마포구 와우산로 174
전 화 (02)332-2004 팩스 (02)336-5193
이메일 kyungmoon@kyungmoon.com

값 15,000원

ISBN 979-11-6073-405-8